DENDROLOGISCHE
F L O R A

DER

UMGEGEND UND DER GÄRTEN

BERLINS,

VON

Dr. FRIEDRICH GOTTLOB HAYNE,

PROFESSOR BEI DER KÖNIGLICHEN UNIVERSITÄT
ZU BERLIN.

MIT EINER KUPFERTAFEL.

BERLIN,
C. G. FLITTNERSCHE BUCHHANDLUNG.

1822.

DENDROLOGISCHE FLORA

ODER

BESCHREIBUNG

DER IN DEUTSCHLAND IM FREIEN AUSDAUERNDEN

HOLZGEWÄCHSE.

EIN HANDBUCH

FÜR

KAMERALISTEN, FORSTMÄNNER, LANDWIRTHE, GARTENBESITZER

U. S. W.

VON

DR. FRIEDRICH GOTTLOB HAYNE,

PROFESSOR BEI DER KÖNIGLICHEN UNIVERSITÄT ZU BERLIN.

MIT EINER KUPFERTAFEL.

BERLIN,

C. G. FLITTNERSCHE BUCHHANDLUNG.

1822.

Vorbericht.

Beym Vortrage der Forstbotanik hatte ich im vorigen Sommerhalbjahre Gelegenheit, wahrzunehmen, daſs es dem angehenden Forstmanne an einem Buche fehle, welches alle holzigen Gewächse, die in unserm Himmelsstriche im Freyen ausdauern, in deutscher Kunstsprache kurz, aber sie genau von einander unterscheidend, beschrieben und systematisch aufgestellt enthalte; das Vaterland, den Zustand als Baum oder Strauch, so wie auch die Höhe angebe; ferner die Blühezeit, Farbe der Blume, Fruchtreife und, wenn das Gewächs in unserm Himmelsstriche empfindlich sich zeigt, bemerke, ob es mehr oder weniger beschützt, oder gar im Winter bedeckt seyn will; und endlich beym Entsprechen dieser Forderungen, dennoch für einen mäſsigen Preis zu haben sey. Diese Wahrnehmung veranlaſste mich zu einem Versuche, der jene Forderungen, vorzüglich mit Inbegriff der letztern, möglichst erfüllen möchte; und so entstand die hier vorliegende dendrologische Flora.

Wenn ich zu ihrer bestimmtern Bezeichnung noch hinzugefügt habe: „der Umgegend und der Gärten Berlins," so muſs ich noch bemerken, daſs sie zugleich auch in ähnlicher, aber noch engrer Bedeutung als dendrologische Flora des Königlichen botanischen Gartens betrachtet werden kann, da in diesem alle hier aufgeführte Bäume und Sträucher, neben sehr vielen andern, die bey uns nicht im Freyen ausdauern, vorkommen.

Doch nicht allein in dem botanischen Garten, sondern auch in vielen Privatgärten werden nicht wenig ausländische Bäume und Sträucher cultivirt, so wie auch der Thiergarten eine nicht geringe Anzahl von ihnen enthält, und künftig sehr reich daran seyn wird, da das Hohe Ministerium der Finanzen beschlossen hat, daſs in demselben alle, dem Forstmanne irgend wichtige Gewächse, die mit holzigem Stamme vorkommen — und die auch gröſstentheils schon in den vorhandenen Baumschulen sich befinden — in ganzen Massen angepflanzt werden sollen.

Bey der Ausarbeitung dieser Flora habe ich Willdenow's Baumzucht benutzt; jedoch nicht ohne das, was jetzt in dem so reichen botanischen Garten sich befindet, damit verglichen zu haben, wobey ich von dem Herrn Garteninspektor Otto mit einer so zuvorkommenden Gefälligkeit unterstützt worden bin, daſs ich mich verpflichtet fühle, demselben hier öffentlich meinen Dank zu bringen.

In Rücksicht der systematischen Aufstellung der Gattungen habe ich mich ganz nach der Willdenow'schen Baumzucht gerichtet und daher auch die Polygamie noch mit beybehalten;

was aber die Charaktere der Gattungen — und so auch die der Arten — betrifft, so wird es wohl bemerkbar werden, dafs ich nicht etwa blofs abgeschrieben habe.

Nur wenige der in Willdenow's Baumzucht vorkommenden Sträucher, und zwar nur solche, die gegen unsre Winter sehr empfindlich sind, und dennoch zur Verzierung der Lustgebüsche nicht wohl benutzt werden können, habe ich weggelassen; dafür aber sind sehr viele noch hinzugekommen, so dafs ich in 200 Gattungen 892 Arten aufgeführt habe, da hingegen von Willdenow nur 770 Arten in 194 Gattungen beschrieben worden sind.

Von den Weiden, an welchen der botanische Garten einen bedeutenden Zuwachs erhalten hat, habe ich — mit Ausnahme einer neuen aus der hiesigen Flor — weiter keine aufgenommen, als die, welche von Willdenow in der Baumzucht beschrieben worden sind, weil selbst unter diesen schon mehrere sich befinden, von denen man nicht mit Gewifsheit sagen kann, ob sie Arten oder Varietäten sind, und weil diese Gewächse eigentlich im lebenden Zustande beobachtet und verglichen seyn wollen, wenn nicht durch Aufnahme neuer, nicht hinreichend untersuchter Arten der Wissenschaft mehr Nachtheil als Nutzen gebracht werden soll. Zwar hätte ich von den übrigen, hier nicht beschriebenen, ein Namenverzeichnifs geben können; aber dies hielt ich für ganz unnutz; besonders da für den Zweck, zu dem meine Flora bestimmt ist, eher schon zu viel, als zu wenig Arten dieser Gattung aufgeführt sind.

Übrigens habe ich bey der Bearbeitung, wo mir es nur möglich war, die Gegenstände selbst mit den vorhandenen Diagnosen verglichen, und daher auch diese sehr oft abändern müssen. Ich habe sie stets — jedoch mit Ausnahme der der Varietaten — im Nominativ abgefaſst, weil man sich in diesem, besonders wenn man deutsch schreibt, am bestimmtesten ausdrücken kann. Auch habe ich oft — und zwar vorzüglich bey Gegenständen, die dem Forstmanne mehr wichtig sind — mehr als was zum Unterscheiden nöthig ist, in die Diagnose aufgenommen, weil der angehende Botaniker gern noch etwas mehr von dem kennen lernen will, was der bis dahin ihm noch unbekannte Gegenstand, als ihm wesentlich zukommend, an sich trägt. — Nach der Diagnose habe ich denjenigen Schriftsteller, von dem das Gewächs unterschieden wurde und seinen Namen erhielt, stets zuerst angeführt.

Um das Ganze so viel als möglich zusammen zu drängen, war es nöthig, alle überflüssige Synonyme zu vermeiden, die Citate oft vorkommender Werke abzukürzen, und das, was übrigens in der Beschreibung fast jeder Art wieder vorkommt, durch Abkürzungen, Zeichen und Zahlen auszudrücken; und auf diese Weise ist es mir denn gelungen, meine Flora in ein so kleines Octavformat zu bringen, daſs sie als Taschenbuch gebraucht werden kann.

Berlin, den 25. April 1822.

Hayne.

Erklärung

einiger Zeichen, Zahlen, Abkürzungen und abgekürzten Citate.

☿. Zwitterlicher Stamm oder zwitterliche Blume.

♀. Männlicher Stamm oder männliche Blume.

♂. Weiblicher Stamm oder weibliche Blume.

†. Den Arten, welche durch Zahl, oder Geschlecht von den übrigen der Gattung abweichen, und in der systematischen Aufstellung der Gattungen da mit angeführt sind, wo sie eigentlich stehen sollten, ist, um dies anzudeuten, dieses Zeichen vorgesetzt. Auch dient es zur Bezeichnung solcher Abänderungen der Arten, die mit gefüllter Blume oder bunten Blättern erscheinen.

♄. Ein Baum (*Arbor*). Der Stamm desselben heifst baumig (*arboreus*).

♄. Ein Strauch (*Frutex*), der über vier Fufs hoch wird. Sein Stamm heifst strauchig (*fruticosus*). Nähert er sich dem des Baumes, so nennt man ihn baumicht oder baumartig (*arborescens*).

♄. Ein Kleinstrauch (*Fruticulus*), höchstens bis zu vier Fufs sich erhebend, der Halbstrauch des Forstmannes. Sein Stengel oder Stamm bey minderer Höhe, wo ihm oft, so wie dem folgenden, die Knospen in den Blattachseln fehlen, heifst kleinstrauchig (*fruticulosus*), bey gröfserer strauchig (*fruticosus*).

♄. Ein Staudenstrauch (*Frutesculus*), dessen Äste nicht verholzen, das Mittel zwischen Staude und Strauch Seinen Stengel oder Stamm nennt man staudenstrauchig (*frutescens*).

♃. Eine Staude (*Suffrutex*), deren Stengel krautartig ist, und alle Jahre aus der Wurzel erneuert wird. Einige dienen zur Verzierung der Lustgebüsche Der Stengel derselben heifst staudig (*suffruticosus*).

. Bezeichnet, dafs der Baum oder Strauch einigen Schutz durch andere Bäume oder Sträucher verlangt.

. Zeigt an, dafs stärkerer Schutz vor Nord- und Ostwinden nöthig ist.

. Verlangt Schutz vor Nord- und Ostwinden und im Winter Bedeckung, wenn es kleine Sträucher sind. Gröſsere werden mit Stroh umwunden oder niedergelegt, auch wohl am Spalier gezogen, wo sie sich denn leichter decken lassen.

Bl. Blühet oder Blume.

Fr. Die Frucht oder die Blume reift.

1 bis 12. Diese Zahlen bezeichnen die Monate, z. B.

4. April.

4, 5. April und May.

4—5. Ausgang des Aprils und Anfang des Mays.

4—6. Vom April bis in den Junius.

4—6. Vier bis sechs Fuſs.

2''. Zwey Zoll.

3—6'''. Drey bis sechs Linien.

∞. Bezeichnet die unbestimmte Mehrzahl.

L. *Linnaei* Species plantarum editio II.

W. *Linnaei* Species plantarum editio *Willdenowii*.

W. Baumz. *Willdenow's* Baumzucht, 2. Aufl.

W. Enum *Willdenowii* Enumeratio plantarum horti regii botanici Berolinensis.

Röm. et Schult. Syst. *Linnaei* Systema vegetabilium editio *Römeri* et *Schultes*.

Ait. *Aiton* Hortus Kewensis.

Du Roi. *Du Roi* harbkesche wilde Baumzucht.

Wangenh. Amer. Beyträge zur deutschen holzgerechten Forstwissenschaft, die Anpflanzung Nordamerikanischer Holzlrten, mit Anwendung auf deutsche Forste betreffend; von *Friedr. Adam Jul. v. Wangenheim.*

Michaux. *Michaux* Flora Boreali-Americana.

Pursh. *Pursh* Flora Americae Septentrionalis

G. W. H. Abbildung der deutschen Holzarten von *Friedr. Guimpel*, beschrieben von *C L. Willdenow*, fortgesetzt von *F. G Hayne.*

G. O. H. Abbildung der fremden, in Deutschland ausdauernden Holzarten u. s. w herausgegeben von *Friedr Guimpel*, mit Angabe der Cultur von *Friedr. Otto*, beschrieben von *F. G Hayne.*

DIANDRIA.

MONOGYNIA.

1. Jasminum. *Jasmin.* 1. *)

Kelch 5—8-spaltig *Blumenkrone* präsentirtellerförmig der Rand 5—8-theilig *Beere* 2-gehäusig oder 2-fächrig. *Samen* einzeln.

2. Ligustrum. *Liguster.* 1.

Kelch 4-zähnig. *Blumenkrone* trichterförmig: der Rand 4-theilig. *Beere* 2-fächrig mit 2-samigen Fächern, meist aber in jedem Fache 1 Samen verwerfend.

3. Phillyrea. *Steinlinde.* 1.

Kelch 4-zähnig. *Blumenkrone* trichterförmig: der Rand 4-theilig, zurückgerollt. *Steinfrucht* mit dünnschaliger, 2-fächriger, 2-samiger Nuſs.

4. Chionanthus. *Schneeblume.* 2.

Kelch 4-theilig. *Blumenkrone* trichterförmig; der Rand 4-theilig mit sehr langen, linienförmigen Zipfeln. *Steinfrucht* mit gestreifter, 1-samiger Nuſs.

---

*) Diese, hinter dem deutschen Namen der Gattung stehende Zahl zeigt die Seite an, wo die Arten derselben abgehandelt sind. — Ferner ist hier bey dieser Aufstellung der Gattungscharaktere die Lage des Kelches, wenn derselbe, wie gewöhnlich, unter dem Fruchtknoten steht, nicht bemerkt, nur das Gegentheil ist durch den Ausdruck *überständig* angezeigt; und so auch das gewöhnliche Vorkommen der Frucht über dem Kelche unbezeichnet gelassen, das Gegentheil aber durch *unterständig* ausgedrückt.

5. Syringa. *Flieder.* 2.

Kelch 4-zähnig. *Blumenkrone* präsentirtellerförmig: der Rand 4-theilig. *Kapsel* 2-fächrig, 2-klappig. *Samen* einzeln, am Rande hautartig

6. Catalpa. *Catalpe.* 2.

Kelch 2-theilig. *Blumenkrone* 1-blättrig, unregelmäfsig. *Staubgefäfse* 5: wovon 3 unfruchtbar. *Schote* 2-fächrig. *Samen* ∞, geflügelt.

7. Fontanesia. *Fontanesie.* 3.

Kelch 4-theilig. *Blumenkrone* 2-blättrig. *Flügelfrucht* ringsumflügelt, 2fächrig, mit 1-samigen Fächern.

8. Veronica. *Ehrenpreis.* 3.

Kelch 4- — 5-theilig *Blumenkrone* radförmig, 4-theilig: der untere Zipfel der schmälere. *Kapsel* 2-fächrig, ∞-samig.

9. Ziziphora. *Zizikraut.* 3.

Kelch röhricht, fadenförmig: die *Blumenkrone* rachenförmig: die Oberlippe abgekürzt, flach. *Achenen* 4.

10. Salvia. *Salbey.* 4.

Kelch fast glockenförmig, 2-lippig: die Oberlippe 2- — 3-zähnig; die Unterlippe 2-spaltig. *Blumenkrone* rachenförmig. *Staubfäden* der Quere nach an ein Stielchen angeheftet. *Achenen* 4.

TRIANDRIA.

DIGYNIA.

11. Arundo. *Rohr.* 5.

Kelch 2-klappig, 1- — ∞-blumig. *Blumenkrone* 2-klappig, an der Basis mit bleibenden Haaren umgeben. *Karyopse* frey, mit der Blumenkrone bedeckt.

TETRANDRIA.

MONOGYNIA.

12. Cephalanthus. *Kopfblume.* 5.

Kelch überständig, röhricht, 4-zähnig. *Blumenkrone* röhricht-trichterförmig, 4-zähnig. *Achene* vierfach sich theilend. *Samen* einzeln, durch Verwerfen nur ein einziger Gemeinschaftlicher *Befruchtungsboden* kugelrund. (Die Blumen kopfständig.)

13. Mitchella. *Mitchelle.* 5.

Kelch gepaart, überständig: jeder viertheilig. *Blumenkrone* trichterförmig *Narben* 4-theilig. *Beere* verwachsen-gepaart: jede 4-samig.

14. Buddleja. *Buddleje.* 5.

Kelch 4-spaltig. *Blumenkrone* glockenförmig, 4-spaltig. *Staubgefäße* den Ausschnitten der Blumenkrone eingefügt. *Kapsel* 2-furchig-2-fächrig, ∞-samig.

15. Plantago. *Wegetritt.* 6.

Kelch 4-blättrig. *Blumenkrone* präsentirtellerförmig: der Rand 4-theilig, ausgespreitet. *Staubgefäße* sehr lang. *Kapsel* ringsumschnitten, durch den freyen, scheidewandförmigen Samenträger gleichsam 2-fächrig.

16. Cissus. *Klimme.* 6.

Kelch 1-blättrig, fast ganz *Blumenkrone* 4-blättrig. *Beere* mit dem Kelche eingefaſst, 1.— 2-samig, höchst selten 3.— 4-samig.

17. Cornus. *Hartriegel.* 6.

Kelch überständig, 4-zähnig. *Blumenkrone* 4-blättrig. *Honiggefäſs* eine auf dem Fruchtknoten liegende, die Basis des Griffels umschlieſsende Drüse. *Steinfrucht* mit 2-fächriger Nuſs. (Bey einigen Arten eine gemeinschaftliche Hülle.)

18. Ptelea. *Lederblume.* 8.

Kelch 4-theilig *Blumenkrone* 4-blättrig. *Narben* 2. *Flügelfrucht* ringsumflügelt, 1-samig.

19. Elaeagnus. *Oleaster.* 9.

Kelch überständig, glockenförmig, 4-spaltig. *Blumenkrone* 0. *Steinfrucht* mit einsamiger Nuſs.

† *Evonymus europaeus, verrucosus.*

DIGYNIA.

20. Hamamelis. *Zaubernuſs.* 9.

Hülle 2-blättrig, 3-blumig. *Kelch* 4-blättrig. *Blumenkrone* 4-blättrig. *Nuſs* 2-hörnig, 2-fächrig. *Samen* einzeln.

TETRAGYNIA.

21. Ilex. *Hülsen.* 10.

Kelch 4-zähnig *Blumenkrone* radförmig, 4-theilig. *Griffel* 0. *Beere* 4-samig.

PENTANDRIA.

MONOGYNIA.

22. Azalea. *Azalie.* 11.

Kelch sehr klein, 5-theilig, mit ungleichen Zipfeln. *Blumenkrone* trichterförmig mit ungleichen Zipfeln. *Staubfäden* dem Befruchtungsboden eingefügt, niedergebogen, hervorragend. *Staubkölbchen* oben durch 2 bedeckelte Löcher aufspringend. *Griffel* hervorragend, niedergebogen. *Kapsel* 5-fächrig, 5-klappig, ∞-samig.

23. Chamaeledum. *Zwergporst.* 12.

Kelch 5-theilig mit gleichen Zipfeln. *Blumenkrone* fast glockenförmig, 5-spaltig, ungleich. *Staubfäden* der Blumenkrone eingefügt, ungleich, gerade, eingeschlossen. *Staubkölbchen* der Länge nach aufspringend. *Griffel* gerade, eingeschlossen. *Kapsel* 2-—3-fächerig, an der Spitze aufspringend, ∞-samig.

24. Lonicera. *Lonicere.* 13.

Kelch überständig, 5-spaltig. *Blumenkrone* 1-blättrig,

fast 2-lippig-röhricht; der Rand unregelmäſsig. *Narbe* kopfförmig. *Beere* 2-fächrig, ∞-samig.

25. Symphoricarpos. *Peterstrauch.* 16.

Kelch 5-zähnig. *Blumenkrone* glockenförmig, 5-spaltig. *Narbe* kopfförmig. *Beere* 4-fächrig, 4-samig.

26. Diervilla. *Dierville.* 17.

Kelch überständig, 5-theilig *Blumenkrone* trichterförmig: der Rand 5-theilig; der breitere Zipfel bärtig. *Honiggefäſs* eine rundliche Drüse an der Basis der Blumenkrone unter dem bärtigen Zipfel derselben. *Narbe* kopfförmig. *Beere* trocken, kapselförmig, geschnabelt, mit dem Kelche gekrönt, 2-fächrig. *Samen* ∞, zweyreihig.

27. Solanum. *Nachtschatten.* 17.

Kelch 5-theilig. *Blumenkrone* radförmig, zuweilen gefaltet. *Staubkölbchen* gegeneinandergeneigt, fast verwachsen, an der Spitze durch 2 Löcher aufspringend *Beere* 2-fächrig, ∞-samig.

28. Cestrum. *Hammerstrauch.* 17.

Kelch 5-zähnig. *Blumenkrone* trichterförmig. *Staubfäden* in der Mitte mit einem Zähnchen oder ungezähnt. *Narbe* fast kopfförmig, 2-spaltig oder ausgerandet. *Beere* 1-fächrig, ∞-samig.

29. Lycium. *Bocksdorn.* 18.

Kelch fast glockenförmig, 3—5-zähnig, bleibend. *Blumenkrone* trichterförmig: der Schlund durch den Bart der Staubfäden geschlossen *Narbe* fast kopfförmig, 2-spaltig oder zurückgedrückt. *Beere* 2-fächrig, ∞-samig.

30. Bumelia. *Hochstamm.* 18.

Kelch sehr klein, 5-theilig. *Blumenkrone* glockenförmig. *Honiggefäſs* ein 5-blättriger Kranz, der Röhre eingefügt. *Steinfrucht* mit 1-samiger Nuſs.

31. Rhamnus. *Wegdorn.* 19.

Kelch urnenförmig, 4-—5-spaltig. *Blumenkrone* 4-—5-blättrig, dem Kelche eingefügt, die Staubgefäſse deckend, zuweilen fehlend *Beere* 2-—3-samig.

32. Zizyphus. *Judendorn.* 21.

Kelch glockenförmig, 5-spaltig *Blumenkrone* 5-blättrig, dem Kelche eingefügt, die Staubgefäſse deckend. *Steinfrucht* mit 1- — 2-fächriger, 1- — 2-samiger Nuſs.

33. Paliurus. *Stechdorn.* 22.

Kelch flach, 5-spaltig, bleibend. *Blumenkrone* 5-blättrig, dem Kelche eingefügt, ausgebreitet. *Steinfrucht* rundlich, niedergedrückt, wagerecht-ringsumflügelt, trokken, korkartig mit 2- oder 3-fächriger, 2- — 3-samiger Nuſs.

34. Ceanothus. *Ceanothus.* 22.

Kelch 5-theilig. *Blumenkrone* 5-blättrig mit sackförmigen, genagelten Kronenblättern. *Kapsel* 3-gehäusig mit 1-samigen Gehäusen.

35. Celastrus. *Celaster.* 23.

Kelch 5-spaltig. *Blumenkrone* 5-blättrig, abwärtsstehend. *Kapsel* 3-eckig, 3-fächrig mit 1-samigen Fächern. *Samen* mit einer Samendecke.

36. Evonymus. *Spindelbaum.* 23.

Kelch 5-theilig. *Blumenkrone* 5-blättrig. *Kapsel* 5-eckig, 5-fächrig, 5-klappig, gefärbt, mit 1-samigen Fächern. *Samen* mit einer Samendecke.

37. Itea. *Itea.* 24.

Kelch glockenförmig, 5-spaltig. *Blumenkrone* 5-blättrig, dem Kelche eingefügt. *Narbe* kopfförmig, 2-lappig. *Kapsel* 2-fächrig, 2-klappig: Klappen mit eingeschlagenem Rande samentragend. *Samen* ∞, sehr klein.

38. Ribes. *Johannisbeere.* 24.

Kelch überständig, 5-spaltig. *Blumenkrone* 5-blättrig, so wie die *Staubgefäſse* dem Kelche eingefügt. *Griffel* 2-spaltig. *Beere* mit dem Kelche gekrönt, ∞-samig, mit 2 seitenständigen, gegenüberstehenden Samenträgern.

39. Hedera. *Epheu.* 27.

Kelch 5-zähnig, den Fruchtknoten umgebend, bis auf die Basis abfallend. *Blumenkrone* 5-blättrig. *Beere* trocken, gegen die Spitze von der fünfseitigen Basis des Kelches umgeben, 5-samig, 2—3 Samen aber nicht selten verwerfend.

40. Vitis. *Wein.* 27.

Kelch 5-zähnig *Blumenkrone* 5-blättrig, die Kronenblätter an der Spitze zusammenhangend, hinfällig. *Beere* 5-samig, 2—3 Samen aber nicht selten verwerfend.

41. Vinca. *Sinngrün.* 29.

Kelch 5-theilig. *Blumenkrone* präsentirtellerförmig. *Balgkapseln* 2, aufrecht. *Samen* ohne Haarwolle.

42. Periploca. *Schlinge.* 29.

Kelch 5-spaltig *Blumenkrone* radförmig. *Honiggefäfs* ein 5-spaltiger Kranz, die Geschlechtstheile umgebend, 5 Hörnchen hervorstreckend *Balgkapseln* 2. *Samen* an der Spitze mit Haarwolle.

+ *Ledum latifolium.*

DIGYNIA.

43. Ulmus. *Rüster.* 29.

Kelch 4-—8-spaltig. *Blumenkrone* o. *Flügelfrucht* ringsumflügelt, 1-samig.

44. Bupleurum. *Haasenöhrlein.* 33.

Besondere Hülle meist 5-blättrig, gröfser als das Döldchen *Kronenblätter* eingerollt *Achene* 2-gehäusig, zusammengedrückt, gerippt.

+ *Staphylea pinnata.*

TRIGYNIA.

45. Rhus. *Sumach.* 33.

Kelch 5-theilig. *Blumenkrone* 5-blättrig. *Steinfrucht* trocken mit 1-samiger Nufs.

46. Viburnum. *Schneeball.* 36.

Kelch überständig, 5-theilig. *Blumenkrone* 5-spaltig. *Beere* 1-samig.

47. Sambucus. *Hollunder.* 38.

Kelch 5-theilig. *Blumenkrone* 5-spaltig. *Beere* 3-samig.

48. Staphylea. *Pimpernuſs.* 39.

Kelch 5-theilig. *Blumenkrone* 5-blättrig. *Steinfrüchte* 2—3, hautartig, aufgeblasen, an der Basis verwachsen, jede 1-—2-nüssig. *Nüsse* fast kugelrund, an der Basis abgestutzt, genarbt, 1-samig.

49. Tamarix. *Tamarisken.* 40.

Kelch 5-theilig. *Blumenkrone* 5-blättrig. *Staubfäden* theils frey, theils in eine Röhre verwachsen. *Kapsel* 1-fächrig, 3-klappig, ∞-samig. *Samen* an der Spitze mit Haarwolle.

+ *Zizyphus. Paliurus.*

PENTAGYNIA.

50. Aralia. *Aralie.* 40.

Hülle des kugelrunden Döldchens sehr klein. *Kelch* überständig, 5-zähnig. *Blumenkrone* 5-blättrig. *Beere* 5-samig.

POLYGYNIA.

51. Xanthorrhiza. *Gelbwurz.* 40.

Kelch 0. *Blumenkrone* 5-blättrig. *Honiggefäſse* 5, gestielt, abgestutzt-2-lappig. *Kapseln* 5 – 8, 2-klappig, an der Spitze aufspringend, 1-samig.

HEXANDRIA.

MONOGYNIA.

52. Yucca. *Adamsnadel.* 41.

Kelch 0. *Blumenkrone* 6-blättrig, mit glockenförmig-abwärtsstehenden Kronenblättern. *Griffel* 0. *Kapsel* 3-fächrig, ∞-samig.

53. Prinos. *Winterbeere.* 41.

Kelch 6-spaltig. *Blumenkrone* 1-blättrig, radförmig. *Beere* 6-samig.

54. Berberis. *Berberitze.* 42.

Kelch 6-blättrig. *Blumenkrone* 6-blättrig: die Kronenblätter an dem Nagel 2-drüsig. *Staubfäden* ungezähnt. *Griffel* 0. *Beere* 2- — 3-samig.

55. Mahonia. *Mahonie.* 42.

Kelch 6-blättrig. *Blumenkrone* 6-blättrig: die Kronenblätter an dem Nagel drüsenlos. *Staubfäden* an jeder Seite der Spitze 1-zähnig. *Griffel* 0. *Beere* 3- — 9-samig.

DIGYNIA.

56. Atraphaxis. *Atraphaxis.* 43.

Kelch 2-blättrig *Blumenkrone* -blättrig: die Kronenblätter gebuchtet *Narbe* kopfförmig. *Achene* einfach.

HEPTANDRIA.

MONOGYNIA.

57. Aesculus. *Roſskastanie.* 43.

Kelch 1-blättrig, bauchig, 4- — 5-zähnig. *Blumenkrone* 4- — 5-blättrig, unregelmafsig: die Kronenblätter genagelt, dem Kelche eingefügt. *Kapsel* 3-fächrig.

OCTANDRIA.

MONOGYNIA.

58. Koehlreuteria. *Koehlreuterie.* 45.

Kelch 5-blättrig. *Blumenkrone* 4-blättrig, unregelmäſsig. *Honiggefäſs:* 4 2-spaltige Schuppen. *Kapsel* 3-fächrig mit 2-samigen Fächern.

59. Vaccinium. *Heidelbeere.* 45.

Kelch überständig, 4-—5-spaltig. *Blumenkrone* urnen- oder glockenförmig, mit 4-—5-spaltiger, zurückgekrümmter Mündung. *Staubfäden* dem Grunde des Kelches eingefügt. *Beere* mit dem Kelche gekrönt, 4-—5-fächrig, ∞-samig.

60. Oxycoccos. *Moosbeere.* 48.

Kelch überständig, 4-spaltig. *Blumenkrone* 4-blättrig mit zurückgeschlagenen Kronenblättern. *Staubfäden* dem Grunde des Kelches eingefügt *Beere* mit dem Kelche gekrönt, 4-fächrig, ∞-samig.

61. Menziesia. *Menziesie.* 48.

Kelch 4-zähnig. *Blumenkrone* 1-blättrig, meist eyförmig mit 4-spaltiger Mündung *Staubfäden* dem Befruchtungsboden eingefügt *Kapsel* überständig, 4-fächrig, die Scheidewände aus den eingeschlagnen Rändern der Klappen. *Samen* ∞, länglich.

62. Calluna. *Besenheide.* 49.

Kelch 4-blättrig. *Blumenkrone* doppelt: die *äuſsere* 4-blättrig; die innere 1-blättrig, glockenförmig, 4-theilig. *Staubfäden* dem Befruchtungsboden eingefügt. *Staubkölbchen* 2-spaltig, vor dem Aufspringen in einen Kegel verwachsen *Kapsel* 4-fächrig: die Scheidewände dem mittelständigen Säulchen eingefügt.

63. Erica. *Heide.* 49.

Kelch 4-blättrig *Blumenkrone* 4-spaltig. *Staubfäden* dem Befruchtungsboden eingefügt. *Staubkolbchen* 2-spaltig *Kapsel* 4-fächrig: die Scheidewände aus den eingeschlagenen Rändern der Klappen.

64.

64. Daphne. *Seidelbast.* 50.

Kelch o. *Blumenkrone* 4-spaltig, verwelkend. *Staubgefäſse* der Blumenkrone eingefügt, eingeschlossen. *Steinfrucht* mit 1-samiger Nuſs.

65. Dirca. *Lederholz.* 51.

Kelch o. *Blumenkrone* röhricht mit undeutlichem Rande. *Staubgefäſse* der Blumenkrone eingefügt, hervorragend. *Steinfrucht* mit 1-samiger Nuſs.

TRIGYNIA.

66. Polygonum. *Knöterig.* 51.

Kelch o. *Blumenkrone* kelchartig, 5-theilig. *Achene* einfach, kantig.

ENNEANDRIA.

MONOGYNIA.

67. Laurus. *Lorbeer.* 52.

Kelch o. *Blumenkrone* kelchartig, 6-theilig. *Honiggefäſs:* 3, den Fruchtknoten umgebende 2-borstige Drüsen, den innersten Staubfäden eingefügt. *Steinfrucht* mit 1-samiger Nuſs.

DECANDRIA.

MONOGYNIA.

68. Sophora. *Sophore.* 52.

Kelch 5-zähnig, oberhalb bucklig *Blumenkrone* schmetterlingsartig: die Flügel von der Länge der Fahne. *Gliederhülse* perlenschnurförmig.

69. Virgilia. *Virgilie.* 53.

Kelch 5-zähnig, unterhalb bucklig. *Blumenkrone* schmetterlingsartig: die Flügel kürzer als die Fahne. *Hülse* zusammengedrückt, ∞-samig.

70. Cercis. *Judasbaum.* 53.

Kelch 5-zähnig, unterhalb bucklig. *Blumenkrone* schmetterlingsartig: die Fahne kurz, unter den Flügeln. *Hülse* länglich.

71. Cassia. *Cassie.* 53.

Kelch 5-blättrig. *Blumenkrone* 5-blättrig mit fast gleichen Kronenblättern. *Staubkölbchen* verschieden: die 3 obersten unfruchtbar; die 3 untersten geschnabelt. *Hülse* hautartig.

72. Ruta. *Raute.* 53.

Kelch 5- (oder 4-) theilig, *Blumenkrone* 5- (oder 4-) blättrig: die Kronenblätter vertieft *Fruchtknoten* 5- (oder 4-) lappig, unten drüsig mit 10 (oder 8) Honiglöchern *Kapsel* 5- (oder 4-) lappig, 5- (oder 4-) fachrig, an den innern Seiten der Lappen aufspringend.

73. Kalmia. *Kalmie.* 54.

Kelch 5-theilig. *Blumenkrone* präsentirtellerförmig: der Rand unterhalb 5-hörnig. *Kapsel* 5-fächrig.

74. Ledum. *Porst.* 54.

Kelch 5-theilig. *Blumenkrone* ausgebreitet, 5-blättrig. *Kapsel* 5-fächrig, an der Basis aufspringend.

75. Ammyrsine. *Sandporst.* 55.

Kelch 5-theilig. *Blumenkrone* 5-blattrig. *Staubgefäſse* hervorragend. *Kapsel* 5-fächrig, an der Spitze aufspringend.

76. Rhodora. *Rhodore.* 55.

Kelch 5-zähnig. *Blumenkrone* 3-blättrig. *Staubgefäſse* niedergebogen. *Kapsel* 5-fächrig.

77. Rhododendron. *Alpbalsam.* 55.

Kelch 5-theilig. *Blumenkrone* 1-blättrig, trichter-, glokken, und präsentirtellerförmig. *Staubgefäſse* niedergebogen. *Kapsel* 5-fächrig.

78. Andromeda. *Andromede.* 58.

Kelch 5-theilig. *Blumenkrone* eyförmig, mit 5-spaltiger Mündung. *Kapsel* 5-fächrig.

79. Epigaea. *Grundstrauch.* 61.

Kelch doppelt: der *äufsere* 3-blättrig; der *innere* 5-theilig. *Blumenkrone* präsentirtellerförmig. *Kapsel* 5-fächrig.

80. Gaultheria. *Gaultherie.* 62.

Kelch doppelt: der *äufsere* 2-blättrig; der *innere* 5-spaltig. *Blumenkrone* eyförmig mit 5-spaltiger Mündung. *Honiggefäfs:* 10 sehr kurze pfriemförmige Körperchen, den Fruchtknoten umgebend. *Kapsel* 5-fächrig, an der Spitze aufspringend, umgeben von dem innern, beerenartig gewordenen, an der Spitze offnen Kelche.

81. Arbutus. *Sandbeere.* 62.

Kelch 5-theilig *Blumenkrone* eyförmig, mit 5-spaltiger Mündung, an der Basis durchscheinend. *Staubgefäfse* der Blumenkrone eingefügt *Beere* 5-fächrig.

82. Clethra. *Clethra.* 62.

Kelch 5-theilig. *Blumenkrone* 5-blättrig. *Narbe* 3-spaltig. *Kapsel* 3-fächrig, 3-klappig.

83. Pyrola. *Wintergrün.* 63.

Kelch 5-theilig *Blumenkrone* 5-blättrig. *Kapsel* 5-fächrig, an den Kanten aufspringend.

84. Styrax. *Storax.* 64.

Kelch 5-zähnig. *Blumenkrone* trichterförmig. *Steinfrucht* 1-—2-nüssig.

+ *Vaccinium* (einige Arten).

DIGYNIA.

85. Hydrangea. *Hydrangea.* 64.

Kelch überständig, 5-zähnig. *Blumenkrone* 5-blättrig. *Kapsel* 2-fächrig, 2-schnablig, durch ein Loch zwischen den Schnäbeln aufspringend.

TRIGYNIA.

86. Silene. *Silene.* 65.

Kelch meist keulenförmig. *Blumenkrone* 5-blättrig: die Kronenblätter genagelt, am Schlunde 2-zähnig, alle einen 10-zähnigen Kranz bildend. *Kapsel* 1- oder 3-fächrig, ∞-samig

87. Brünnichia. *Brünnichie.* 66.

Kelch bauchig, 5-spaltig. *Blumenkrone* 0. *Achene* 3-seitig.

+. *Tamarix germanica.*

PENTAGYNIA.

88. Sedum. *Sedum.* 66.

Kelch 5-theilig. *Blumenkrone* 5-blättrig. *Honigschuppen* 5, an der Basis der Fruchtknoten *Kapseln* 5.

+. *Coriaria myrtifolia* (zuweilen).

DODECANDRIA.

MONOGYNIA.

89. Aristotelia. *Aristotelie.* 67.

Kelch 5-blättrig. *Blumenkrone* 5-blättrig. *Griffel* 3-spaltig. *Beere* 3-fächrig mit 2-samigen Fächern.

90. Halesia. *Halesie.* 67.

Kelch überständig, 4-zähnig. *Blumenkrone* 4-spaltig. *Steinfrucht* trocken, 4-kantig, geflügelt, mit einer 4-fächrigen Nuſs. *Samen* einzeln.

ICOSANDRIA.

MONOGYNIA.

91. Philadelphus. *Pfeifenstrauch.* 68.

Kelch überständig, 4—5-theilig. *Blumenkrone* 4—5-

blättrig. *Griffel* 4—5-spaltig. *Kapsel* 4—5-fächrig, ∞-samig.

92. Amygdalus. *Mandel.* 68.

Kelch 5-spaltig. *Blumenkrone* 5-blättrig. *Steinfrucht* mit einer durchlöcherten Nufs.

93. Prunus. *Pflaume.* 70.

Kelch 5-spaltig *Blumenkrone* 5-blättrig. *Steinfrucht* mit einer Nufs, deren Nähte hervortreten.

TRIGYNIA.

94. Sorbus. *Eberesche.* 75.

Kelch überständig, 5-spaltig. *Blumenkrone* 5-blättrig. *Apfel* mit dem Kelche gekrönt, 3-fächrig mit 2-samigen Fächern.

PENTAGYNIA.

95. Mespilus. *Mispel.* 76.

Kelch überständig, 5-spaltig. *Blumenkrone* 5-blättrig. *Beere* mit dem Kelche gekrönt, 2—5-samig.

96. Pyrus. *Birne.* 82.

Kelch überständig, 5-spaltig. *Blumenkrone* 5-blättrig. *Apfel* mit dem Kelche gekrönt, 5-fächrig mit 2-samigen Fächern.

97. Cydonia. *Quitte.* 88.

Kelch überständig, 5-spaltig. *Blumenkrone* 5-blättrig. *Apfel* mit dem Kelche gekrönt, 5-fächrig, mit ∞-samigen Fächern.

98. Spiraea *Spierstaude.* 89.

Kelch 5-spaltig. *Blumenkrone* 5-blättrig. *Kapseln* 5, ∞-samig (oder ∞, meist 1-samig).

POLYGYNIA.

99. Rosa. *Rose.* 92.

Kelch 5-theilig. *Blumenkrone* 5-blättrig. *Achenen* ∞, kurzhaarig, eingeschlossen in dem urnenförmigen, mit dem Kelche gekrönten, fleischigen, innerhalb kurzhaarigen Befruchtungsboden.

100. Rubus. *Himbeere.* 105.

Kelch 5-spaltig. *Blumenkrone* 5-blättrig. *Beere* zusammengesetzt aus 1-samigen Beerchen.

101. Potentilla. *Fünffingerkraut.* 110.

Kelch 10-spaltig: die 5 äufsern Zipfel kleiner als die 5 innern. *Blumenkrone* 5-blättrig. *Achenen* nackt, auf dem kleinen, trocknen Befruchtungsboden.

102. Dryas. *Dryade.* 110.

Kelch 8-spaltig. *Blumenkrone* 8-blättrig. *Achenen* ∞, geschwänzt, haarig.

103. Calycanthus. *Kelchblume.* 110.

Kelch ∞-theilig, gefärbt, den urnenförmigen Befruchtungsboden bekleidend: die Zipfel in vielfacher Reihe, sparrig. *Blumenkrone* o. *Staubgefäſse* ungleich, dem Rande des Befruchtungsbodens eingefügt, abfallend: die innern unfruchtbar; die äufseren 12 fruchtbar. *Achenen* ∞, eingeschlossen in dem fleischigen, urnenförmigen, vom Kelche bekleideten Befruchtungsboden.

104. Chimonanthus. *Winterblume.* 111.

Kelch ∞-theilig, gefärbt, den urnenförmigen Befruchtungsboden bekleidend: die Zipfel in vielfacher Reihe, sparrig. *Blumenkrone* o. *Staubgefäſse* fast gleich, dem Rande des Befruchtungsbodens eingefügt, bleibend: die innern unfruchtbar; die äufsern 5 fruchtbar, an der Basis verwachsen, den Schlund des Befruchtungsbodens bedeckend. *Achenen* ∞, eingeschlossen in dem fleischigen, urnenförmigen, vom Kelche bekleideten Befruchtungsboden.

POLYANDRIA.

MONOGYNIA.

105. Tilia. *Linde.* 111.

Kelch 5-theilig. *Blumenkrone* 5-blättrig. *Honiggefäſs* ein

5-blättriger Kranz, oder fehlend. *Kapsel* steinfruchtartig, 5-fächrig mit 1-samigen Fächern, 4 aber verwerfend, an der Basis in 5 Klappen theilbar.

106. Cistus. *Cisten.* 113.

Kelch 5-blättrig, fast gleich. *Blumenkrone* 5-blättrig. *Kapsel* 5- — 10-fächrig, 5- — 10-klappig. *Samen* ∞, den an der Achse liegenden Winkeln angeheftet.

107. Helianthemum. *Cistenrose.* 113.

Kelch 5-blättrig: 2 Blättchen kleiner. *Blumenkrone* 5-blättrig. *Kapsel* 1-fachrig, 3-klappig. *Samen* ∞, den linienförmigen, klappenständigen Samenträgern angeheftet.

DIGYNIA.

108. Fothergilla. *Fothergilla.* 115.

Kelch abgestutzt, ganzrandig. *Blumenkrone* o. *Fruchtknoten* 2-spaltig. *Kapsel* 2-fächrig. *Samen* einzeln, beinhart.

POLYGYNIA.

109. Liriodendron. *Tulpenbaum.* 115.

Kelch 3-blättrig, blumenkronenartig. *Blumenkrone* 6-blättrig, glockenförmig, gegeneinandergeneigt. *Flügelfrüchte* ∞, an der Spitze geflügelt, 2-samig, ziegeldachartig an dem pfriemförmigen Fruchtträger in Form eines Zapfens zusammengehäuft.

110. Magnolia. *Magnolie.* 116.

Kelch 3-blättrig. *Blumenkrone* 6- — 12-blättrig. *Kapseln* ∞, 1-fächrig, 2-klappig, 2-samig, an dem walzenförmigen Fruchtträger ziegeldachartig in Form eides Zapfens zusammengehäuft, aufserhalb aufspringend. *Samen* beerenartig, an der fadenförmigen Nabelschnur aus der Kapsel herabhangend.

111. Asimina. *Flaschenbaum.* 118.

Kelch 3-blättrig. *Blumenkrone* 6-blättrig: die Kronenblätter ausgebreitet, die innern kleiner. *Staubgefäſse* fast sitzend. *Narben* sitzend, stumpf. *Beeren* ∞ oder durch Verwerfen einzeln, fast nierenartig.

eyförmig *Samen* ∞, dem wandständigen Samenträger angeheftet.

112. Atragene. *Atragene.* 118.

Kelch 0. *Blumenkrone* doppelt: die äussere 4-blättrig; die innere ∞-blättrig mit halb so langen Kronenblättern *Achenen* ∞ mit haarigem Schwanze.

113 Clematis. *Waldrebe.* 119.

Kelch 0 *Blumenkrone* einfach, 4-—6-blättrig. *Achenen* ∞, mit haarigem Schwanze.

DIDYNAMIA.

GYMNOSPERMIA.

114. Teucrium. *Gamander.* 122.

Kelch 5-spaltig. *Blumenkrone* 1-lippig: die Oberlippe fehlend, statt ihrer aber ein Ausschnitt, in welchem die *Staubgefäfse* liegen.

115. Satureja. *Pfefferkraut.* 122.

Kelch 5-zähnig. *Blumenkrone* mit fast gleichen Zipfeln; der obere ausgerandet. *Staubgefäfse* entfernt, unter der Oberlippe.

116. Hyssopus. *Isop.* 123.

Kelch 5-zähnig. *Blumenkrone* 2-lippig: die Unterlippe 3-theilig, der mittlere Zipfel fast gekerbt. *Staubgefäfse* entfernt, gerade.

117. Lavandula. *Lavendel.* 123.

Kelch bauchig, schwach 4-zähnig, mit einem Anhange. *Blumenkrone* umgekehrt. *Staubgefäfse* eingeschlossen.

118. Thymus. *Thymian.* 124.

Kelch 2-lippig: der Schlund durch Haare geschlossen. *Blumenkrone* an der Oberlippe ausgerandet.

ANGIOSPERMIA.

119. Verbena. *Eisenhart.* 126.

Kelch 5-zähnig: der obere Zahn verkürzt. *Blumenkrone* trichterförmig, fast gleich mit gekrümmter Röhre. *Achene* 2- — 4-fach, sich theilend. *Samen* einzeln.

120. Bignonia. *Trompetenblume.* 126.

Kelch 5-spaltig, becherförmig. *Blumenkrone* mit langem, bauchigem Schlunde und 5-theiligem Rande. *Schote* 2-fächrig. *Samen* ∞, geflügelt.

121. Linnaea. *Linnea.* 127.

Kelch doppelt: der unterständige 4-blättrig, bleibend; der überständige 5-blättrig, abfallend *Blumenkrone* glockenförmig. *Beere* trocken, 3-fächrig, 2 Fächer verwerfend. *Samen* einzeln.

122. Vitex. *Müllen.* 127.

Kelch 5-zähnig. *Blumenkrone* mit 6-spaltigem Rande. *Beere* 4-samig.

TETRADYNAMIA.

SILICULOSA.

123. Iberis. *Bauernsenf.* 128.

Kelch an der Basis gleich. *Blumenkrone* 4-blättrig, ungleich: die beiden äufsern Kronenblätter die gröfsern. *Schötchen* ausgerandet.

124. Alyssum. *Steinkraut.* 129.

Kelch gleich. *Blumenkrone* 4-blättrig, gleich. *Staubfäden*, von denen gewöhnlich 2 mit einem Zahne begabt, seltner ungezähnt sind. *Schötchen* gerandet, fast ganz, durch die Griffel stachelspitzig, mit mehr oder weniger gewölbten, der Scheidewand gleichlaufenden Klappen.

SILIQUOSA.

125. Cheiranthus. *Levcoje.* 129.

Kelch geschlossen: 2 gegenüberstehende Blättchen an der Basis sackförmig. *Narbe* 2-lappig. *Schote* stielrund, zusammengedrückt oder zweyschneidig. *Samen* zusammengedrückt, einreihig.

MONADELPHIA.

POLYANDRIA.

126. Hibiscus. *Ketmie.* 130.

Kelch doppelt: der äufsere ∞-blättrig. *Kapsel* 5-fächrig, ∞-samig.

DIADELPHIA.

OCTANDRIA.

127. Polygala. *Polygala.* 130.

Kelch 5-blättrig: 2 Blättchen flügelförmig, gefärbt. *Blumenkrone* fast schmetterlingsartig. *Kapsel* umgekehrt-herzförmig, 2-fächrig.

DECANDRIA.

128. Spartium. *Pfriemen.* 130.

Kelch nach unten vorgezogen. *Blumenkrone* schmetterlingsartig. *Staubfäden* alle verwachsen, meist dem Fruchtknoten anhangend. *Narbe* oberhalb am Griffel der Länge nach zottig. *Hülse* zusammengedrückt.

129. Genista. *Ginster.* 131.

Kelch 2-lippig: die Oberlippe 2-zähnig; die Unterlippe 3-zähnig. *Blumenkrone* schmetterlingsartig: die Fahne länglich, von dem Stempel und den Staubgefäfsen zurückgeschlagen. *Staubfäden* alle verwachsen. *Hülse* zusammengedrückt oder aufgetrieben.

130. Ulex. *Hecksamen*. 133.

Kelch 2-blättrig. *Blumenkrone* schmetterlingsartig: das Schiffchen 2-blättrig. *Staubfäden* alle verwachsen. *Hülse* kaum länger als der Kelch.

131. Amorpha. *Unform*. 134.

Kelch glockenförmig, 5-zähnig. *Blumenkrone* einblättrig: die Fahne eyrund, rundum anliegend, kürzer als die Staubgefäfse; Flügel 0; Schiffchen 0. *Staubfäden* alle verwachsen, bis auf eine Spalte. *Hülse* sichelförmig, 2-samig.

132. Ononis. *Hauhechel*. 135.

Kelch 5-theilig: die Zipfel lanzett-linienförmig. *Blumenkrone* schmetterlingsartig: die Fahne gestreift. *Staubfäden* alle verwachsen, ohne Spalte. *Hülse* aufgetrieben, sitzend.

133. Apios. *Erdbirne*. 136.

Kelch schief-glockenförmig, 2-lippig. *Blumenkrone* schmetterlingsartig: das Schiffchen die Fahne zurückschlagend. *Staubfäden* 9 verwachsen, 1 frey. *Fruchtknoten* an der Basis umgeben von einem gefurchten, schief-abgestutzten, gekerbten Kranze. *Hülse* 2-fächrig.

134. Cytisus, *Bohnenbaum*, 136.

Kelch 2-lippig: die Oberlippe 2-zähnig, die Unterlippe 3-zähnig, die Zähne zuweilen undeutlich. *Blumenkrone* schmetterlingsartig. *Staubfäden* gewöhnlich alle verwachsen. *Hülse* an der Basis verschmälert.

135. Robinia. *Robinie*. 140.

Kelch 4-spaltig: der obere Zipfel zuweilen 2-theilig. *Blumenkrone* schmetterlingsartig. *Staubfäden* 9 verwachsen, 1 frey, oft aber anhangend. *Hülse* bucklig, verlängert.

136. Colutea. *Blasenstrauch*. 143.

Kelch 5-zahnig. *Blumenkrone* schmetterlingsartig. *Staubfäden* 9 verwachsen, 1 frey. *Griffel* der Länge nach einseitig-bärtig. *Narbe* spitzig unter der helmförmigen Spitze des Griffels. *Hülse* aufgeblasen, an der obern Naht aufspringend.

137. Coronilla. *Peltschen.* 144.

Kelch 2-lippig: die Oberlippe 2-zähnig mit verwachsenen Zähnen; die Unterlippe 3-zähnig *Blumenkrone* schmetterlingsartig: die Fahne kaum länger als die Flügel. *Staubfäden* 9 verwachsen, 1 frey. *Gliederhülse* langgliedrig, gerade.

138. Astragalus. *Traganth.* 144.

Kelch 5-zähnig. *Blumenkrone* schmetterlingsartig: das Schiffchen stumpf *Staubfäden* 9 verwachsen, 1 frey. *Hülse* bucklig, durch die untere, einwärtsgebogene Naht fast 2-fächrig *Samen* 2-reihig.

139. Lotus. *Schotenklee.* 144.

Kelch 5-zähnig, zuweilen fast 2-lippig. *Blumenkrone* schmetterlingsartig: die Flügel nach oben gegeneindergeneigt *Staubfäden* oben keilförmig, 9 verwachsen, 1 frey. *Hülse* ∞-samig.

140. Dorycnium, *Dorycnium.* 145.

Kelch 5-zähnig *Blumenkrone* schmetterlingsartig. *Staubfäden* pfriemförmig: 9 verwachsen, 1 frey. *Narbe* kopfförmig oder kugelförmig. *Hülse* aufgetrieben, 1—2-samig.

141. Medicago. *Schneckenklee.* 145.

Kelch 5-zähnig. *Blumenkrone* schmetterlingsartig: das Schiffchen abwärtsgebogen, von der Fahne, die zurückgebogen wird durch den mit den Griffeln aus dem Schiffchen hervorspringenden Stempel *Hülse* zusammengedrückt, sichelförmig oder schneckenförmig.

POLYADELPHIA.

POLYANDRIA.

142. Hypericum. *Hartheu.* 146.

Kelch 5-blättrig. *Blumenkrone* 5-blättrig. *Staubfäden* ∞ in 5 oder 3 Bündel verwachsen, *Griffel* meist

3 oder 5, seltner 1 oder 2. *Kapsel* mit eben so vielen Fächern wie Griffel, ∞-samig.

SYNGENESIA.

AEQUALIS.

143. Hieracium. *Habichtskraut.* 147.

Hülle *) eyförmig, ziegeldachartig. *Kränzchen* **) haarig, sitzend. *Befruchtungsboden* nackt.

144. Mikania. *Mikanie.* 148.

Hülle 4- oder 6-blättrig, gleich, 4- oder 6-blumig. *Kränzchen* haarig, sitzend. *Befruchtungsboden* nackt.

145. Santolina. *Heiligenpflanze.* 148.

Hülle halbkugelrund, ziegeldachartig. *Krnäzchen* 0. *Befruchtungsboden* spreuig.

SUPERFLUA.

146. Artemisia. *Beyfuſs.* 148.

Hülle ziegeldachartig mit zugerundeten, gegeneinandergeneigten Schuppen. *Blumenkronen* des Strahls 0. *Kränzchen* 0. *Befruchtungsboden* fast zottig oder nackt.

147. Gnaphalium. *Ruhrkraut.* 149.

Hülle ziegeldachartig mit Schuppen, von denen die randstandigen trocken und gefärbt sind. *Kränzchen* haarig oder federartig. *Befruchtungsboden* nackt.

148. Baccharis. *Baccharis.* 150.

Hülle walzenförmig, ziegeldachartig *Weibliche Blumen* zwischen den zwitterlichen. *Kränzchen* haarig. *Befruchtungsboden* nackt.

---

*) Ich gebrauche hier *Hülle* (Involucrum) für *Linné's gemeinschaftlichen Kelch* (Calyx communis)

**) *Kränzchen* steht hier für *Samenkrone* (Pappus), weil es Früchte, Achenen, und nicht Samen sind, worauf dieser Theil vorkommt.

NECESSARIA.

149. Iva. *Iva.* 150.

Hülle 3-blättrig. *Blumenkronen* des Strahls 5. *Griffel* 2. *Achene* stumpf. *Kränzchen* 0. *Befruchtungsboden* haarig.

GYNANDRIA.

HEXANDRIA.

150. Aristolochia. *Osterluzey.* 150.

Kelch 0. *Blumenkrone* 1-blättrig, gezüngelt, an der Basis bauchig. *Kapsel* unterständig, 6-fächrig, ∞-samig.

MONOECIA.

TRIANDRIA.

151. Comptonia. *Comptonie.* 151.

♂. *Kätzchen* walzenförmig ziegeldachartig, mit 1-blumigen Schuppen. *Kelch* 2-blättrig. *Blumenkrone* 0. *Staubkölbchen* 2-theilig.

♀. *Kätzchen* fast kugelrund, schuppig mit 1-blumigen Schuppen: *Kelch* 6-blattrig. *Blumenkrone* 0. *Griffel* 2. *Nuſs* 1-fachrig, 1-samig.

TETRANDRIA.

152. Aucuba. *Aucuba.* 151.

♂. *Kelch* 4-zähnig. *Blumenkrone* 4-blättrig. *Befruchtungsboden* in der Mitte mit einem viereckigen Loche.

♀. *Kelch* 4-zähnig *Blumenkrone* 4-blättrig *Fruchtknoten* unterständig. *Griffel* kurz. *Nuſs* 1-fachrig, 1-samig.

153. Buxus. *Buchsbaum.* 153.

♂. *Kelch* 3-blättrig. *Blumenkrone* 2-blättrig. *Fruchtknoten* unvollkommen.

♀. *Kelch* 4-blättrig. *Blumenkrone* 3-blättrig. *Griffel* 3. *Kapsel* 3-schnablig, 3-fächrig, mit 2-samigen Fächern.

154. Urtica. *Nessel.* 154.

♂. *Kelch* 4-blättrig. *Blumenkrone* o. *Honiggefäſs* mittelständig, becherförmig.

♀. *Kelch* 2-blättrig. *Blumenkrone* o. *Karyopse* zusammengedrückt, vom Kelche umfaſst.

155. Morus. *Maulbeere.* 154.

♂. *Kätzchen* nackt: *Kelch* 4-theilig. *Blumenkrone* o.

♀. *Kätzchen* nackt: *Kelch* 4-blättrig. *Blumenkrone* o. *Griffel* 2. *Achene* bedeckt von dem verwachsenen und beericht gewordenen Kelche: *alle* des ganzen Kätzchens daher einer zusammengesetzten Beere gleichend.

156. Alnus. *Else.* 151.

♂. *Kätzchen* walzenförmig, mit keilförmigen, an der Spitze verdickten, abgestutzten, 3-blumigen Schuppen: *Kelch*: der *gemeinschaftliche* eine rundliche Schuppe; der *eigene* 4-theilig. *Blumenkrone* o

♀. *Kätzchen* eyförmig mit 2-blumigen Schuppen: *Kelch* o. *Blumenkrone* o. *Nuſs* zusammengedrückt, flügellos, 1-fächrig, 1-samig.

+. *Rhamnus hybrida.*

POLYANDRIA.

157. Quercus. *Eiche.* 155.

♂. *Kätzchen* nackt: *Kelch* 5-—9-theilig. *Blumenkrone* o. *Staubgefäſse* 5—10.

♀. *Kelch* 1-blättrig, auſserhalb ziegeldachartig-schuppig. *Blumenkrone* o. *Narben* 2—5 *Nuſs* mit lederartiger Schale, an der Basis von dem holzig-lederartig gewordenen Kelche umgeben, 1-samig.

158. Juglans. *Wallnuſs.* 162.

♂. *Kätzchen* walzenförmig, ziegeldachartig, mit 1.

blumigen Schuppen. *Kelch* 6-theilig. *Blumenkrone* o. *Staubgefäſse* 18—24.

♀. *Kelch* überständig, 4-spaltig. *Blumenkrone* 4-theilig *Griffel* 2. *Steinfrucht* mit gefurchter, 1-samiger Nuſs. *Same* 4-lappig.

159. Fagus. *Buche.* 164.

♂. *Kätzchen* nackt. *Kelch* einblättrig, glockenförmig, 5-spaltig. *Blumenkrone* o. *Staubgefäſse* 8—12.

♀. *Kelch*: der *gemeinschaftliche* 4 spaltig, borstig, 2-blumig; der *eigene* überständig, 6-zähnig. *Blumenkrone* o. *Nüsse* 2, eingeschlossen von dem lederartigen, stachligen, 4-spaltigen, gemeinschaftlichen Kelche.

160. Castanea. *Kastanie.* 165.

♂. *Kätzchen* schlank, nackt: *Kelch* o. *Blumenkrone* 5-blättrig. *Staubgefäſse* 10—20.

♀. *Kelch* an der Basis des männlichen Kätzchens, 5—6-blättrig, weichstachlig. *Blumenkrone* o. *Fruchtknoten* 3. *Narben* pinselförmig. *Nüsse* 3, eingeschlossen von dem lederartigen, stachligen Kelche.

161. Betula. *Birke.* 165.

♂. *Kätzchen* walzenförmig, ziegeldachartig, mit 1-blumigen Schuppen: *Kelch* eine 3—5-theilige Schuppe. *Blumenkrone* o. *Staubgefäſse* 6—12.

♀. *Kätzchen* fast walzenförmig, ziegeldachartig, mit 2—3-blumigen Schuppen. *Kelch* o. *Blumenkrone* o. *Griffel* 2. *Flügelfrucht* 1-samig.

162. Carpinus. *Haynbuche.* 168.

♂. *Kätzchen* walzenförmig, ziegeldachartig, mit 1-blumigen Schuppen: *Kelch* o. *Blumenkrone* o. *Staubgefäſse* 10—20.

♀. *Kätzchen* schlank, ziegeldachartig, mit 2-blumigen Schuppen: *Kelch*: der *gemeinschaftliche* eine wimperige, abfallende Schuppe; der *eigene* überständig, 4—6-zähnig, bleibend. *Griffel* 2. *Nuſs* eyförmig, zusammengedrückt, 1-samig.

163. Ostria. *Hopfenbuche.* 169.

♂. *Kätzchen* walzenförmig, ziegeldachartig, mit 1-blumigen Schuppen: *Kelch* o. *Blumenkrone* o. *Staubfäden* ästig.

♀. *Kätz-*

♀. *Kätzchen* nackt: *Kelch* o. *Blumenkrone* o. *Steinfrucht* aufgeblasen, mit 1-samiger Nuſs.

164. Corylus. *Haselnuſs.* 169.

♂. *Kätzchen* walzenförmig, ziegeldachartig, mit 1-blumigen Schuppen: *Kelch* eine 2-theilige Schuppe, an der Basis mit der Schuppe des Kätzchens verwachsen. *Blumenkrone* o. *Staubgefäſse* 8.

♀. *Kelch* 2-theilig, zerschlitzt, während des Blühens kaum bemerkbar. *Blumenkrone* o. *Griffel* 2. *Nuſs* umgeben von dem Kelche, 1-fächrig, 1-samig.

165. Ginkgo. *Ginkgo.* 170.

♂. *Kätzchen* nackt *Kelch* o. *Blumenkrone* o. *Staubkölbchen* ziegeldachartig.

♀. Kelch 4-spaltig Steinfrucht mit dreykantiger Nuſs.

166. Platanus. *Platanus.* 172.

♂. *Kätzchen* kugelrund mit 1-blumigen Schuppen. *Kelch* o. *Blumenkrone* o. *Staubkölbchen* gedoppelt, den Staubfaden seitwärts angewachsen.

♀. *Kätzchen* kugelrund mit 1-blumigen Schuppen. *Kelch* o. *Blumenkrone* o. *Griffel* 1, mit zurückgekrümmter Narbe. *Achene* durch den Griffel stachelspitzig, an der Basis von Haaren umgeben.

167. Liquidambar. *Amberbaum.* 171.

♂. *Kätzchen* kegelförmig, umgeben von einer 4-blättrigen Hülle: *Kelch* o. *Blumenkrone* o. *Staubgefäſse* vielzählig

♀. *Kätzchen* kugelrund, umgeben von einer 4-blättrigen Hülle: *Kelch* urnenförmig, 2-blumig. *Blumenkrone* o. *Griffel* 2. *Kapseln* 2, an der Basis vom Kelche umgeben, 1-fächrig, ∞-samig.

MONADELPHIA.

168. Pinus. *Fichte.* 172.

♂. *Kelch* schuppig. *Blumenkrone* o. *Staubgefäſse* ∞, traubenständig: *Staubkölbchen* gedoppelt mit einer Schuppe verwachsen.

♀. *Kätzchen* ziegeldachartig mit 2-blumigen Schuppen. *Kelch*: der *gemeinschaftliche* eine Schuppe; der *ei-*

gene o. *Blumenkrone* o. *Griffel* 1. *Nuſs* meist geflügelt.

169. Thuja. *Lebensbaum.* 177.

♂. *Kätzchen* rundlich, ziegeldachartig, mit 1-blumigen Schuppen: *Kelch* o. *Blumenkrone* o. *Staubkölbchen* meist 4, fast sitzend.

♀. *Kätzchen* länglich, ziegeldachartig, mit 2-blumigen Schuppen: *Kelch* o. *Blumenkrone* o. *Griffel* 1. *Nuſs* 2-flüglig oder nackt, gewöhnlich nur eine unter einer vertieften lederartigen Schuppe.

170. Cupressus. *Cypresse.* 178.

♂. *Kätzchen* länglich, ziegeldachartig, mit 1-blumigen Schuppen: *Kelch* o. *Blumenkrone* o. *Staubkölbchen* meist 4, sitzend.

♀. *Kätzchen* rundlich, ziegeldachartig, mit 4- oder 8-blumigen Schuppen: *Kelch* o. *Blumenkrone* o *Narbe* vertieft-getüpfelt. *Nuſs* gerandet, mehrere unter einer schildförmigen, holzigen Schuppe.

D I O E C I A.

D I A N D R I A.

171. Salix. *Weide.* 179.

♂. *Kätzchen* stielrund, ziegeldachartig, mit mehr oder weniger wimperigen, 1-blumigen Schuppen: *Kelch* o. *Blumenkrone* o. *Honiggefäſs* eine Drüse in dem Grunde der Schuppe, die Staubgefaſse unterstützend.

♀. *Kätzchen* stielrund, ziegeldachartig, mit mehr oder weniger wimperigen, 1-blumigen Schuppen: *Kelch* o *Blumenkrone* o. *Honiggefäſs* eine Drüse in dem Grunde der Schuppe, den Fruchtknoten unterstützend. *Griffel* 2-spaltig. *Kapsel* 1-fächrig, 2-klappig. *Samen* ∞, an der Basis mit Haarwolle begabt, und von derselben umgeben.

172. Forestiera. *Forestiere.* 194.

♂. *Kelch* 4,—6-blättrig. *Blumenkrone* o. *Staubgefäſse* 2—3.

♀. *Kelch* 4—6-blättrig. *Blumenkrone* o. (*Fruchtknoten* 2—3-fächrich H.) *Narbe* kopfförmig (stumpf H.). *Beere* steinfruchtartig, 1-samig (durch Verwerfen.)

TRIANDRIA.

173. Empetrum. *Rauschbeere.* 195.

♂. *Kelch* 3-theilig. *Blumenkrone* 3-blättrig. *Staubgefäſse* verlängert.

♀. *Kelch* 3-theilig. *Blumenkrone* 3-blättrig. *Narben* 6—9. *Beere* 3-—9-samig.

174. Osyris. *Osyris.* 195.

♂. *Kelch* 3-spaltig. *Blumenkrone* o.

♀. *Kelch* überständig, 3-spaltig. *Blumenkrone* o. *Griffel* 1. *Narbe* 3-theilig *Steinfrucht* mit dem Kelche gekrönt, mit 1-samiger Nuſs.

TETRANDRIA.

175. Viscum. *Mistel.* 195.

♂. *Kelch* 4-theilig *Blumenkrone* o. *Staubfäden* o. *Staubkölbchen* den Zipfeln des Kelches eingefügt.

♀. *Kelch* überständig, 4-blättrig. *Blumenkrone* o. *Griffel* o. *Beere* 1-samig.

176. Broussonetia. *Broussonetie.* 195.

♂. *Kätzchen* walzenförmig, nackt: *Kelch* 4-theilig. *Blumenkrone* o.

♀. *Kätzchen* kugelrund, nackt, mit keulenförmig-gestielten Blumen: *Kelch* 3-—4-zähnig. *Blumenkrone* o. *Griffel* 1, seitenständig, pfriemförmig. *Achene* bedeckt von dem verwachsenen und beericht gewordenen Kelche: *alle* des ganzen Kätzchens daher einer zusammengesetzten Beere gleichend.

177. Hippophaë. *Sanddorn.* 196.

♂. *Kelch* 2-theilig. *Blumenkrone* o.

♀. *Kelch* 2-spaltig. *Blumenkrone* o. *Griffel* 1. *Beere* 1-samig.

178. Myrica. *Gagel.* 196.

♂. *Kätzchen* ziegeldachartig mit 1-blumigen Schuppen; *Kelch* o. *Blumenkrone* o.

♀. *Kätzchen* ziegeldachartig mit 1-blumigen Schuppen: *Kelch* o. *Blumenkrone* o. *Griffel* 2. *Steinfrucht* trokken mit 1-samiger Nufs.

†. *Rhamnus cathartica, tinctoria, alpina. Morus rubra.*

PENTANDRIA.

179. Pistacia. *Pistacie.* 197.

♂. *Kelch* 5-spaltig. *Blumenkrone* o.

♀. *Kelch* 3-spaltig *Blumenkrone* o. *Griffel* 3. *Steinfrucht* trocken mit 1-samiger Nufs.

180. Xanthoxylum *Zahnwehholz.* 197.

♂. *Kelch* 5-theilig. *Blumenkrone* o.

♀. *Kelch* 5-theilig. *Blumenkrone* o. *Stempel* 2—5. *Kapseln* 2—5, an der Basis verwachsen, nach innen der Länge nach aufspringend *Samen* einzeln, durch eine Nabelschnur, die von der Spitze bis zur Basis hinabsteigt, mit dem Grunde der Kapsel verbunden.

† *Ribes alpinum. Rhus elegans, Vernix, Toxicodendron.*

HEXANDRIA.

181. Smilax. *Smilax.* 198.

♂. *Kelch* 6-blättrig. *Blumenkrone* o.

♀ *Kelch* 6-blättrig. *Blumenkrone* o. *Griffel* 3. *Beere* 3-fächrig, mit 2-samigen Fächern.

OCTANDRIA.

182. Populus. *Pappel.* 199.

♂. *Kätzchen* schlaff-ziegeldachartig mit zerschlitzten, 1-blumigen Schuppen: *Kelch* kreiselartig-becherförmig, schief, ganzrandig. *Blumenkrone* o.

♀. *Kätzchen* schlaff-ziegeldachartig, mit zerschlitzten, 1-blumigen Schuppen: *Kelch* fast bauchig-becherförmig, schief, ganzrandig *Blumenkrone* o. *Griffel* o *Narbe* meist 4-theilig, seltner 3- oder 6-theilig. *Kapsel* 2-—3-klappig, 1-fächrig. *Samen* ∞, an der

Basis mit Haarwolle begabt und von derselben umgeben.

†. *Laurus nobilis*.

DECANDRIA.

183. Gymnoclados. *Chicot*. 203.

♂. *Kelch* glockenförmig, 5-zähnig. *Blumenkrone* 5-blättrig, dem Kelche eingefügt.

♀. *Kelch* glockenförmig, 5-zähnig *Blumenkrone* 5-blättrig, dem Kelche eingefügt. *Griffel* 1. *Gliederhülse* innerhalb mufsig. *Samen* einzeln, beinhart.

184. Coriaria. *Gerberstrauch*. 203.

♂. *Kelch* 5-theilig. *Blumenkrone* o. *Honiggefäfs* 5 kronenblattähnliche Drüsen. *Staubgefäfse* in 2 Reihen: 5 von dem Kelche, 5 von den Drüsen umschlossen.

♀. *Kelch* 5-theilig. *Blumenkrone* o. *Honiggefäfs* 5 kronenblattähnliche Drüsen zwischen den Fruchtknoten. *Achenen* 5, von den erweiterten Drüsen bedeckt.

DODECANDRIA.

185. Menispermum. *Mondsame*. 204.

♂. *Kelch* 2-blättrig. *Blumenkrone* ∞-blättrig: 4 oder 6 *äufsere*, 8 *innere Kronenblätter*. *Staubgefäfse* 16.

♀. *Kelch* 2-blättrig. *Blumenkrone* ∞-blättrig: 4 oder 6 *äufsere*, 8 *innere Kronenblätter*. *Staubgefäfse* 8 unfruchtbar. *Fruchtknoten* 2—3. *Beeren* 2—3, 1-samig.

MONADELPHIA.

186. Juniperus. *Wachholder*. 204.

♂. *Kätzchen* eyförmig, ziegeldachartig, an der Basis mit blumenlosen Schuppen: *Kelch* o. *Blumenkrone* o. *Staubgefäfse* in der gipfelständigen Blume 3 mit kurzen Staubfaden, in den schuppenständigen 2—6 fast ohne Staubfäden.

♀. *Kätzchen* eyförmig, ziedeldachartig mit blumenlosen Schuppen. *Kelch* o. *Blumenkrone* o. *Fruchtknoten* 1 in der einzigen gipfelständigen Blume. *Griffel* 3. *Beere* mit den Schuppen des Katzchens verwachsen, höckerig, 1-—3-samig.

187. Taxus. *Taxus*. 206.

♂. *Kelch* o, oder man nimmt dafür die Schuppen der Knospe *Blumenkrone* o. *Staubgefäſse* ∞. *Staubkölbchen* schildförmig, gezähnt.

♀. *Kelch* 1, oder man nimmt dafür die Schuppen der Knospe. *Blumenkrone* o. *Fruchtknoten* 1. *Griffel* o. *Nuſs* umgeben von dem erweiterten, mit den Schuppen der Knospe beerenartig gewordenen Befruchtungsboden.

188. Ephedra. *Meerträubel*. 206.

♂. *Kätzchen* ziegeldachartig mit 1-blumigen Schuppen *Kelch* 2-spaltig. *Blumenkrone* o. *Staubgefäſse* 7. *Staubkölbchen* 4 untere, 3 obere.

♀. *Kelch* 5-doppelt: jeder 2-spaltig. *Blumenkrone* o. *Stempel* 2. *Achenen* 2, bedeckt von den einzeln-beericht gewordenen Kelchzipfeln.

189 Ruscus. *Mäusedorn*. 207.

♂. *Kelch* 6-blättrig. *Blumenkrone* o *Honiggefäſs*, eyförmig, röhricht, an der Spitze staubkölbchentragend.

♀. *Kelch* 6-blättrig. *Blumenkrone* o. *Honiggefäſs* eyförmig, röhricht. *Griffel* 1. *Beere* 3-fachrig, mit 2-samigen Fächern, 2—4 Samen aber verwerfend.

P O L Y G A M I A.

M O N O E C I A.

190. Atriplex. *Melde*. 208.

☿. *Kelch* 5-blättrig. *Blumenkrone* o. *Staubgefäſse* 5. *Griffel* 2-theilig. *Karyopse* 1, niedergedrückt.

♀. *Kelch* 2-blättrig. *Blumenkrone* o. *Staubgefäſse* o. *Griffel* 2-theilig. *Karyopse* 1, zusammengedrückt.

191. Planera. *Planere*. 208.

☿. *Kelch* glockenförmig, 4-spaltig. *Blumenkrone* o. *Staubgefäſse* 4. *Narben* 2, zurückgekrümmt. *Flügelfrucht* 1-samig, gestielt, vierseitig-geflügelt mi gedoppelten fast schuppig-getheilten Flügeln.

♂. *Kelch* glockenförmig, 4-spaltig. *Blumenkrone* o. *Staubgefäfse* 4, hervorragend.

192. Acer. *Ahorn.* 209.

☿. *Kelch* 5-spaltig. *Blumenkrone* 5-blättrig oder o. *Staubgefäfse* 8. *Stempel* 1 *Flügelfrüchte* 2, an der Basis verwachsen, an der Spitze geflügelt, 1-samig.

♂. *Kelch* 5-spaltig. *Blumenkrone* 5-blättrig oder o. *Staubgefäfse* 8.

193. Celtis. *Zürgelbaum.* 216.

☿. *Kelch* 5-theilig *Blumenkrone* o. *Staubgefäfse* 5. *Griffel* 2. *Steinfrucht* mit 1-samiger Nufs

♂. *Kelch* 6-theilig. *Blumenkrone* o. *Staubgefäfse* 6.

194. Ailanthus. *Götterbaum.* 217.

☿. *Kelch* 5-theilig. *Blumenkrone* 5-blättrig. *Staubgefäfse* 2—3. *Fruchtknoten* 3—5. *Griffel* seitenständig. *Flügelfrüchte* 1-samig.

♂. *Kelch* 5-theilig. *Blumenkrone* 5-blättrig. *Staubgefäfse* 10.

♀. *Kelch* 5-theilig. *Blumenkrone* 5-blättrig. *Fruchtknoten* 3—5. *Griffel* seitenständig. *Flügelfrüchte* 1-samig.

195. Acacia. *Acacie.* 217.

☿. *Kelch* 5-zähnig. *Blumenkrone* 5-spaltig oder 5-blättrig. *Staubgefäfse* 4—100. *Hülse* 2-klappig

♂. *Kelch* 5-zähnig *Blumenkrone* 5-spaltig oder 5-blättrig. *Staubgefäfse* 4—100.

DIOECIA.

196. Gleditschia. *Gleditschie.* 218.

☿. *Kelch* 4-spaltig. *Blumenkrone* 4-blättrig. *Staubgefäfse* 6. *Stempel* 1. *Hülse* 1—∞-samig.

♂. *Kelch* 3-blattrig. *Blumenkrone* 3-blättrig. *Staubgefäfse* 6.

♀. *Kelch* 5-blättrig. *Blumenkrone* 5-blättrig. *Stempel* 1. *Hülse* 1—∞-samig.

197. Fraxinus. *Esche.* 219.

☿. *Kelch* o oder 4-theilig. *Blumenkrone* o oder 4-blättrig. *Staubgefäſse* 2. *Stempel* 1. *Flügelfrucht* 1-samig, an der Spitze geflügelt.

♀. *Kelch* o oder 4-theilig *Blumenkrone* o oder 4-blättrig. *Stempel* 1. *Flügelfrucht* 1-samig, an der Spitze geflügelt.

198. Diospyros. *Dattelpflaume.* 227.

☿. *Kelch* 4-spaltig. *Blumenkrone* urnenförmig, 4-spaltig. *Staubgefäſse* 8. *Griffel* 4-spaltig. *Beere* 8-samig.

♂. *Kelch* 4-spaltig *Blumenkrone* urnenförmig, 4-spaltig. *Staubgefäſse* 8.

199. Nyssa. *Tulpelobaum.* 228.

☿. *Kelch* 5-theilig. *Blumenkrone* o. *Staubgefäſse* 5. *Stempel* 1. *Steinfrucht* unterständig, mit 1-samiger Nuſs.

♂. *Kelch* 5-theilig. *Blumenkrone* o. *Staubgefäſse* 10.

200. Ficus. *Feige.* 229.

Der *gemeinschaftliche Befruchtungsboden* kreisel- oder birnenförmig, fleischig, hohl, an der Spitze durch Schuppen geschlossen; die innere Fläche überall mit Blumen,. entweder männlichen oder weiblichen, oder auch mit beiden besetzt.

♂. *Kelch* 3-theilig. *Blumenkrone* o. *Staubgefäſse* 3.

♀. *Kelch* 5-theilig. *Blumenkrone* o. *Stempel* 1 *Achene* steinfruchtartig, mit dem Kelche über die Halfte bedeckt: alle in dem fleischigen Befruchtungsboden eingeschlossen.

D I A N D R I A.

MONOGYNIA.

1. Jasminum *Jasmin.*

* *mit dreyzähligen Blättern.*

1. J. *fruticans:* die Äste eckig; die Blätter wechselsweisstehend, dreyzählig, die Blättchen umgekehrt-eyrund und keilförmig, stumpf; die Kelchzipfel pfriemförmig. *L. W. I.* 39.

Strauchartiger J. — In Europa und in der Levante. ♄. 5—6 und höher. Bl. gelb, 6, 7, 8. Fr im Herbste

** *mit gefiederten Blättern.*

2. J. *officinale:* die Äste vierseitig, die Blätter gegenüberstehend, gefiedert, die Blättchen zugespitzt, die Knospen abwärts-aufrechtstehend. *L W. I.* 40.

Gemeiner J. — In Ostindien, Italien und der Schweiz ♄. 7—8'. Bl. weiſs 7, 8. Fr. kommt bey uns nicht zur Vollkommenheit.

2. Ligustrum. *Liguster.*

1. L. *vulgare:* die Blätter oval-lanzettförmig; die Sträuſse rispenartig, gipfelständig *L W. I.* 41.

α. germanicum: mit etwas spitzigen Blättern. L. germanicum *Miller Dict. n.* 1. *G. W H* 9. *t.* 1

β. italicum: mit spitzigen Blättern. L. italicum *Miller Dict. n.* 2.

Gemeiner L. oder Rainweide. — In ganz Europa und dem nördlichen Asien. ♄. 6—8'. Bl. weiſs 6, 7. Fr. 9.

3. Phillyrea. *Steinlinde.*

1. P. *angustifolia:* die Blätter linien-lanzettförmig, ganzrandig, undeutlich aderig. *L. W. I.* 43.

Schmalblättrige S. In Italien, Spanien und Portugal. Ein immergrüner ♄, 2—3. Bl. gelblich amiantweiſs. 7. Fr. im Herbste. ⌂

4. Chionanthus. *Schneeblume.*

1. C. *virginica:* die Blätter spitzig, die Rispe gipfelständig, dreyspaltig; die Blumenstiele dreyblumig. *L. W. I* 46.
α. latifolia: mit oval-lanzettförmigen Blättern und dichten Rispen. *Ait. I* 23. C v. montana. *Pursh I.* 8.
β. angustifolia: mit eyrund-lanzettförmigen Blättern u. losen Rispen. *Ait. I.* 23. C. v. maritima. *Pursh I.* 8.
Virginische S. — In Pensylvanien und von da bis in Carolina ♄ im Vaterlande 10, bey uns 5'. Bl. schneeweiſs 7. Fr. reift bey uns nicht. Nur in der Jugend ⌂.

5. Syringa. *Flieder.*

1. S. *vulgaris:* die Blätter herzförmig-eyrund. *L. W. I.* 48.
Spanischer F. — In der Schweiz, Italien und Frankreich ♄ 15—20'. Bl blauroth auch veilchenblau und weiſs. 5 Fr. im Herbste, spät

2. S. *chinensis:* die Blätter eyrund-lanzettförmig. *W. I.* 48.
Chinesischer F. — Vermuthlich in China. ♄ 6—8'. Bl. veilchenblau 6. Fr. reift bey uns nicht.

3. S. *persica:* die Blätter lanzettförmig. *L. W. I.* 48.
α. integrifolia; mit ganzen Blättern. 5 — S. babylonica *Pluck. alm.* 359 *t.* 1. 227 *f.* 8.
β. laciniata: mit ganzen und zerschnittenen Blättern. S. *laciniata. Du Roi.* 1 *II.* 447.
Persischer F. — In Persien. ♄ 4—5'. Bl. veilchenblau und weiſs. 6. Fr. kommt bey uns nicht zur Vollkommenheit.

6. Catalpa. *Catalpe.*

1. C. *syringaefolia Ait. I* 24. *Pursh I.* 10. Bignonia Catalpa. *L. W III* 289
Fliederblättrige C. oder Trompetenbaum. — In Carolina, Florida und Virginien ♄ 20—25', der sich durch seine groſsen herzförmigen Blätter, die zu dreyen um die Äste stehen, sehr auszeichnet Bl. weiſs innerhalb an dem untern Zipfel der Blumenkrone roth geadert, 6, 7. Fr. kommt bey uns selten zur Reife. ⌂.

7. Fontanesia *Fontanesie.*

1. F. *phillyraeoides. Billard. Icon. Plant. Syr. Dec. I.* 9. *t.* 1. *W I* 52.

Lanzettblättrige F. — In Syrien. ♄ 5—6′ mit gegenüberstehenden Ästen Die Blätter gegenüberstehend, kurzgestielt, lanzettförmig, an beiden Enden verschmälert, ganzrandig, dem bewaffneten Auge aber feinsägenartig, auf beiden Flächen kahl. Die Blumen theils auf blattachselständigen, gepaarten, einblumigen Blumenstielen, theils in gipfelständigen, kurzen Trauben. Bl. weiſs, 6, 7. Fr 9. ⌓

8. Veronica. *Ehrenpreis.*

1. V. *decussata:* der Stengel staudenstrauchig; die Blätter überzwercht, elliptisch, ganzrandig, immergrün; die Trauben blattachselständig, wenigblumig. *Ait.* 1. *I.* 20. *Mönch Weissenst* 137. *W* 1. 60.

Buxbaumblättriger E. — Auf den Falklandsinseln. ♄ $1\frac{1}{2}$—2. Bl. weiſs und blau gestreift. 7, 8. Fr. wird bey uns nicht vollkommen. ⌓

9. Ziziphora. *Zizikraut.*

1. Z. *clinopodioides:* der Stengel staudenstrauchig; die Ästchen weichhaarig; die Blätter oval, zugespitzt, kahl, getüpfelt; die Blumen in gipfelständigen gequirlten Köpfen. *Röm.* et *Schult.* I 208 Cunila capitata. *W.* I. 122.

Wirbelborstenartiges Z. — In Sibirien ♄ $\frac{3}{4}$—1′. Bl. milchweiſs, 7. Fr 9—10.

2. Z. *serpillacea:* der Stengel staudenstrauchig; die Äste weichhaarig; die Blätter lanzettförmig, kahl; die Blumen in gipfelständigen, kopfartigen Büscheln; die Kelche kurzhaarig. *Bieberst. Fl. Taurico-Cauc. I.* 18. *W. Enum* 31.

Quendelartiges Z — Am Caucasus und in Iberien. ♄ 1′. Bl. röthlich 6. Fr. im Herbste. ⌓

3. Z. *dasyantha:* der Stengel staudenstrauchig; die Äste weichhaarig; die Blätter rundlich-eyrund, an der Basis fast wimperig; die Blumen in gipfelständigen, gequirlten Köpfen; die Kelche wollig. *Bieberst Fl. Taurico-Cauc. I* 18. *W. Enum.* 31.

Rauhblumiges Z. — Wächst am Caucasus und in Iberien. ♄ 1, meist niederliegend. Bl. 7, 8. Fr. im Herbste. ⌓

10. Salvia. *Salbey.*

1. S. *cretica:* die Blätter linien-lanzettförmig, die Blumen meist zweyweibig; die Kelche tief zweitheilig. *L. W I.* 128

Cretische S. — Auf der Insel Creta. ♄ ½—1′. Bl. veilchenblau, 6, 7, 8. Fr im Herbste.

2. S. *officinalis:* die Blätter oval- oder fast eyrund-lanzettförmig, feingekerbt; die Quirle wenigblumig, die untern blätterig, die obern nebenblätterig. *L W. I.* 129

α. major: mit breiten Blättern.

β. minor: mit schmälern Blättern.

Gemeine S. — In Krain, Kärnthen, Italien, im südlichen Frankreich und in Spanien ♄. 1½—2′. Bl. blau, auch röthlich und zuweilen weiſs. 6—9. Fr. 8—10.

3. S *grandiflora:* die Blätter herzförmig-eyrund, gekerbt; die Quirle vielblumig, nebenblättrig; die Kelche spitzig gezähnt, kürzer als die Nebenblätter *W. I.* 130

Groſsblüthige S. — Im Orient. ♄ 1½. Bl. blau mit in der Mitte weiſser Unterlippe, 8. Fr. im Herbste.

4. S. *triloba:* filzig; die Blätter gestielt, sehr runzlig, der mittlere Lappen länglich hervorgezogen, die seitenständigen eyrund, stumpf. *L. Suppl.* 88 *W. I.* 130.

Dreylappige S. — Auf der Insel Creta und in Syrien. ♄. 2′. Bl. röthlich, 6, 7. Fr im Herbste ⌂

5. S. *pomifera:* die Blätter eyrund-lanzettförmig, runzlig, feingekerbt-wellenförmig. Die Kelche erweitert, stumpfzähnig, länger als die eyrunden Nebenblätter. *L. W I.* 130.

Apfeltragende S. — Auf der Insel Candia ♄. 2′. Bl. hellblau mit einem weiſsen Flecken auf der Unterlippe. 7, 8. Fr. reift selten.

In ihrem Vaterlande entstehen an den Zweigen behaarte Galläpfel von der Gröſse eines Borsdorfer Apfels, die ein festes, durchsichtiges, süſses Fleisch haben.

TRIANDRIA.

DIGYNIA.

11. Arundo. *Rohr.*

1. A. *Donax*; die Kelche meist dreyblumig; die Blümchen so lang wie der Kelch *L. W. I.* 454.

Breitblättriges R. — In der Schweiz, in Italien, Frankreich, Krain und Sibirien ♄ 5—6'. Bl. bey uns nicht, weil der sonst holzige Halm alle Jahre bis auf die Wurzel abfriert. ⌂.

TETRANDRIA.

MONOGYNIA.

12. Cephalanthus. *Kopfblume.*

1. C. *occidentalis*: die Blätter gegenüberstehend und dreyfach, eyrund-länglich. *L. W. I.* 534.

Amerikanische K. — Im nördlichen Amerika. ♄ 6—8'. Bl. gelblichweiss 8, 9. Fr. wird selten vollkommen. ⌂.

13. Mitchella. *Mitchelle.*

1. M. *repens*. *L. W. I.* 617.

Kriechende M. — In Nordamerika. ♄ kriechend, höchstens 1' lang, immergrün. Bl. weiss, 5. Fr. selten vollkommen.

14 Buddleja. *Buddleje.*

1. B. *globosa*: die Blätter lanzettförmig, zugespitzt, gekerbt, unterhalb filzig-weiss; die Köpfe kugelrund, gegenüberstehend, gestielt. *W. I.* 632.

Kopftragende B. — An feuchten Orten in Chili. ♄ 15—20' im Vaterlande. Bl. honiggelb 5, 6. Fr kommt nicht zur Reife. Ist im südlichen Deutschland im Freyen ausdauernd, bey uns nur durch Gewöhnung von Jugend auf in ⌂, wo dennoch alljährlich die Aeste verloren gehen.

15. Plantago. *Wegetritt.*

1. P. *Cynops*: der Stengel astig, staudenstrauchig, etwas scharf; die Blätter linienförmig, sehr schmal, fast gerinnt-dreykantig, ganzrandig, kurzhaarig; die Köpfe gehüllt; die Kelchblättchen fast gleich. *L. W. I.* 651.

Strauchartiger W. — In Italien, im südlichen Frankreich und in Sibirien. ♄ ½—1′. Bl. 6, 7. Fr 9.

Der sogenannte Flöhsamen wird von diesem Gewächs, so wie auch von der *Plantago Psyllium* gesammelt.

16. Cissus. *Klimme.*

1. C. *orientalis*: die Blätter doppelt dreyzählig, die Blättchen eyrund-elliptisch, grobsägenartig, kahl; die Doldentrauben gezweytheilt. *Lamarck ill. gen.* t 84. f. 2. *W. Enum.* 164.

Orientalische K. — Im Orient. ♄, kletternd wie unsre *Vitis* quinquefolia, aber empfindlich gegen unsre Winter. Bl. gelblich amiantweifs 9—11. Fr nur bey warmer Witterung im Herbste. ⌂.

Der unangenehme und betäubende Geruch der Blätter dieses Strauches, so wie die Gattung, zu der er gehört, machen ihn als giftiges Gewächs verdächtig.

17. Cornus. *Hartriegel.*

* *Mit gehüllten Dolden.*

1. C *florida*: strauchartig; die Hülle sehr grofs, mit umgekehrt herzförmigen Blättchen. *L. W. I.* 661. *G O. H.* 21. *t.* 19.

Schönblühender H. — In Pensylvanien, Virginien und Carolina. ♄. 5 — 6′. Bl. gelbgrün mit sehr grofser weifser, aufserhalb rosenrother Hülle 5. Fr. reifen selten.

2. C. *mascula*: baumartig; die Dolden von der Gröfse der Hülle. *L. W I.* 661. *G. W. H* 10.

α. *erythrocarpa*: mit rothen Früchten. *G. W. H. t.* 2.

β. *xanthocarpa*: mit gelben Früchten.

† *variegata*: mit bunten Blättern.

Gelber H — In Deutschland, der Schweiz, Frankreich u. Sibirien. ♄ 18—20′. Bl gelb 4. Fr. 8, 9.

** *Mit nackten Afterdolden.*

3. C. *sanguinea*: die Äste gerade, glatt, oder sparsam mit weifslichen Warzen besetzt; die Blätter gegenüberstehend, eyrund-oval, zugespitzt, unterhalb wenig blasser, schwach weichhaarig; die Afterdolden niedergedrückt; die Zahne des Kelchs so lang wie die Honigdrüse; die Steinfrucht kugelrund, schwarz; die Nufs kugelrund. *L. W. I.* 662. *G. W H.* 12 *t.* 3.

†. *variegata*: mit bunten Blättern. C. *foemina* foliis variegatis. *Herm Lugdb.* 190.

Rother H. — In ganz Europa und im nördlichen Asien an feuchten Orten. ♄ 10—12′. Bl. weifs mit gelber Honigdrüse 6. Fr. im Herbste.

4. C. *sericea*: die Äste gerade, glatt; die Blätter gegenüberstehend, eyrund-oval, lang zugespitzt, unterhalb wenig blasser, schwach weichhaarig, bey den jüngern rostbraun-seidenartig; die Afterdolden niedergedrückt; die Zähne des Kelches dreymal so lang wie die Honigdrüse; die Steinfrucht länglich-kugelrund, schwarzblau; die Nufs zusammengedrückt. *Mant* 199. *L.* ed. *Reich I.* 332. *W. I.* 663. C. Amomum. *Miller Dict. n* 5. *Wangenh. Amer.* 90. C. rubiginosa. *Ehrh. Beitr. IV.* 15.

Rostfarbiger H. — In Carolina und Pensylvanien. ♄ 6—8′. Bl. weifs mit braunwerdender Honigdrüse 6. Fr. im Herbste.

5. C. *alba*: die Äste gekrümmt, mit ovalen weifslichen Warzen besetzt; die Blätter gegenüberstehend, oval, lang zugespitzt, unterhalb sehr schwach weichhaarig, aus dem Weifsen ins Greisgraue fallend; die Afterdolden niedergedrückt; die Zähne des Kelches so lang wie die Honigdrüse; die Steinfrucht kugelrund, weifs; die Nufs zusammengedrückt. *Mant* 40. *W. I* 662.

Weifser H. — In Canada und Sibirien. ♄ 6—8′. Bl. weifs mit kirschrothwerdender Honigdrüse, 6. Fr. im Herbste.

6. C. *circinata*: die Äste gerade, mit ovalen, weifslichen Warzen stark besetzt; die Blätter gegenüberstehend, rundlich-elliptisch, unterhalb greisgrau-filzig; die Afterdolden niedergedrückt; die Zähne des Kelches so lang wie die Honigdrüse; die Steinfrucht niedergedrückt-kugelrund, milchweifs; die Nufs niedergedrückt. *L'Herit. Corn.* 7. *n.* 8. *t.* 3. *W. I.* 663.

Rundblättriger H. — In Pensylvanien. ♄ 6'. Bl. weifs, mit purpurroth werdender Honigdrüse, 6. Fr. im Herbste.

7. C. *stricta:* die Äste straff, unten gegen den Knoten mit kleinen Warzen besetzt; die Blätter gegenüberstehend, eyrund, lang zugespitzt, kahl, unterhalb wenig blasser; die Afterdolden doldentraubenartig; die Zähne des Kelches doppelt so lang wie die Honigdrüse; die Steinfrucht niedergedrückt-kugelrund, blau; die Nufs eyförmig. *L'Herit. Corn.* 8. *n* 9. *t.* 4. *W. I.* 663.

Steifer H. — In Nordamerika. ♄ 6-8'. Bl. weifs mit weifser, rothwerdender Honigdrüse spät im Sommer. Fr. wird nicht vollkommen.

8. C *paniculata:* die Äste etwas gebogen, mit kleinen Warzen besetzt; die Blätter gegenüberstehend, eyrund, zugespitzt, oberhalb sehr schwach weichhaarig, unterhalb kahl, heugrau; die Afterdolden doldentraubenartig; die Zähne des Kelches so lang wie die Honigdrüse; die Steinfrucht fast kugelrund, weifs; die Nufs fast kugelrund. *L'Herit. Corn.* 9. *n.* 10. *f.* 5. *W. I.* 664. C. albida. *Ehrh. Beitr. IV.* 16. C. foemina. *Miller. Dict.*

Rispenblüthiger H. — In Nordamerika. ♄ 6'. Bl. weifs, 6 Fr. im Herbste.

9. C. *alternifolia:* die Äste gezweytheilt, fast glatt, die jüngern von den Blattnarben fast geringelt; die Blätter breit-eyrund, lang zugespitzt, unterhalb schwach weichhaarig, weifslich heugrau; die Afterdolden niedergedrückt; die Zähne des Kelches so lang wie die Honigdrüse; die Steinfrucht kugelrund, schwarz-veilchenblau; die Nufs kugelrund. *L. Suppl.* 125. *L'Herit. Corn.* 10. *n.* 11. *t.* 6. *W. I.* 664.

α. *pensylvanica:* mit grünen Ästen.

β. *canadensis:* mit bräunlich-purpurrothen Ästen.

Wechselblättriger H. — In Pensylvanien, Carolina und Canada. ♄ baumartig, bey uns 10—12', soll aber bis 24' Höhe erreichen. Bl. weifs, 6, 7. Fr. im Herbste.

18. Ptelea. *Lederblume.*

1. P. *trifoliata. L.* W. *I.* 670.

α. *vulgaris:* mit dreyzähligen Blättern. *Du Roi* 1. *II.* 203.

β. pentaphylla: mit fünfzähligen Blättern. *Du Roi* 1. 203.

Dreyblättrige L. — In Carolina, Virginien und Pensylvanien. ♄ 8 — 10′ und höher. Bl. amiantweiſs, 6. Fr. im Herbste.

19. Elaeagnus. *Oleaster.*

1. E. *angustifolia:* unbewaffnet; die Blätter linien-lanzettförmig, auf beiden Flächen silbericht-schülferig; die Blumen gepaart oder dreyfach. *L. W. I.* 688 *G. W. H* 13 *t* 4.

Schmalblättriger O. oder wilder Öhlbaum. — Im südlichen Europa, in der Levante und in Sibirien. ♄ oder mäſsiger ♄ 15 — 20′. Bl. mit auſserhalb silbericht-schülfrigen, innerhalb grünlichgelblichen Blumen, 7. Fr. reifen selten.

2. E. *argenteus;* unbewaffnet; die Blätter länglich, an beiden Enden spitzig, auf beiden Seiten silbericht-schülferig; die Blumen meist einzeln, überhangend. *Pursh I* 114.

Silberblättriger O. — In Nordamerika an den Ufern des Missouristrohms. ♄. Bl. ähnlich dem vorhergehenden, 7, 8. Fr. reift nicht bey uns.

3. E. *orientalis;* unbewaffnet; die Blätter eyrund-länglich, an beiden Enden zugerundet, auf beiden Flächen matt und, vorzüglich unterhalb, weich-filzig. *Mant* 41. *W. I.* 689. *Pall Ross. I.* 11 *t.* 5. E. tomentosus *Moench Method.* 638.

Orientalischer O. — Im Orient. ♄. Bl. ähnlich dem vorhergehenden, 7, 8. Fr. reift nicht bey uns.

DIGYNIA.

20. Hamamelis. *Zaubernuſs.*

1. H. *virginica. L. W. I.* 701.

Virginische Z. — In Nordamerika. ♄ 2 — 5′. Bl. gelb mit linienförmigen Kronenblättern, 9, 10, wenn die Blätter schon gelb sind, aus den Seitenknospen, deren jede sich mit mehreren Blumen entfaltet. Die Frucht reift erst im folgenden Jahre und bleibt so lange sitzen, bis daſs wieder Blumen erscheinen, woher denn auch der

Nahme Zaubernuſs, da gleichsam wie durch einen Zauber die Frucht vor der Blume sich sehen läſst.

TETRAGYNIA.

21. Ilex. *Hulsen.*

1. I. *Aquifolium:* die Blätter lederartig, immergrün, eyrund oder länglich, spitzig, gebuchtet, wogicht, glänzend, mit dornspitzigen Lappen; die Blumen blattachselständig fast doldenständig *L. W. I.* 707.

α. vulgaris: mit dornspitzig-gebuchteten Blättern. *G. W H.* 14. *t.* 5.

β. heterophylla: mit dornspitzig-gezähnten und ganzen Blättern.

γ. crassifolia: mit dickern, gleichförmig sägenartigen Blättern.

δ. ferox: mit oberhalb stachligen, am Rande dornigen Blättern.

Gemeine H. In Wäldern des gemäſsigten Europens. ♄ 15—20', immergrün. Bl. weiſs mit zwitterlichen u. männlichen Blumen. 5. Fr. scharlachroth, 8, 9.

2. I. *opaca:* die Blätter lederartig, immergrün, eyrund, spitzig, dornig, flach; die Blumen zerstreut an der Basis der einjährigen Ästchen. *Ait.* 1. *I.* 169. *W. I.* 708.

Dunkelblättrige H. — In Carolina. ♄ von ziemlicher Höhe, immergrün. Bl. 5, 6. Fr. gelb, im Herbst. ⌂.

3. I. *Cassine:* die Blätter entferntstehend, lederartig, immergrün, lanzettförmig, an beiden Enden verschmälert, an der Spitze meist gezähnt, unterhalb an den Rändern der Mittelrippe kurzhaarig. *L.* 2. *I.* 181 *W. I.* 709.

Lorbeerblättrige H. — In Carolina. ♄ 20' und darüber, immergrün. Bl. weiſs, 7, 8. Fr. roth, wird bey uns nicht vollkommen. ⌂

4. I. *canadensis:* die Blätter jährig, länglich, zugespitzt, an der Spitze meist sägenartig; die Blumenstiele einblumig, einzeln oder gepaart, blattachselständig; die Früchte kugelrund, vierfurchig *Michaux II.* 229. *t.* 49. *W. Baumz.* 191.

Canadische H. — An der Hudsonsbay. ♄ niedrig. Bl. weiſs, 4, 5; hier aber noch nicht.

PENTANDRIA.

MONOGYNIA.

22. Azalea. *Azalie.*

1. A. *pontica:* die Blätter länglich, an der Basis verschmälert, wimperig, glänzend, kahl; die Doldentraube gipfelständig; die Röhre der Blumenkrone drüsig-haarig, fast so lang wie der Rand. *W. I.* 830.

Pontische A. — An den Ufern des schwarzen Meeres, am Caucasus und in Gallicien. ♄ 3'. Bl. gelb, 5. Fr. im Herbst. ⌓

2. A. *nudiflora:* die Blätter länglich, an der Basis verschmälert, wimperig, kahl; die Doldentraube gipfelständig; die Blumenkronen aufserhalb haarig; die Staubgefäfse länger als die Blumenkrone. *W. Enum* 197. *Baumz.* 49.

Nacktblühende A. — In Nordamerika ♄ Bl. fleischfarbig oder weifs, nach Verschiedenheit der Varietäten, deren hier viele vorhanden sind. 5. Fr. im Herbst. ⌓.

3. A. *speciosa:* die Blätter lanzettförmig, an beiden Enden spitzig, wimperig; die Doldentraube gipfelständig; die Zipfel des Kelchs spatelförmig; die Blumenkronen aufserhalb haarig; die Staubgefäfse länger als die Blumenkrone. *Michaux I.* 151 *W. Baumz.* 49. A. nudiflora *α.* coccinea *Ait.* 1. *I.* 202. *G. O. H.* 37. *t.* 31.

Prächtige A. — In Nordamerika. ♄ 2—3'. Bl. scharlachroth, 5, 6. Fr. bildet bey uns sich noch aus. ⌓, die Wurzeln im Winter mit Moos bedeckt.

4. A. *calendulacea:* fast nacktblühend; die Blätter länglich, auf beiden Flächen weichhaarig, die ältern kurzhaarig; die Blumen meist nackt (nicht klebrig); die Zähne des Kelches länglich; die Röhre haarig, kürzer als die Zipfel der Blumenkrone. *Pursh I.* 151. *Michaux I.* 151. *Röm.* et *Schult. IV.* 375.

Ringelblumengelbe A. — In Nordamerika. ♄. Bl. saffrangelb und auch noch mehr ins Rothe fallend, 5, 6. Fr. im Herbst. ⌓.

5. A. *viscosa:* beblättertblühend; die Blätter länglich, an der Basis verschmälert, wimperig, auf beiden Flächen gleichfarbig, kahl, an den Mittelnerven borstig; die Doldentraube gipfelständig; die Blu-

men aufserhalb drüsig-haarig; die Zähne des Kelches sehr kurz, zugerundet; die Röhre länger als die Zipfel der Blumenkrone; die Staubgefäfse kaum länger als die Blumenkrone. *L. W. I.* 831. (mit Ausschlufs der Varietäten δ und ε.)

Klebrige A. — In Nordamerika, von Canada bis Georgien in schattigen Wäldern. ♄ 2—2½'. Bl. weifs und röthlich, 6, 7. Fr. im Herbste. ⌂.

6. A. *glauca*: beblättertblühend; die Blätter länglich, an der Basis verschmälert, wimperig, auf beiden Flächen kahl, unterhalb schimmelgrün, am Mittelnerven borstig; die Doldentraube gipfelständig; die Blumen aufserhalb drüsig-haarig; die Zähne des Kelches sehr kurz, die Röhre doppelt so lang wie die Zipfel der Blumenkrone; die Staubgefäfse fast von der Länge der Blumenkrone. *Lamarck Ill.* 493. *t.* 2. *W. Baumz.* 50. (mit Ausschlufs des Synonyms von *Michaux*) A. viscosa β floribunda *Ait.* 1. *I.* 319.

Graue A — In Nordamerika von Neu-England bis Virginien in thonigen Brüchen. ♄. Bl. weifs, 6. Fr im Herbst. ⌂.

7. A. *nitida*: beblättertblühend; die Blätter klein, lederartig, lanzettförmig, gegen die Basis etwas verschmälert, fast stachelspitzig, am Rande zurückgerollt, wimperig, auf beiden Flächen kahl, auf der obern glänzend, auf der untern an dem Mittelnerven borstig; die Blumen schmierig, die Zähne des Kelches sehr kurz; die Röhre etwas länger als die Zipfel der Blumenkrone; die Staubgefäfse länger als die Blumenkrone. *Pursh I.* 153. *Röm. et Schult. IV.* 379.

Glänzende A. — In Nordamerika. ♄. Bl. weifs und blafsroth 7, 8. Fr. im Herbst. ⌂.

23. Chamaeledum. *Zwergporst.*

1. C. *procumbens*: *Link Enum. pl. hort. Berol. I.* 210. Loiseleuria procumbens. *Desvau Journ. de Bot. II.* 35. Azalea procumbens. *L. W. I.* 832.

Gestrekter Z. — In Norwegen, in der Schweiz, in Österreich, Salzburg u. s. w. auf den höchsten Gebirgen. ♄ ½—1', immergrün, gestreckt, mit elliptischen, am Rande zurückgerollten Blättern und meist gipfelständigen Blumen. Bl. röthlich, 6.

24. Lonicera. *Lonicere.*

* *Geisblattarten mit windend-klimmendem Stengel.*

1. L. *Caprifolium:* die Blätter abfallend, kahl, unterhalb schimmelgrün, die obern verwachsen-durchwachsen; die Blumen in gipfelständigen, beblätterten Quirlen; die Blumenkronen rachenförmig. *L* 2. *I.* 246. *W. I.* 982. Caprifolium italicum. *Röm.* et *Schult. V.* 260. *G. W. H.* 16. *t.* 6.

Durchwachsene L. — In Österreich, der Pfalz, Krain, Schweiz, Italien und im südlichen Frankreich. ♄ 10—15'. Bl. hell-purpurroth, innerhalb gelblich, wohlriechend, 6. Fr. scharlachroth, 9.

2. L. *etrusca:* die Blätter abfallend, unterhalb weichhaarig, die obern verwachsen-durchwachsen; die Blumen in gipfelständigen Köpfen, meist zu dreyen; die Blumenkronen rachenförmig. *Savi Flor Pisan. I.* 236. Caprifolium etruscum. *Röm.* et *Schult. V.* 261.

Hetrurische L. — Wächst in Hetrurien, um Genua und auch in Krain. ♄ 3—4'. Bl. hell-purpurroth, innerhalb weifs, endlich gelb, mit Wohlgeruch, 8. Fr. nicht vollkommen.

3. L. *dioica:* die Blätter abfallend, kahl, unterhalb schimmelgrün, die obern verwachsen-durchwachsen; die Blumen in gipfelständigen, blattlosen, fast kopfartig-gedrängten Quirlen; die Blumenkronen rachenförmig, an der Basis bucklig. *Ait. I.* 231. *W. I.* 983. L. media. *Murray Comm. Goett.* 1776. 28. *t.* 3. L. glauca. *Burgsd. Anleit. n.* 305. Caprifolium divisum. *Röm.* et *Schult V.* 260.

Graue L. — In Nordamerika. ♄ 8—10'. Bl. purpurroth 6, 7. Fr. roth, 9.

4. L. *flava:* die Blätter abfallend, kahl, unterhalb schimmelgrün, knorplig-gerandet, die obern verwachsen-durchwachsen; die Blumen in gipfelständigen blattlosen, fast kopfartig-gedrängten Quirlen; die Blumenkronen rachenförmig, an der Basis ohne Buckel. *Bot. Mag. t.* 1318. Caprifolium Fraseri. *Pursh I.* 160 *Röm.* et *Schult V.* 262.

Gelbe L. — In Neu-York und im südlichen Carolina. ♄ 5—6'. Bl. gelb, mit starkem Geruch, 7. Fr. gelblich roth im Herbst, ⌓.

5. L. *sempervirens:* die Blätter bey uns abfallend, kahl, unterhalb schimmelgrün, die obern verwachsen, durchwachsen; die Blumen in gipfelständigen, blattlosen Quirlen; die Blumenkronen mit oben bauchiger Röhre und fast gleich-fünfspaltigem Rande. *Michaux I* 105. *W. I.* 983. Caprifolium sempervirens *Röm.* et *Schult. V.* 263.

Immergrüne L. — In Virginien und Carolinà, ♄ 8 — 12'. Bl. corallenroth ohne Geruch, 6—9. Fr. roth im Herbst.

6. L. *implexa:* die Blätter abfallend, kahl, unterhalb schimmelgrün, verbunden, das obere Paar nur verwachsen; die Blumen in gipfelständigen Köpfen; die Blumenkronen rachenförmig. *Ait. I.* 231 *W. I* 984. Caprifolium implexum. *Röm.* et *Schult. V.* 261.

Schmalblättrige L. — In Minorca. ♄ 4—6'. Bl. roth-gelb, innerhalb weifs, endlich gelb im Sommer. Fr. nicht bemerkt. , od. im kalten Hause.

7. L. *grata:* die Blätter ausdauernd, kahl, unterhalb schimmelgrün, die untern dreyfach, die obern gegenüberstehend, die obersten verwachsen- fast durchwachsen; die Blumen in gipfelständigen, blattlosen Quirlen; die Blumenkronen rachenförmig. *W I* 984. Caprifolium gratum *Pursh I.* 161. *Röm.* et *Schult V.* 262.

Schöne L. — In Nordamerika. ♄ 8—10'. Bl. corallenroth, innerhalb gelb, 6—10. Fr, gelblich-roth im Herbste.

8. L. *Periclymenum:* die Blätter abfallend, kahl, unterhalb blafsgrün, alle nur verbunden; die Blumen in gipfelständigen Köpfen; die Blumenkronen rachenförmig. *L. W I* 984. Caprifolium Periclymenum *Röm.* et *Schult V* 262.

α. vulgare: mit ganzen Blättern. *G. W H.* 17. *t.* 7.

β. quercifolium: mit buchtigen Blattern.

Deutsche L. — In Deutschland, Holland, Schweiz, Frankreich, England und mehreren Ländern Europens. ♄ 6—8' Bl. hell-purpurroth, auch blässer, wohlriechend 6—10. Fr. roth im Herbste.

** *Heckenkirschen mit nicht klimmendem Stengel.*

9. L. *parvifolia:* die Blätter eyrund, kahl; die Blumenstiele zweyblumig, länger als die Blumen; die Beeren gesondert. L. tatarica *β.* foliis subcor-

datis minoribus, flore albo. *W. I.* 986. L. pyrenaica. *W. Baumz* 1. *Aufl.* 181.

Kleinblättrige L. — In Sibirien? ♄. 5—6'. Bl weiſs, 5. Fr. roth, 8. — Ist durch Wuchs und durch Gröſse, Gestalt und Verhältniſs der Theile sehr verschieden von der L *tatarica*, von welcher man sie bisher als Varietat betrachtete.

10. L. *tatarica*: die Blätter herzförmig-eyrund, kahl; die Blumenstiele zweyblumig, kaum von der Länge der Blumen; die Beeren gesondert. *L. W I.* 986. *Röm.* et *Schult. V.* 255.

Tatarische L. — In Sibirien. ♄, oft baumartig. Bl. pfirschigroth bald dunkler, bald blässer, 5. Fr. roth, 8.

11. L. *Xylosteum*: die Blätter eyrund, weichhaarig; die Blumenstiele zweyblumig, länger als die Blumen; die Beeren gesondert. *L. W. I.* 986. *Röm.* et *Schult. V.* 256. *G. W H.* 19. *t.* 9.

Gemeine L. — Wächst in mehreren Gegenden Deutchlands, so wie in andern Ländern des kältern Europens. ♄ 5—6, selten 8'. Bl. gelblichweiſs, 5. Fr. roth, 8.

12. L. *pyrenaica*: die Blätter umgekehrt-eyrund-lanzettförmig, kahl, unterhalb schimmelgrün; die Blumenstiele zweyblumig; die Beeren gesondert. *L. W. I.* 987. *Röm* et *Schult. V.* 257.

Pyrenäische L. — Auf den Pyrenäen und in Sibirien. ♄ 4—5'. Bl. weiſs, 5. Fr. nicht bemerkt.

13. L. *nigra*: die Blätter länglich und oval-eyrund, kahl; die Blumenstiele zweyblumig, langer als die Blumen; die Beeren selten gesondert, meist verwachsen. *L. W. I.* 985. *Röm.* et *Schult. V.* 254. *G. W H.* 18. *t.* 8.

Schwarze L. — In Österreich, Bayern, in der Schweiz, in Frankreich und in den übrigen gebirgigen Ländern des wärmern Europens ♄ 4—5'. Bl. bräunlich-lilaroth, 5. Fr. schwarz, 8. Nach *W.* (*Baumz.* 222.) sind die Beeren fast immer verwachsen.

14. L. *alpigena*: die Blätter oval-länglich, zugespitzt, sehr schwach wimperig; die Blumenstiele zweyblumig, viel länger als die Blumen; die Beeren verwachsen. *L. W. I.* 987. *Röm.* et *Schult. V.* 258. *G. W. H.* 20. *t.* 10.

Alpen-L. — In Österreich, Bayern, Schlesien und in der Schweiz auf Gebirgen. ♄ 5—7'. Bl. braunlilaroth, 4, 5. Fr. kirschroth, 8.

15. L. *coerulea:* die Blätter elliptisch-länglich, etwas spitzig, am Rande und auf beiden Flächen kahl; die Blumenstiele zweyblumig, kürzer als die Blumen; die Beeren verwachsen. *L W I.* 980. *Röm. et Schult. S. V.* 259. *G. W. H* 20. *t.* 11.

Blaue L. — In Österreich, Krain, in der Schweiz und in Sibirien auf Gebirgen. ♄ 4—5'. Bl. schmutzig blafsgelb, 5. Fr. blau, 8.

16. L. *iberica:* die Blätter rundlich, herzförmig, filzig; die Blumenstiele zweyblumig, kürzer als die Blumen; die Beeren verwachsen. *Bieberst. Fl. taur. cauc I.* 158. *Röm.* et *Schult. V.* 257.

Iberische L. — In Sibirien um Tiflin auf steinigen Gebirgen. ♄ 5—6'. Bl. schmutzig gelb, 5. Fr. blutroth, 8.

17. L. *orientalis:* die Blätter eyrund, spitzig, unterhalb weichhaarig; die Blumenstiele zweyblumig, kürzer als die Blumen; die Beeren verwachsen. *Lamarck Encycl. I.* 724 *W. I.* 989.

Orientalische L. — In Klein-Asien und Iberien. ♄ 2—3'. Bl. 5, hier noch nicht bemerkt. Fr. schwarz, 8.

25. Symphoricarpos. *Peterstrauch.*

1. S. *vulgaris:* die Blume blattachselständig, fast kopfartig-geknauelt. *Michaux I.* 106. *W. Baumz.* 497. *Röm* et *Schult. V* 222. S conglomerata. *Pers. Synops. I.* 214. Symphoria conglomerata. *Pursh I.* 162. Lonicera Symphoricarpos. *L. W.* I. 989.

Gemeiner P. — In Virginien und Carolina. ♄ 3—4'. Bl. weifs, 8—10. Fr. roth im Herbste, bleibt im Winter sitzen.

2. S. *racemosus:* die Blumen in gipfelständigen Trauben. *Michaux I.* 107. *Röm.* et *Schult. V.* 222. Symphoria racemosa. *Pursh I.* 162.

Traubiger P. — In Nordamerika auf Bergen am See Mistassins. ♄ 2—2½'. Bl. röthlich, 6. Fr. weifs, grofs, 8.

26. Dier-

26. Diervilla. *Dierville.*

1. D. *canadensis: W. Enum.* 212 *Baumz.* 126. D. Tourneforti. *Michaux I.* 107. D lutea. *Pursh* 162. D. acadiensis. *Duhamel Arb. I.* 209. *t.* 87. Lonicera Diervilla. *L. W. I.* 989.

Canadische D. — In Canada und Neu-England, so wie auch auf den hohen Gebirgen in Carolina. ♄ 2—3', mit vierseitigen Ästchen, die nicht selten purpurroth erscheinen, wo dann auch diese Farbe sich fortsetzt bis in die Mittelrippe der gegenüberstehenden, gestielten, verbundenen, eyrunden, lang zugespitzten, sägenartigen, kahlen Blätter Bl. schmutzig-citronengelb in wenigblumigen, meist gipfelständigen Doldentrauben. Fr. im Herbste.

27. Solanum. *Nachtschatten.*

1. S. *Dulcamara:* der Stengel strauchartig, kletternd, unbewaffnet; die Blätter ganzrandig, die untern herzförmig-eyrund, die obern meist spiefsförmig; die Blumen in zweytheiligen, blattzwischenständigen Doldentrauben. *L. W. I.* 1028.

α. *vulgaris:* mit kahlem Stengel und Blättern, von denen die obern spiefsförmig sind. *G. W. H.* 21. *t.* 12.

β. *palustris:* mit kahlem Stengel und Blättern, die alle eyrund sind.

γ. *rupestris:* mit aufrechtem Stengel, eyförmigen Blättern und wenigblumigen Doldentrauben.

δ. *litoralis:* mit weichhaarigem Stengel und Blättern.

†. *variegata:* mit weifs- und gelbbunten Blättern.

Kletternder N. — In ganz Deutschland und mehreren Ländern Europens in Gesträuchen und Hekken und an den Ufern der Flüsse und Bäche. ♄ 2—10, ja 15'. Bl. veilchenblau, zuweilen weifs, 5—7, ja bis in den Herbst. Fr. roth im Herbste.

28. Cestrum. *Hammerstrauch.*

1. C. *Parqui:* der Stengel im blühenden Zustande rispenartig; die Blätter zerstreut, schmal-lanzettförmig, wellenförmig, kahl; die Afterblätter linienförmig; die Blumen in gipfelständigen Rispen; die Staubfäden gezähnt und auch ohne Zähne. *L'Herit. Stirp. I.* 73. *t.* 36. *W. I.* 1054.

Chilischer H. — In Chili an feuchten Orten. ♄ 5—6'. Bl. matt laureolagelb, des Nachts duftend, 8—10. Fr. schwarz, im Herbst bey warmem Wetter zuweilen reifend. .

29. Lycium. *Bocksdorn.*

1. L. *ruthenicum:* die Äste niedergebogen, dornig; die Blätter etwas fleischig, linien-lanzettförmig, an der Basis verschmälert, die untern büschelständig, die obern wechselsweisstehend; die Blumenstiele länger als der Kelch; die Staubgefäfse so lang wie der Rand der Blumenkrone. *Murray Comment. Goetting.* 1779. *II. t.* 2. *W. I.* 1058.

Russischer B. — In Sibirien. ♄ 3—6'. Bl. lilaroth, 7. Fr. schwarz im Herbste.

2. L. *barbarum:* die Äste niedergebogen, dornig; die Blätter lanzettförmig, an der Basis verschmälert, die untern büschelständig, die obern wechselsweis stehend; die Blumenstiele länger als der zwey- oder dreyspaltige Kelch; die Staubgefäfse so lang wie der Rand der Blumenkrone. *L. W. I.* 1059.

Gemeiner B. — Im südlichen Europa und nördlichen Afrika. ♄ 10—15'. Bl. lilaroth, 5—10. Fr. gelb, 8—11. — Oft wird diese Art mit dem L. *europaeum* verwechselt, das sich aber durch etwas fleischige, schiefgewendete Blätter, fünfspaltige Kelche und durch kürzere Staubgefäfse unterscheidet.

3. L. *europaeum:* die Äste schlaff, dornig; die Blätter länglich-lanzettförmig, stumpf, schiefgewendet; die Staubgefäfse kürzer als der Rand der Blumenkrone. *Mant.* 47. *W. I.* 1058.

Europäischer B. — Im südlichen Europa. ♄ 5'. Bl. 8—9. Fr. gelb und auch roth, hier nicht reifend. , besser aber im kalten Hause.

30. Bumelia. *Hochstamm.*

1. B. *tenax:* die Äste dornig; die Blätter immergrün, gestielt, eyrund-lanzettförmig, oberhalb kahl, unterhalb gelblich-seidenartig; die Blumen gestielt, blattachselständig, zahlreich zusammengehäuft. *W. I.* 1085. Sideroxylon tenax. *Mant.* 48. *Jacq. Coll. II.* 252.

Zaher H. — In Carolina. ♄ 20', bey uns, wo er im Freyen bis auf die Wurzel abfriert, ♄. Bl. weifs, 6. Fr. nicht bemerkt. .

2. B. *lycioides:* die Äste dornig, die Blätter abfallend, gestielt, länglich-lanzettförmig, an der Basis verschmälert, etwas stumpf, die jüngern seidenartig, die ältern kahl; die Blumen gestielt, blattachselständig, zwey bis acht zusammengehäuft *W. Enum.* 250. Sideroxylon lycioides *Duham. Arb II.* 260. *t* 68. *W.* I. 1090.

Bocksdornartiger H. — In Carolina und Louisiana. ♄ 8—10′. Bl. weifs 6. Fr. nicht bemerkt. ⌓.

31. Rhamnus. *Wegdorn.*

* *Dornige*

1. R. *cathartica:* die Äste mit gipfelständigen Dornen; die Blätter rundlich- oder länglich-eyrund, sägenartig, mit einwärtsgekrümmten, an der Spitze drüsigen Sägezähnen, siebenfach-nervig, mit kahlen Blattstielen; die Blumenstiele länger als der Kelch; die Blumen vierspaltig, meist zweyhäusig; die Beeren kugelrund. *L. W. I.* 1092 *G. W H* 23 *t* 13.

Gemeiner W. Kreuzdorn, Kreuzbeere. — In ganz Deutschland, so wie in den übrigen Ländern Europens, in Hecken und Gesträuchen, gewöhnlich auf feuchtem Boden. ♄ 6—8′, seltner als ♄ 10—15′. Bl. unansehnlich, 5, 6 Fr schwarz, 9.

2. R. *tinctoria:* die Äste mit gipfelständigen Dornen; die Blätter eyrund, sägenartig, mit einwärtsgekrümmten, an der Spitze drüsigen Sägezähnen, siebenfach-nervig, mit zottigen Blattstielen; die Blumenstiele kaum von der Länge des Kelchs; die Blumen vierspaltig, zweyhäusig; die Beeren meist herzförmig. *Wadst. et Kitaib. pl. rar. Hung.* 203. *t.* 255. *Röm. et Schult. V.* 276.

Färber-W — Im Banat. ♄ 4—5′. Bl. unansehnlich 5, 6. Fr. schwarz, 9.

3. R. *saxatilis:* die Äste aufrecht und gestreckt, die einjährigen mit gipfelständigen Dornen; die Blätter lanzettförmig und eyrund, an der Basis verschmälert, fein sägenartig; die Blumen vierspaltig, zweyhäusig, die weiblichen kronenblattlos. *L. II.* 1671. *Smith Prodr. Fl. Graec. I.* 158. *Röm. et Schult. V.* 277.

Stein-W. — Auf steinigen Hügeln, und Sonnenhügeln in Östreich und Ungarn und auch in der Gegend von Athen. ♄ gleich über dem Boden in Äste sich zertheilend, sparrig, 2—2½′. Bl. 5, 6. Fr. schwarz im Herbst.

4. R. *infectoria*: die Äste gestreckt, mit gipfel- und seitenständigen Dornen; die Blätter eyrund-lanzettförmig, feinsägenartig; die Blumen vierspaltig, zweyhäusig, alle kronenblättrig *L. Mant.* 49. *Smith Prodr Fl Graec. I.* 157. *Röm* et *Schult. V* 278.

Färbender W. — Im mittäglichen Europa auf hohen, rauhen und steinigen Gegenden. ♄ mit vielästigen gestreckten Ästen, 1—1½'. Bl. 5, 6. Fr. schwarz im Herbst. ⌂.

** *Unbewaffnete.*

5. R. *alpina*: die Äste unbewaffnet; die Blätter oval-elliptisch und elliptisch-oval, an der Basis schwach herzförmig, sägenartig, mit einwärtsgekrümmten an der Spitze drüsigen Sägezähnen, rippig-aderig; die Blumen vierspaltig, zweyhäusig. *L.* 2. *I.* 280. *W. I.* 1097. *G. W. H.* 25. *t.* 15.

Alpen-W. — In Krain, in der Schweiz, Hessen und andern Gegenden auf Gebirgen. ♄ 5—6'. Bl. unansehnlich weifslichgrün, 5. Fr. schwarz, 8, 9.

6. R. *alnifolia*: die Äste unbewaffnet; die Blätter elliptisch, an der Basis verschmälert und ganzrandig, übrigens sägenartig mit einwärtsgekrümmten an der Spitze drüsigen Sägezähnen, schwach rippig-geadert, die Blumen zwitterlich. *L'Herit Sert. Angl.* 5. *W. I.* 1100.

Elsenblättriger W. — Vermuthlich in Nordamerika. ♄ 4—5'. Bl unansehnlich, grünlich-weifs, 5. Fr. purpurroth (nach *Pursh*, wenn er dieselbe Art vor sich hatte).

7. R. *pumila*: die Äste unbewaffnet, kriechend; die Blätter eyrund sägenartig; die Blumen fünfspaltig, zwitterlich. *L. Mant.* 49. *W I.* 1097. *Röm.* et *Schult. V.* 287.

Niedriger W. — In Krain, Ungarn und Böhmen. ♄ mit gestreckten, kriechenden Ästen, 1—1½'. Bl. 6, 7. Fr. dunkelroth im Herbst. ⌂.

8. R. *Frangula*: die Äste unbewaffnet; die Blätter eyrund-länglich oder fast oval, ganzrandig, rippig-aderig; die Blumen zwitterlich, einweibig. *L. W. I.* 1098. *G. W. H* 24. *t* 14.

Glatter W. oder Faulbaum, Pulverholz — In ganz Deutschland und den übrigen Ländern Europens in feuchten Waldern ♄ oder ♄ 8—12'. Bl. weifs 5—9. Fr. schwarz im Herbste, wo reife und unreife und auch noch Blumen zugleich erscheinen.

9. R. *latifolia*: die Äste unbewaffnet; die Blätter elliptisch, spitzig, ganzrandig; die Blumen fünfspaltig, zwitterlich mit zottigem Kelche. *L'Herit. Sert. Angl.* 5. *t.* 8. *W. I.* 1098.

Breitblattriger W. — Auf den Azorischen Inseln. ♄, der in seinem Vaterlande gröfser wird, als unsere R. *Frangula*; unsre Stämme sind nur 3—4'. Bl. 5—7. Fr. schwarz 7—10 ⌓.

10. R *hybrida*: die Äste unbewaffnet; die Blätter fast lederartig, elliptisch-oval, sägenartig mit einwärtsgekrümmten, an der Spitze drüsigen Sägezähnen, die nach der Basis entfernter, nach der Spitze hin gedrängter werden; die Blumen einhäusig. *L'Herit. Sert. Angl. t.* 5. *W. I.* 1100. ⌓.

Bastard-W. — Nach *L'Heritier* ist diese Art in dem Pariser Pflanzengarten durch Vermischung, von R. *alpina*, befruchtet durch R. *Alaternus*, entsprungen. ♄ nach *Willdenow* 3', nach *Römer* und *Schultes* 12 — 15' und darüber. Bl. nicht bey uns.

11. R. *Alaternus*: unbewaffnet; die Blätter lederartig, immergrün, oval, spitzig, sägenartig, an der Basis gewöhnlich stumpf; die Blumen zweyhäusig mit dreyfacher Narbe. *L. W. I.* 1101. (mit Ausschlufs der Varietät *β*.) *Röm.* et *Schult. V.* 290.

Immergrüner W. — Im südlichen Europa. ♄ 6—10', immergrün. Bl. 4—6. Fr. schwarz im Herbst. ⌓.

12. R. *Clusii*: unbewaffnet; die Blätter lederartig, immergrün, lanzettförmig, an beiden Enden spitzig, stachelspitzig-gezähnt; die Blumen zweyhäusig mit dreyfacher Narbe. *W Enum.* 250 R. Alaternus *β*. *W. I.* 1101. Alaternus I. *Clus. hist. I.* 15.

Clusius'scher W. — In Portugal. ♄. Bl. 4—6. Fr. im Herbst. ⌓.

32. Zizyphus. *Judendorn.*

* *Unbewaffnete.*

1. Z. *volubilis*: der Stamm unbewaffnet, so wie die oben sich windenden Äste; die Blätter eyrund, ganzrandig, fast wellenförmig, rippig-aderig; die Blumen in gestielten blattachselständigen Dolden; die Früchte länglich rundlich. *W. I.* 1102. Rhamnus volubilis. *L. Suppl.* 152. Oenoplia volubilis. *Röm.* et *Schult. V.* 332.

Windender J. — In Carolina. ♄ 12 — 15'. Bl. weifslichgrün, 6, 7. Fr. schwarz, länglich rundlich. ⌓, leidet dann nur in sehr strengen Wintern. — Unter dem Namen dieser Art kommen den Beschreibungen nach mehrere Gewächse vor, von denen sich nicht mit Bestimmtheit sagen läfst, ob sie als Arten verschieden sind, oder ob sie nur durch Cultur verschieden sich zeigen.

** *Stachlige.*

2. Z. *vulgaris*: der Stamm baumartig; die Äste mit gepaarten afterblattartigen Stacheln, von denen der eine zurückgekrümmt ist; die Blätter eyrund und länglich, ausgerandet, mit kurzer Stachelspitze, sägenartig mit einwärtsgekrümmten, an der Spitze drüsigen Sägezähnen, dreynervig, kahl; die Blumen sehr kurz gestielt, zu drey bis fünf blattachselständig; die Früchte länglich. *Lamarck Encycl. III* 316. *W. I* 1105. Rhamnus Zizyphus. *L.*

Brustbeeren-J — Im südlichen Europa und nördlichen Asien. ♄ 6 — 8', ja 15 — 20'. Bl. unansehnlich gelblich, 8, 9. Fr. länglich dunkelroth im Herbst. ⌓.

33. Paliurus. *Stechdorn.*

1. P *australis*: der Stamm fast kletternd; die Äste mit gepaarten afterblattartigen Stacheln, von denen der eine zurückgebogen ist; die Blätter oval, sehr fein und spitzig, weitläuftig-sägenartig, dreynervig; die Blumen in blattachselständigen Afterdolden, die nicht viel länger sind als die Blattstiele. *Gärtn. de fr. et sem. I* 203 *t* 3 *f* 5 *Röm. et Schult V.* 342 Zizyphus Paliurus. *W. I* 1103. Rhamnus Paliurus. *L.*

Südlicher St — In Krain, Italien, Spanien, im südlichen Frankreich und am Caucasus. ♄ 8—10'. Bl. gelb, 6, 7. Fr. im Herbst. ⌓.

34. Ceanothus. *Ceanothus.*

1. C. *americanus*: die Blätter eyrund-länglich, meist etwas herzförmig, spitzig, sägenartig, dreyfachnervig, unterhalb weichhaarig; die Blumen in blattachselständigen, lang gestielten, gedrängten Rispen *L. W I.* 1114.

Amerikanischer C. — In Nordamerika. ♄ 4

—5'. Bl. weifs mit weissen Blumenstielen, 7—10. Fr. im Herbst.

35. Celastrus. *Celaster.*

1. C. *scandens;* der Stamm windend-kletternd, vielästig, unbewaffnet; die Blätter länglich, zugespitzt, sägenartig; die Blumen in gipfelständidigen Trauben. *W. I.* 1125.

Kletternder C. — Im nördlichen Amerika. ♄ von der Höhe der Bäume oder andrer Gegenstände, um die er sich schlingt Bl. 6. Fr. mennigroth im Herbste, nur in warmen Jahren und doch nur selten, da die zwitterlichen Blumen auf einigen Stämmen einen unvollkommnen Stempel, auf andern unvollkommne Staubgefäfse haben.

36. Evonymus. *Spindelbaum.*

1. E. *europaea:* die Äste glatt; die Blätter länglich-lanzettförmig, sägenartig, kahl; die Blumenstiele zusammengedrückt-fadenförmig, dreyblumig; die Blumen viermännig; die Kapseln viereckig, glatt mit etwas scharfen Kanten. *L. W. I.* 1130. *G. W. H.* 26. *t.* 16.

Gemeiner S. — In ganz Europa. ♄ oder ♄ 6—20' Bl. gelblichweifs 5. Fr. purpurroth, die Samen mit saffrangelber Samendecke, 8, 9.

2. E. *verrucosa:* die Äste warzig; die Blätter eyrund, zugespitzt, sägenartig, kahl; die Blumenstiele stielrund-fadenförmig, meist fünfblumig; die Blumen viermännig; die Kapseln viereckig, glatt mit stumpfen Kanten. *Jacq Fl Austr. t.* 49. *W. I.* 1131. *G. W H.* 27. *t.* 17. E. europaeus γ. leprosus. *L. Suppl* 154.

Warziger S. — In Östreich und Ungarn. ♄ 5—6'. Bl. schmutzig ziegelroth, 5, 6, Fr. 9.

3. E. *latifolia:* die Äste glatt; die Blätter eyrund-länglich, zugespitzt, sägenartig, kahl; die Blumenstiele stielrund-fadenförmig, fünf- und mehrblumig; die Blumen fünfmännig; die Kapseln fünfeckig, glatt mit geflügelten Kanten. *Jacq. Fl. Austr. t.* 289. *W. I.* 1131. *G. W. H.* 28. *t.* 18. E. europaeus β. latifolius. *L.*

Breitblättriger S. — In Schlesien, Ungarn, Östreich, Böhmen, Steiermark, Kärnthen, Bayern und in der Schweiz. ♄ 10' und darüber. Bl.

gelblichweifs 5, 6. Fr. purpurroth, die Samen mit saffrangelber Samendecke, 9.

4. E. *atropurpurea*: die Äste glatt, die Blätter eyrund-lanzettförmig, zugespitzt, sägenartig, oberhalb kahl, unterhalb im jugendlichen Zustande kurzhaarig, nachher scharf; die Blumenstiele zusammengedrückt-fadenförmig, vielblumig; die Blumen meist viermännig; die Kapseln meist viereckig, glatt mit stumpfen Kanten. *Jacq. Hort. Wind. II.* 55. *t.* 120. *W. I.* 1132.

Dunkelrother S. — In Nordamerika. ♄, nach *Lamarck* 15′ Bl dunkelroth, 6,7. Fr. im Herbste.

5. E. *americana*: die Äste glatt; die Blätter länglich, zugespitzt, sägenartig, kahl, sehr kurz gestielt; die Blumenstiele stielrund-fadenförmig, meist dreyblumig; die Blumen fünfmännig; die Kapseln rundlich-fünfeckig, warzig, mit zugerundeten Kanten. *Hellen. diss. in Ust. delect. I.* 95. *W. I.* 1132.

Amerikanischer S. — In Virginien und Carolina. ♄ 4—5′. Bl. gelblichweifs, 6, 7. Fr. roth, reift selten. Ca.

37. Itea. *Itea.*

1. I. *virginica*; die Äste stielrund, feinrissig; die Blätter gestielt, wechselsweisstehend, oval-eyrund, spitzig, sägenartig; die Blumen in gipfelständigen aufrechten Trauben. *W I.* 1146.

Virginische I. — In Nordamerika. ♄ 5 — 6′. Bl. gelblichweifs, 5, 6. Fr. hier noch nicht bemerkt. Ca

38. Ribes. *Johannisbeere.*

* Johannisbeeren, *mit unbewaffnetem Stamme.*

1. R. *rubrum*: der Stamm aufrecht, unbewaffnet; die Blätter stumpf-fünflappig, ungetüpfelt; die Blumen in überhangenden Trauben; die Kelche flach, kahl; die Nebenblätter kürzer als die Blumenstielchen; die Beeren kahl. *L. W. I.* 1153. *G. W H* 29. *t.* 19.

α. *erythrocarpum*: mit rothen Beeren.

β. *leucocarpum*: mit weifsen Beeren.

Gemeine J. — In ganz Europa in Wäldern. ♄ 4—5′, Bl, gelblichgrün, 5. Fr. roth oder weifs, 6,7.

2. R. *petraeum*: der Stamm aufrecht, unbewaffnet; die Blätter zugespitzt-fünflappig, ungetüpfelt; die Blumen in aufrechten Trauben; die Kelche etwas flach, kahl; die Nebenblätter kürzer als die Blumenstielchen, fein wimperig; die Beeren kahl. *Jacq. ic.* 2. 49. *W. I* 1153. *G. W. H* 30. *t.* 20.

Rothblühende J. — In Schlesien, Böhmen, Östreich, Steiermark und Kärnthen. ♄ 2—3'. Bl. röthlich, 4, 5. Fr. roth, 6, 7.

3. R. *prostratum*: der Stamm mit zurückgelegt-gestreckten Ästen, unbewaffnet; die Blätter zugespitzt-lappig, ungetüpfelt; die Blumen in aufrechten Trauben; die Kelche etwas flach, haarig-drüsig; die Nebenblätter sehr klein, kürzer als die Blumenstielchen; die Beeren steifhaarig. *L'Herit. Stirp. I.* 3. *t.* 2. *Pursh I.* 163. *Röm. et Schult. V.* 495. R. glandulosum, *W I.* 1154.

Niederliegende J. — In Neu-Fundland, Canada und Pensylvanien. ♄ niederliegend mit den Ästen, die auch kriechen sollen. Bl. röthlich, 4, 5. Fr. röthlich, steifhaarig, im Sommer.

4. R. *alpinum*: der Stamm aufrecht, unbewaffnet; die Blätter dreylappig, ungetüpfelt, unterhalb leuchtend; die Blumen zweyhäusig, in aufrechten Trauben; die Kelche glockenförmig, kahl; die Nebenblätter so lang wie die Blumen oder länger als dieselben; die Beeren kahl. *L. W. I.* 1154. *G. W H.* 31 *t.* 21.

Alpen-J. — Am Harz, in Thüringen, Schlesien, Böhmen, Östreich, in der Schweiz, in Schweden, England und Sibirien in gebirgigen Gegendeu ♄ 2—8'. Bl. gelblichgrün, 5. Fr. roth im Sommer.

5. R. *aureum*: der Stamm aufrecht, unbewaffnet; die Blätter dreylappig, ungetüpfelt, mit stumpfen, sehr sparsam sägenartig-gekerbt-eingeschnittnen Lappen; die Blumen in schlaffen Trauben; die Kelche trichterförmig, kahl, mit walzenförmiger Röhre, länger als die Blumenstielchen; die Nebenblätter so lang wie die Blumenstielchen; die Beeren kahl. *Pursh I.* 164. *Röm.* et *Schult. V.* 497. *G O. H.* 2. *t.* 2.

Goldgelbe J. — In Nordamerika an den Ufern des Missuri und Columbia. ♄ bei uns 2 — 3'. Bl. goldgelb, 4, 5. Fr. roth oder braun von sehr angenehmem Geschmack, 6.

6. R. *nigrum*: der Stamm aufrecht, unbewaffnet; die Blätter spitzig-drey- oder fünflappig, unterhalb getüpfelt; die Blumen in schlaffen, niedergebogenen Trauben; die Kelche glockenförmig, kahl; die Nebenblätter kürzer als die Blumenstielchen; die Beeren kahl. *L. W. I* 1156. *G. W. H* 31. t. 22.

Schwarze J. — In ganz Deutschland, in der Schweiz, in Schweden und Sibirien. ♄ 4 — 5'. Bl mit rothbraunen Kelchzipfeln und gelbgrünen Kronenblättern, 5. Fr schwarz, 7.

7. R. *floridum*: der Stamm aufrecht mit auswärts gekrümmten Ästen, unbewaffnet; die Blätter spitzig-dreylappig, auf beiden Flächen getüpfelt; die Blumen in niedergebogen-hangenden Trauben; die Kelche glockenartig-trichterförmig, kahl, mit bauchiger Röhre; die Nebenblätter länger als die Blumenstielchen; die Beeren kahl. *L'Herit Stirp. I.* 4. *W I* 1156. *G. O. H.* 1. *t* 1. R. pensylvanicum. *Lamarck Encycl. III.* 47. R. americanum nigrum. *Mönch Weifsenst.* 104. *t.* 7. R. nigrum *β. L. Syst ed. Reich. I.* 565.

Pensylvanische J. — In Pensylvanien. ♄ 4—5'. Bl. grünlichgelb, 5. Fr. schwarz, kommt hier selten zur Reife.

** Stachelbeeren: *mit stachligen Ästen.*

8. R. *triflorum*: die Äste zurückgekrümmt, stachlig, mit einfachen Stacheln; die Blätter dreylappig; die Blumenstiele dreyblumig; die Nebenblätter scheidenartig, meist zweyspaltig; die Beeren kahl. *W. Hort. Ber. I. t.* 61. *Enum.* 263. *G. O H.* 3. *t.* 3.

Dreyblumige J. — In Pensylvanien und Virginien. ♄ 3—4'. Bl. grün mit weifsen Kronenblättern, 5. Fr. hellroth, kommt selten bey uns zur Vollkommenheit.

9. R. *diacantha*: die Äste gerade mit gepaarten afterblattartigen Stacheln; die Blätter keilförmig, schwach dreylappig; die Blumenstiele traubicht; die Beeren kahl. *L. Suppl.* 157. *W. I.* 1157.

Zweystachlige J. — In Davurien. ♄ 5 — 6'. Bl. gelbgrün, 5. Fr. nach *Pallas* kahl, roth und süfs.

10. R. *Grossularia*: die Äste gerade oder auch etwas zurückgekrümmt, mit einzelnen, gepaarten oder dreyfachen afterblattartigen Stacheln; die Blätter dreylappig; die Blattstiele drüsenlos-haarig; die

Blumenstiele einblumig, mit zwey gesonderten Nebenblättern; die Beeren kurzhaarig. *L. W I.* 1158. *G. W. H.* 33. *t.* 23.

Stachlige J., Stachelbeere, Gartenstachelbeere, Rauhbeere. — In den meisten Ländern Europens und am Caucasus. ♄ 2 — 4'. Bl. 4. Fr. im Sommer, sehr verschieden nach Verschiedenheit der Abarten, von denen in der Gegend von Manchester mehr als vier Hundert cultivirt werden.

11. R. *Uva crispa*: die Äste gerade oder auch etwas zurückgekrümmt, mit einzelnen, gepaarten oder dreyfachen Stacheln; die Blätter dreylappig; die Blattstiele drüsig-haarig, die Blumenstiele mit zwey röhricht-verwachsenen Nebenblättern; die Beeren kahl. *L. W. I* 1158 *G. W. H.* 33. *t.* 24.

Glatte J., wilde Stachelbeere. — Im nördlichen Europa ♄ 2 — 3'. Bl 4. Fr im Sommer, fast so verschieden, wie bey der vorhergehenden Art, weſshalb auch beide Arten selbst kaum zu unterscheiden sind.

39. Hedera. *Epheu.*

1. *H Helix*: die Blätter immergrün, die untern lappig, die blüthenständigen eyrund, zugespitzt, aderig; die Blumen in aufrechten, gewölbten Dolden. *L. W I* 1179. *G. W. H.* 35. *t* 25.

Gemeiner E. — In ganz Europa. ♄, der wurzelnd klettert, meist immer von der Höhe der Gegenstände, die er erfaſst, und wo dann die nicht mehr wurzelnden Zweige im Sept. und Oct zum Blühen kommen, und zwar gelblichweiſs. Fr. bläulichschwarz, erst im folgenden Jahre reifend.

40. Vitis. *Wein.*

1. V. *vinifera*; die Blätter gebuchtet-fünflappig, ungleich-grobsägenartig, kahl. *L. W. I.* 1180.

Gemeiner W. — In Europa, Asien, Afrika und Amerika unter mäſsig warmem Himmelsstriche. ♄, der durch Wickelranken kletternd sehr hoch steigt. Bl. grün, 6, 7. Fr., der Verschiedenheit der ansehnlichen Menge von Varietäten nach, sehr verschieden, 10.

2. V. *indivisa*: die Blätter fast herzförmig und deltaförmig, sagenartig, unterhalb an den Adern kurzhaarig. *W. Enum. Suppl.* 12. Cissus Ampelopsis

Pursh. 170. Ampelopsis cordata. *Michaux II.* 156. *Röm.* et *Schult. V.* 321.

Ganzblättriger W. — In Nordamerika von Pensylvanien bis Carolina. ♄, der 6 — 8' hoch rankt. Bl. 6, 7. Fr. reift hier nicht.

3. V *Labrusca*: die Blätter herzförmig, schwach drey- und fünflappig, ungleich gezähnt, unterhalb weifslich-ochergelb-filzig *L. W I.* 1181.

Filziger W. — In Nordamerika ♄, der über 10' durch Wickelranken in die Höhe steigt. Bl. grün 6. Fr soll einen halben Zoll lang, dunkelroth und sehr sauer und herbe seyn.

4. V. *vulpina*: die Blätter herzförmig, drey- und fast fünflappig, ungleich und sehr grob sägenartig, auf beiden Flächen kahl. *L. W. I.* 1181.

Fuchs-W. — In Nordamerika ♄ über 20' hoch sich rankend. Bl. grün, 6. Fr. einen Zoll lang, dunkelblau, übelschmeckend, 10.

5. V. *riparia*: die Blätter eyrund-herzförmig, schwach dreyspaltig, grobsägenartig, an den Adern und dem Rande, so wie an dem Blattstiele, weichhaarig *Michaux II.* 231. *Pursh. I.* 169. *W. Enum. Suppl.* 12.

Ufer-W. — In Nordamerika an den Ufern des Ohio und Missisipi u. s. w. ♄ 5 — 6'. Bl. sehr angenehm duftend, 5, 6. Hier haben die Blumen sich noch nicht gezeigt.

6. V. *laciniosa*: die Blätter fast fünfzahlig mit vielspaltigen, kahlen Blättchen. *L. W. I.* 1181.

Petersilien-W. — Das Vaterland ist unbekannt. ♄, der kletternd 15 — 20' sich erhebt. Bl. grün, 6. Fr. grün, wohlschmeckend, 10.

7. V. *quinquefolia*: die Blätter fünfzählig mit eyrunden, zugespitzten, weitläufig-sägenartigen, kahlen Blättchen. *Lamarck Ill. n.* 2815. V. hederacea. *Ehrhard Beitr. VI.* 85. *W. I.* 1182. Ampelopsis quinquefolia. *Röm.* et *Schult. V.* 321. Cissus hederaceus. *Pursh. I* 170. Hedera quinquefolia. *L.*

Wilder W. — In Nordamerika von Canada bis Virginien. ♄, der 30 — 40' kletternd sich empor hebt. Bl. grün, 6. Fr. schwarzblau und herbe, 10.

8. V. *arborea*: die Blätter doppeltzusammengesetzt-gefiedert mit grobsägenartigen, kahlen, nur unterhalb an den Adern kurzhaarigen Fiederchen, von

denen die untersten herzförmig, die oberen fast rautenförmig-eyrund sind. *L W. I.* 1183. Ampelopsis bipinnata. *Michaux II.* 160. *Röm et Schult. V.* 322.
Kleinblättriger W — In Carolina und Virginien. ♄, der 12 — 15' kletternd aufsteigt. Bl. grünlichweifs, 8, 9. Fr. klein, dunkelroth, kommt bey uns nicht zur Vollkommenheit. ⌂.

41. Vinca *Sinngrün.*

1. V. *minor*: die Stengel staudenstrauchig, rankend; die Äste aufrecht, vierseitig; die Blätter oval-länglich, am Rande kahl; die Blumen gestielt; die Kelche kahl *L. W I.* 1232 *G. W. H.* 36 *t.* 26.
Kleines S. — In Deutschland, England und Frankreich. ♄ rankt auf der Erde, in die er aus dem Stengel Wurzeln schlägt, 1½ — 2'. Bl. veilchenblau, 4 9. Auch kommt dieser immergrüne, rankende Staudenstrauch wohl mit weifsen und auch mit gefüllten Blumen, so wie auch mit gelbbunten Blättern vor. Fr. bildet nur höchst selten sich aus. — V. *herbacea*, eine dieser sehr ähnliche Art, unterscheidet sich blofs durch einen krautartigen Stengel und wimperigen Kelch.
2. V. *major*: die Stengel aufrecht; die Äste gerade und vierseitig; die Blätter eyrund, die jüngern am Rande wimperig. *L. W. I.* 1233.
Grofses S. — In England, Frankreich, Spanien, Italien und in der Schweiz. ♄ 2' Bl. dunkelblau, 4—9. Fr. kommt nicht zur Vollkommenheit.

D I G Y N I A.

42. Periploca. *Schlinge.*

1. P. *graeca*: die Blätter gestielt, gegenüberstehend, eyrund und lanzettförmig; die Blumen in gipfelständigen Doldentrauben, innerhalb kurzhaarig. *L. W. I.* 1248.
Griechische S. — In Syrien und Sibirien. ♄, der einen weifsen Milchsaft enthält und 15 — 20' hoch klettert. Bl. braun violet, 6—8. Fr. 2½" lang, braun, kommt nur in warmen Sommern zur Vollkommenheit.

43. Ulmus. *Rüster.*

1. U. *campestris*: die Äste glatt, die einjährigen und

jüngern Ästchen kahl; die Blätter doppelt-sägenartig, an der Basis ungleich; die Blumen fast sitzend zusammengeknauelt, fünfmännig; die Früchte kahl. *L. W I* 1321. *G W H.* 37. *t.* 27. U. nuda. *Ehrh. Beitr. VI.* 86. U. sativa *Reitter u. Abel Abbild t.* 3.

Gemeine R. — In ganz Europa. ♄ von 50 — 100'. Bl. vor dem Ausbruch der Blätter, 3—4. Fr. 5—6.

2. U. *suberosa*: die Äste rissig-korkartig geflügelt, die einjährigen und jüngern Ästchen kahl; die Blätter doppelt-sägenartig, an der Basis fast gleich; die Blumen fast sitzend, zusammengeknauelt, viermännig, die Früchte kahl. *Ehrh. Beitr. VI* 87. *W. I.* 1324. U. tetrandra. *Schkuhr bot. Handb.* 178.

α. *parvifolia*: die Rinde des Stammes rissig-runzlig, schwärzlich-grau; die Blätter an der Basis fast gleich. *Hayne Ärzneyg III. n.* 16. *t.* 16 *G W. H.* 35. *t.* 28. U sativa. *Du Roi II* 502. *Mill. Dict.?*

β. *grandifolia*: die Rinde des Stammes rissig-glatt, weifslich oder greisgrau; die Blätter an der Basis meist ungleich. *Hayne Arzneygew a. a. O.* U. suberosa. *Mönch Weifsenst.* 136 *Ehrh. Beitr. a a. O.*

Kork-R.: α. kleinblättrige Rüster, rothe Rüster, Wasserrüster, Wasserulme, rauhe Ulme; β. hohe breitblättrige Rüster mit weifser Rinde, Bergrüster, weifse Bergrüster, graue Rüster, Haynbuchenrüster, wilde Iper. — Meist in ganz Europa ♄ 50 — 100' Bl. vor dem Ausbruch der Blätter, 3—4. Fr. 5—6.

3. U. *alata*: die Äste zuweilen korkartig gegenüberstehend geflügelt; die Blätter länglich-eyrund, gegen die Spitze verschmälert nicht zugespitzt), doppelt gekerbt, an der Basis fast gleich; die Früchte weichhaarig, dicht wimperig. *Michaux I.* 173. *Röm. et Schult. V.* 299.

Geflügelte R — In Carolina und Virginien. ♄ von mittelmäfsiger Gröfse. Bl im Vaterlande 3; bey uns noch nicht.

4. U. *effusa*: die Äste glatt, die einjährigen und jüngern Ästchen weichhaarig; die Blätter doppelt-sägenartig, an der Basis ungleich; die Blumen lang gestielt, sechs- bis achtmännig; die Früchte wimperig. *W. Prodr. Fl. Ber* 94. *Sp. I.* 1325.

α. *oblongata*: die Blumen meist achtmännig; die

Kelchzipfel röthlich; die Staubgefäſse kaum länger als der Kelch; die Flügelfrüchte an der Basis verschmälert, mit den Spitzen ziemlich gerade. *Hayne Arzneygew. III. n.* 17. *t.* 17. *f.* α. 1—8. U. octandra *Schkuhr bot. Handb. I.* 17. *t.* 57. *b. fig. a.* U. ciliata. *Ehrh. Beitr. VI* 85

β. *rotundata:* die Blumen meist sechsmännig; die Staubgefäſse fast dreymal so lang wie der purpurrothe Kelch; die Flügelfrüchte rundlich, an der Basis zugerundet, mit den Spitzen gerade. *Hayne a. a. O.* 1. β *u.* 3. β. U. octandra. *Schkuhr a. a. O. fig. i.* U. hollandica *Mill. Dict.*?

γ. *acuminata:* die Blumen sechsmännig, die Kelchzipfel röthlich; die Staubgefäſse doppelt so lang wie der Kelch; die Flügelfrüchte rundlich, zugespitzt mit geraden Vorspitzen. *Hayne a. a. O. f.* 1. γ. *u.* 3. γ. U. glabra. *Mill. Dict.*?

δ. *inflexata:* die Blumen sechsmännig; die Kelchzipfel röthlich; die Staubgefäſse doppelt so lang wie der Kelch; die Flügelfrüchte rundlich, zugespitzt mit eingeschlagenen Vorspitzen. *Hayne a. a. O. f.* 1. δ. *u.* 3. δ.

Langstielige R. — Fast in ganz Europa und auch, wenn gleich selten, am Caucasus. ♄ 50—100′. Bl vor dem Ausbruche der Blätter, 3—4. Fr. 5—6. — Zur Unterscheidung der vier Varietäten habe ich mit auf die Länge der Staubgefäſse gesehen, die ich kurz vor dem Aufspringen der Staubbeutel bestimmte, weil sie nachher schwankend wird.

5. U. *alba:* die Blätter zugespitzt, doppelt sägenartig mit scharfen Sägezähnen, an der Basis sehr ungleich, unterhalb sehr blaſs, an den Adern, so wie an dem Blattstiel, mit kleinen, krausen Haaren besetzt. *W. Baumz.* 518. *Röm.* et *Schult. VI* 300.

Weiſse R. — In Ungarn. ♄ mit graubrauner, glatter, nicht rissiger Rinde. Bl bey uns bis jetzt noch nicht.

6. U. *americana:* die Blätter doppelt-sägenartig, an der Basis ungleich, unterhalb weichhaarig, die Astachseln der Adern meist durch eine Haut verbunden; die Blumen lang gestielt, fünf- bis achtmännig; die Früchte zottig-wimperig. *W I.* 1325.

α. *rubra:* die Äste roth; die Blätter eyrund, runzlig, scharf. *Ait. I.* 319.

β. alba: die Äste weifslich; die Blätter länglich, ziemlich kahl. *Ait. a. a. O.*

Amerikanische R. — In Pensylvanien, Virginien und Carolina. ♄ 30'. Bl. vor dem Ausbruch der Blätter, 3. Fr. 4—5.

7. U. *fulva:* die Blätter doppelt-sägenartig, sehr lang zugespitzt, an der Basis ungleich, auf beiden Flächen kurzhaarig, sehr scharf und an den Rippen fast filzig; die Blumen sitzend; die Früchte weichhaarig, nicht wimperig; die Knospen während der Entwicklung durch dichte löwengelbe Wolle filzig. *Michaux I.* 72. *W. Enum. Suppl* 14 *Röm.* et *Schult. VI.* 301. (*Mit Ausschlufs der Synonyme von Aiton und Willdenow.*)

Gelbknospige R — In Canada und Virginien auf Bergen. ♄ 50 – 60'. Bl. vor dem Ausbruche der Blätter, 3. Fr. 4—5.

8. U. *crispa:* die Blätter länglich-lanzettförmig, sehr lang zugespitzt, ungleich doppelt-sägenartig, an der Basis gleich, wogicht, oberhalb kurzhaarig, scharf, unterhalb weichhaarig. *W. Baumz.* 520. *Röm* et *Schult. VI.* 201.

Krause R — In Nordamerika. ♄, sehr dauerhaft und ansehnlich. Bl u. Fr. bis jetzt nicht bekannt.

9. U. *nemoralis:* die Blätter fast sitzend, länglich, grob und spitzig-gekerbt, an der Basis fast gleich; die Blumen sitzend. *Ait. I.* 320. *W. I.* 1326. *Baumz.* 520.

Haynbuchenblättrige R. — In Nordamerika. ♄, dessen Höhe sich hier nicht bestimmen läfst, da er gewöhnlich durch Abfrieren leidet, und daher auch nur erst 8—10' hoch ist. ⌓.

10. U. *parvifolia:* die Blätter eyrund-lanzettförmig, gleich-sägenartig, an der Basis gleich, auf beiden Flächen kahl, leuchtend; die Blumen kurzgestielt, viermännig; die Früchte kahl *Jacq hort. Schönbr. III.* 6. *t* 262. *W. Enum.* 295. *Baumz* 321

Kleinblättrige R. — Das Vaterland ist unbekannt. ♄ 10—12', der nicht viel Kälte erträgt u. daher ins kalte Haus gebracht werden mufs. Er ist von einigen Botanikern, und auch von *Willdenow*, mit Unrecht für gleich mit *Rhamnus carpinifolia*, und auch mit *Planera Richardi* gehalten worden, von denen er aber sehr verschieden ist. Bl. im Herbste.

11. R

11. U. *pendula*; die Blätter doppelt-sägenartig, an der Basis ungleich, unterhalb an den Astachseln der Adern bärtig; die Blumen fast sitzend, geknauelt, meist fünfmännig; die Früchte weichhaarig. *W. Baumz.* 519. (*mit Ausnahme des Synonyms von Michaux.*) U. americana β. pendula. *W. I.* 1326. *Pursh. I.* 200.

Hangende R. — In Canada und auf Gebirgen des kältern Theils von Amerika. ♄ mit hangenden Ästen, immergrün, bey uns erst 15'. Bl. 4. Fr. 5—6. ⌂.

44. Bupleurum. *Haasenöhrlein.*

1. B. *fruticosum*: strauchig; die Blätter sitzend, länglich, an der Basis verschmälert, ganzrandig, die Blättchen der Hülle länglich, abfallend. *L. W. I.* 1377 Tenoria fruticosa. *Röm. et Schult VI.* 375.

Strauchartiges H. — Im südlichen Frankreich und in der Levante an felsigen Ufern des Meeres. ♄ 5—6'. Bl. grünlichgelb, 7, 8. Fr. 8—9. ⌂

TRIGYNIA.

45. Rhus. *Sumach.*

* *Mit gefiederten Blättern.*

1. R. *Coriaria*: die Blätter gefiedert mit eyrund-länglichen, stumpfen, stachelspitzigen, stumpf-sägenartigen, oberhalb scharfen, unterhalb zottigen Blättchen; der gemeinschaftliche Blattstiel an den äufsersten Zwischenknoten schwach geflügelt. *L. W. I.* 1477.

Gerber-S. — Im südlichen Europa, Krain, Italien und auch in Syrien und Palestina. ♄ 8—10'. Bl. grünlichgelb, 6, 7 Fr. rauh und von schöner rother Farbe im Herbst.

2. R. *typhina*; die Blätter gefiedert mit lanzettförmigen, lang zugespitzten, scharf-sägenartigen, unterhalb haarigen Blättchen; der gemeinschaftliche Blattstiel zottig. *L. W. II.* 1478.

Virginischer S — In Carolina, Virginien und Pensylvanien. ♄ 15 — 20' mit den Wurzeln weit umher wuchernd. Bl. grünlichgelb, 6, 7. Fr. rauh von schöner rother Farbe.

3. R. *viridiflora*: die Blätter gefiedert mit lanzettför-

migen, lang zugespitzten, scharf sägenartigen kahlen, unterhalb blassern, nur an der Mittelrippe weichhaarigen Blättchen; der gemeinschaftche Blattstiel zottig. *Pursh I.* 204. *Röm. et Schult. VI* 645.

Grünblumiger S. — In Pensylvanien und Virginien auf Sonnenhügeln und an den Rändern der Wälder. ♄ 15—20′, das Mittel haltend zwischen dem vorhergehenden und dem folgenden. Bl. grün 7, 8. Fr. nicht bemerkt.

4. R. *glabra*: die Blätter gefiedert mit lanzettförmigen, spitzigen, eng-sägenartigen, glatten, unterhalb weifslichen Blättchen; der gemeinschaftliche Blattstiel kahl. *L. W. I.* 1478.

Glatter S. — In Nordamerika. ♄ 8—10′. Bl. grünlichgelb, 7, 8. Fr. rauh und roth im Herbst. .

5. R. *elegans*: die Blätter gefiedert mit lanzettförmigen, zugespitzten, weitläufig-sägenartigen, kahlen Blättchen; der gemeinschaftliche Blattstiel kahl; die Blumen zweihäusig. *Ait. I.* 366. *W.* 1. 1478.

Schöner S. — Im südlichen Carolina. ♄ 7 bis 8′. Bl. sollen roth von Farbe seyn.

6. R. *Vernix*: die Blätter gefiedert mit eyrunden, zugespitzten, ganzrandigen, kahlen Blättchen; der gemeinschaftliche Blattstiel ungeflügelt. *L. W. I.* 1478.

Vernifs-S. — In Nordamerika. ♄ 15 bis 20′ im Vaterlande. Gehört mit zu den giftigsten der Gattung. Bl. grünlichgelb, 7. Fr. weifslich im Herbst. .

7. R. *Copallinum*: die Blätter gefiedert mit lanzettförmigen, zugespitzten, ganzrandigen, oberhalb kahlen, unterhalb schwach weichhaarigen Blättchen; der gemeinschaftliche Blattstiel geflügelt. *L. W. I.* 1480.

Copal-S. — Nordamerika. ♄ 8 bis 10′. Bl. grünlichgelb, 9. 10 Fr. kommt hier nicht zur Vollkommenheit.

** *Mit dreyzähligen Blättern.*

8. R. *Toxicodendron*: der Stengel meist wurzelnd; die Blätter dreyzählig, mit gestielten, breit-eyrunden Blättchen, die ganz oder fast lappig eingeschnitten, kahl oder unterhalb weichhaarig sind. *Röm. et Schult. VI.* 651.

α. *vulgare*: die Blättchen meist ganz. auf beiden Flächen kahl. *Röm. et Schult a. a. O.* R. radicans. *L. W. I* 1481.

β. *quercifolium*; die Blättchen nicht selten fast lappig eingeschnitten, unterhalb weichhaarig. *Röm. et Schult. a. a. O.* R. Toxicodendron. *L. W. I* 1482.

Gift-S. — ♄ 4 — 5' und höher kletternd, wenn er benachbarte Bäume erreichen kann. Der Stengel zeigt sich bald wurzelnd, bald nicht, die Blättchen erscheinen verschieden, ganz und auch fast buchtig, fast grob-sägenartig-eingeschnitten, so wie sie auch theils kahl, theils unterhalb weichhaarig bemerkt werden. Ferner ist die Gröfse der Blättchen eben so abweichend, so dafs man bey einer und derselben Varietät, z. B. bey der mit kahlen Blättchen, diese dicht bey den Blumen von $1\frac{1}{2}$" und bey einem andern Strauche 5" lang findet Alle diese angeführten Verschiedenheiten des Vorkommens stehen durchaus in keinem bestimmten Verhältnifs unter einander, so dafs es nicht möglich ist, *R Toxicodendron* und *R. radicans* zu unterscheiden. *Willdenow* hat sie daher schon unter letzterm Namen vereinigt; in dem *Systema vegetabilium* von *Schultes* aber sind sie unter ersterm aufgeführt, und dem bin ich hier gefolgt. Bl. 6, 7., und zwar zweyhausig Fr. im Herbst. — Wenn gleich nicht so giftig, wie *R. Vernix*, so wird doch manchen Personen der Aufenthalt im Schatten dieses Strauches schon nachtheilig.

9. R. *volubilis*: der Stengel windend-kletternd; die Blätter dreyzahlig mit kahlen Blättchen. — Toxicodendron volubile *Mill Dict. n.* 6.

Windender S. — In Nordamerika. ♄ bey uns 3 — 5' Bl. nach *Miller* grünlich Fr. nach eben demselben klein weifslich. Hier hat er noch nicht geblühet.

10. R. *suaveolens*: der Stengel aufrecht; die Blatter dreyzahlig mit eyrund-rautenformigen, eingeschnitten-sägenartigen, kahlen Blattchen, von denen die seitenständigen fast sitzend sind. *W I.* 1482. *Röm et Schult VI* 653.

Wohlriechender S. — In Nordamerika. ♄ von niedrigem Wuchs mit schlanken Ästen. Bl. wohlriechend, grünlich, 7. Fr. reift hier nicht.

11. R. *aromatica*: die Blätter dreyzählig mit rauten-

förmig-ovalen, gezähnten, unterhalb weichhaarigen Blättchen; die Blumen zweyhäusig, in einzelnen oder dreyfachen Kätzchen, vor den Blättern erscheinend. *Ait. I.* 367, *W. I.* 1482.

Gewürzhafter S. — In Pensylvanien, Carolina und Kentucky. ♄ 8 — 10'. Bl. in gelben Kätzchen, 5, 6. Fr. roth, 9—10.

*** *Mit einfachen Blättern.*

12. R. *Cotinus*: die Blätter einfach, rundlich-umgekehrt-eyrund, ganzrandig, kahl. *L. W. I.* 1485. *G. W. H.* 40 *t.* 30.

Perrücken-S. — In Östreich, Krain, der Schweiz, Italien und Sibirien ♄, , zuweilen ♄ 4 — 8'. Bl. grünlich in einer vielästigen Rispe, deren Blumenstiele sich nach dem Verblühen sehr verlängern, haarig werden, und gleichsam einen Ballen bilden, woher dieser Strauch auch den Namen *Perrückenbaum* erhalten hat. Bl. 6, 7. Fr. 8, 9.

46 Viburnum. *Schneeball.*

1. V. *laevigatum*: die Ästchen vierseitig-zweyschneidig; die Blätter länglich-lanzettförmig, ungleich scharf sägenartig, an der Basis keilformig, ganzrandig. *Ait. I.* 371. *W. I.* 1492 V. cassinoides. *Du Roi II.* 486. Cassine Peragua. L

Glatter S. — In Virginien und Carolina. ♄ 12 — 14'. Bl. 7, 8. Fr noch nicht bemerkt. ⌂.

2. V. *nitidum*: die Ästchen vierseitig; die Blätter linien-lanzettförmig, undeutlich-sägenartig, kahl, oberhalb glänzend. *Ait. I.* 371. *W. I.* 2492.

Glänzender S. — In Carolina und Georgien. ♄ bey uns noch klein, 1½. Bl 5, 6. Fr. im Herbst.

3. V. *cassinoides*; die Ästchen stielrund, fast zweyschneidig; die Blätter umgekehrt-eyrund-länglich, stumpf, am Rande fast zurückgerollt, die untern sägenartig gezähnt, die obern ganzrandig, die obersten lanzettförmig. *Ait. I* 370. *W. I.* 383.

Dichtblättriger S. — In Neu-Georgien und Carolina an schattigen Orten. ♄ 4'. Bl. und Fr. haben sich noch nicht gezeigt. ⌂.

4. V. *nudum*: die Ästchen vierseitig; die Blätter länglich, an der Basis verschmälert, etwas stumpf, ganzrandig, am Rande etwas zurückgerollt, kahl,

oberhalb leuchtend, netzförmig-aderig, unterhalb blasser mit kleinen Punkten bestreut. *Ait. I.* 370 *W. I.* 1487.

Nacktblättriger S. — In Virginien. ♄ 6 — 8'. Bl. gelblichweiſs, 7. Fr. blauschwarz im Herbst.

5. V. *squamatum*: die Blätter länglich, schwach gezähnt; die Blatt- und Blumenstiele schuppig-weichhaarig. *W. Enum.* 327 *Röm et Schult. VI.* 637.

Schuppiger S. — In Pensylvanien. ♄ 6 bis 8'. Bl. gelblichweiſs, 7. Fr. entsteht nicht bey uns.

6. V. *prunifolium*: die Blätter elliptisch und rundlich-elliptisch, oft etwas spitzig, fein sägenartig, kahl; die Blattstiele eben-gerandet. *Ait. I.* 371. *W. I.* 1487. V. Lentago. *Du Roi II.* 485. *Mönch Weissenst.* 140. *t.* 8.

Pflaumenblättriger S. — In Nordamerika. ♄ 9 — 10. Bl. weiſs 5, 6. Fr. schwarz, etwas zusammengedrückt, 9.

7. V. *pyrifolium*: die Blätter eyrund, fast spitzig, fast sägenartig, kahl; die Blattstiele glatt; die Blumen in fast gestielten Afterdolden. *Lamarck Encyclop. VIII.* 653. *Röm. et Schult. VI.* 633

Birnenblättriger S. — In Pensylvanien, Neu-Jersey u. s. w. an den Ufern der Flüsse. ♄ 6 —8'. Bl. 5, 6. Fr. schwarz, 9.

8. V. *Lentago*: die Blätter breit-eyrund und auch rundlich-eyrund, lang zugespitzt, scharf sägenartig, kahl; die Blattstiele kraus-gerandet. *L. W. I.* 1491.

Krauser S. — In Canada. ♄ 6 — 8'. Bl. weiſs, 7. Fr. schwarz im Herbst.

9. V. *dentatum*: die Blätter rundlich-oval, kurz zugespitzt, grob sägenartig, fast sägenartig gezähnt, fast gefaltet-rippig-aderig, oberhalb kahl, unterhalb an den Rippen weichhaarig. *L. W. I.* 1488.

Gezähnter S. — In Virginien. ♄ 10 — 12'. Bl. gelblichweiſs, 6, 7. Fr. dunkelviolet im Herbst.

10. V. *Lantana*: die Blätter eyrund, herzförmig, kurz zugespitzt, sägenartig, oberhalb weichhaarig, fast sammtartig, unterhalb runzlich-aderig, filzig. *L. W. I.* 1489. *G. W. H.* 41. *t.* 31.

Wolliger S. — Im südlichen Deutschland, Frankreich und Italien. ♄ 8 — 10'. Bl. weiſs oder röthlich, 5. Fr. schwarz, 9.

11. V. *acerifolium*: die Blätter dreylappig, zugespitzt, grobsägenartig-gezähnt; die Blattstiele etwas haarig, drüsenlos; die Blumen alle zwitterlich *L. W. I* 1489.

Ahornblättriger S. — In Pensylvanien, Virginien und Carolina ♄ 2 bis 3'. Bl. weifs, 5. Fr. reift bey uns nicht. ⌂

12. V *Opulus*: die Blätter dreylappig, zugespitzt, alle zugespitzt-gezähnt, die obern nicht selten ungetheilt; die Blattstiele kahl, drüsig mit niedergedrückten in der Mitte vertieften Drüsen, die alle sitzend sind; die Blumen in gestrahlten Afterdolden, im Strahle geschlechtslos. *L. W. I.* 1490. *G. W. H* 42 *t* 32.

† *plenus*: mit gefüllten Blumen und kugelrunder Afterdolde. *W. Baumz.* 533 *β* rosea

Gemeiner S — In ganz Europa an feuchten Orten. ♄ 10 bis 15'. Bl. weifs, 5. Fr. hellpurpurroth, 9.

13. V. *Oxycoccos*: die Blätter dreylappig, lang zugespitzt, die untern kurz gezähnt, die obersten fast ganzrandig; die Blattstiele kahl, drüsig mit keulenförmigen Drüsen, von denen die untern gewöhnlich gestielt sind *Pursh I* 203. *G. O. H.* 22. *t.* 20 V. trilobum *Marsh. Arb Amer.* 162. V. Opulus americanum *Ait. I.* 373 *W. I.* 1490.

Moosbeerfrüchtiger S. — In Canada, Neu-York und Neu Jersey ♄ Die Stämme, welche hier aus Nordamerika 1817 ankamen, sind jetzt 4 — 6' hoch. Bl. weifs, 5. Fr. dunkelpurpurroth, 9.

47. Sambucus. *Hollunder.*

1. S *Ebulus*: der Stengel krautartig; die Blätter gefiedert, mit eyrund-lanzettförmigen, spitzigen, an der Basis ungleichen Blättchen; die Blumen in dreytheiligen Afterdolden *L. W. I.* 1494. *G. W. H* 43.

Zwerg-H, Attich. — In ganz Europa in schattigen etwas feuchten Wäldern. ♃ 3 bis 4'. Bl. röthlichweifs, 6 Fr. schwarz, 9.

2. S. *nigra*: der Stamm baumartig, die Blätter gefiedert, mit eyrunden, zugespitzten, an der Basis gleichen Blättchen; die Blumen in fünftheiligen Afterdolden *L W I* 1495.

α. vulgaris: mit schwarzen Beeren. *G. W. H t.* 34.

β. chlorocarpa: mit grünen Beeren.

γ. leucocarpa: mit weißen Beeren.

δ. laciniata: mit zerschlitzten Blättchen.

†. variegata: mit weiß- und gelbbunten Blättern.

Gemeiner H. — In ganz Deutschland, so wie in den meisten Ländern Europens, in Wäldern. ♄ 15—20′. Bl. 6. Fr. 9.

3. S. *canadensis:* der Stamm strauchig; die Blätter gefiedert und auch doppelt-zusammengesetzt-gefiedert, mit ovalen, zugespitzten, an der Basis gleichen Fiedern und Blättchen; die Blumen in fünftheiligen Afterdolden. *L. W. I.* 1494.

Canadischer H. — In Nordamerika. ♄ 8—10′. Bl. gelblichweiß, 6. Fr. rothbraun, von süßlichem angenehmen Geschmack, halb so groß wie die des gemeinen Hollunders, 9.

4. S. *racemosa:* der Stamm baumartig; die Blätter gefiedert, mit länglichen oder länglich-lanzettförmigen, lang zugespitzten, an der Basis ungleichen Blättchen; die Blattstiele kahl; die Blumen in einer eyförmigen Rispe. *L. W. I.* 1496.

Trauben-H. — Im gemäßigten Europa auf Gebirgen ♄ 8—10′. Bl gelblich, 4, 5. Fr roth, 7, 8.

5. S. *pubens:* der Stamm strauchig; die Blätter gefiedert mit lanzettförmigen, lang zugespitzten, an der Basis ungleichen Blattchen, die Blattstiele kurzhaarig; die Blumen in eyförmigen Trauben. *Michaux I.* 181. *W. Enum.* 328.

Behaarter H. — In Canada, Pensylvanien und Carolina auf den höchsten Bergen. ♄ 6—8′. Bl. schmutzig weiß, 5. Fr. dunkelroth, hier nicht reifend.

48. Staphylea. *Pimpernuß.*

1. S. *pinnata:* die Blätter gefiedert; die Blumen zweyweibig, in hangenden Trauben. *L. W. I.* 1495. *G. W. H.* 46. *t.* 36.

Gemeine P. — In Deutschland, der Schweiz, in Frankreich und Italien in Wäldern. ♄ 10—15′. Bl. weiß, etwas röthlich, 5. Fr. 9.

2. S. *trifolia:* die Blätter dreyzählig; die Blumen dreyweibig, in hangenden Trauben. *L. W. I.* 1497.

Virginische P. — In Virginien und Pensylvanien. ♄ 6—8. Bl. 5. Fr 9.

49. Tamarix. *Tamarisken.*

1. T. *gallica*: die Blätter umfassend, lanzettförmig, ziegeldachartig; die Blumen fünfmännig in seitenständigen Ähren *L. W. I.* 1498. *G. W. H* 47. *t.* 37.

Französischer T. — In Frankreich, Spanien, Italien und den wärmern Gegenden Sibiriens ♄ 10—15'. Bl. roth, 5—10. Fr. wird bey uns nicht vollkommen.

2. T. *germanica*: die Blätter sitzend, linien-lanzettförmig, ziegeldachartig; die Blumen zehnmännig, in gipfelständigen Ähren. *L. W. I.* 1499. *G. W. H.* 49. *t.* 38.

Deutscher T. — In Deutschland an den Ufern des Rheins und der Donau, in der Schweiz an feuchten Orten und auch auf den davurischen u. caucasischen Gebirgen. ♄ 8—10'. Bl. roth, 5—9. Fr. 8—10.

PENTAGYNIA.

50. Aralia. *Aralie.*

1. A. *spinosa*: der Stamm baumartig, stachlig; die Blatter stachlig. *L. W. I.* 1520

Stachlige A. — In Nordamerika in den gemäfsigten und warmen Theilen, von den Bahamischen Inseln bis Pensylvanien. ♄ 12' und darüber. Bl. in Pensylvanien 6, bey uns erst 9 oder 10, daher die Fr. bey uns nicht reifend. ⌂.

POLYGYNIA.

51. Xanthorrhiza. *Gelbwurz.*

1. X. *apiifolia*. *Röm.* et *Schult. VI.* 801. Zanthorhiza apiifolia. *L'Herit. Stirp. I.* 79 *t.* 30. *W. I.* 1568.

Sellerieblättrige G. — In Neu-Georgien und Carolina. ♄ 2—3' mit wechselsweisstehenden, unpaar-gefiederten Blättern und kleinen dunkelvioletten Blumen, die in gipfelständigen Rispen stehen. Bl. 4, 5. Fr. entsteht nicht bey uns.

HEXANDRIA.

MONOGYNIA.

52. Yucca. *Adamsnadel.*

1. Y. *gloriosa*: die Blatter lanzettförmig, gegen die Basis verdünnt, lang zugespitzt, dornspitzig, ganzrandig, steif. *L. W. II.* 183.

Gemeine A. oder Yukke. — In Canada, Virginien und auch in Peru. ♄ 5—6′ von palmenartigem Ansehen. Bl. 6. Fr. im Herbste, doch nur in warmen Sommern. ⌂.

53. Prinos. *Winterbeere.*

1. P. *verticillatus*: die Blätter länglich, an der Basis verschmalert, zugespitzt, fast doppelt-sägenartig, kahl, abfallend; die Blumenstiele blattachselständig, fünf- bis siebenblumig, fast von der Länge der Blattstiele; die Blumen fast doldenständig. *L. W. II.* 225.

Virginische W. — In Nordamerika. ♄ 10—12′. Bl. weifs, 7, 8. Fr. purpurroth, bleibt den Winter über sitzen, kommt aber hier nicht zur Vollkommenheit.

2. P. *padifolius*: die Blätter eyrund, an der Basis stumpf, kurz zugespitzt, meist gleich-sägenartig, runzlichaderig, unterhalb weichhaarig, abfallend; die Blumenstiele blattachselständig, fünf- bis siebenblumig, fast von der Länge der Blattstiele; die Blumen fast doldenständig. *W. Enum.* 394.

Traubenkirschenblättrige W. — In Pensylvanien. ♄ 6—8′. Bl. weifs, 7, 8. Fr. noch nicht bemerkt.

3. P *glaber*: die Blätter lanzettförmig, an der Basis verschmälert, an der Spitze zugerundet und sägenartig, übrigens ganzrandig, kahl, lederartig, ausdauernd; die Blumenstiele blattachselstandig, ein- bis dreyblumig. *Wangenh. Amer.* 97. *W. II.* 226.

Canadische W. — In Nordamerika von Neu-England bis Florida. ♄ 2—3′. Bl. weifs, 7. Fr. im Herbste. ⌂.

54. Berberis. *Berberitze.*

1. B. *vulgaris*: die Blätter umgekehrt eyrund, borstig-sägenartig; die Blumen in hangenden Trauben; die Kronenblätter ganz. *L. W. II.* 227.

   α. *rubra*: mit dreyfachen Stacheln und rothen Beeren. *G. W. H.* 50. *t.* 39.

   β. *violacea*: mit vielfachen Stacheln und veilchenblauen Beeren.

   γ. *asperma*: mit vielfachen Stacheln und samenlosen Beeren.

   Gemeine B. — In ganz Europa und dem nördlichen Asien. ♄ 6', selten 10—12'. Bl. gelb, 5. Fr. 9—10.

2. B. *emarginata*: die Blätter lanzettförmig-umgekehrt-eyrund, borstig-sägenartig; die Blumen in hangenden Trauben; die Kronenblätter ausgerandet. *W. Enum.* 395.

   Ausgerandete B. — In Sibirien. ♄ 3—4'. Bl. gelb, 5. Fr. roth, 9—10.

3. B. *canadensis*: die Blätter lanzettförmig-umgekehrt-eyrund, fast ganzrandig; die Blumen in hangenden Trauben. *Pursh I.* 219 *Link.Enum. pl. h. b. Ber. alt. I.* B. vulgaris δ. canadensis. *W. II.* 228.

   Canadische B — In Nordamerika von Canada bis Virginien. ♄, bleibt stets niedriger als unsre Berberitze, und ist auch aufser dem angegebenen Unterschiede noch dadurch ausgezeichnet, daſs die Spindel der Traube viel feiner und die Blumenstielchen viel länger als bei der gemeinen Berberitze sind Bl. gelb, 5. Fr. roth, 9, 10.

4. B. *sibirica*: die Blätter lanzettförmig-eyrund, borstig-sägenartig-gezähnt; die Blumen einzeln auf einfachen Blumenstielen. *Pall. Ross. II.* 41. *W. II.* 229.

   Sibirische B. — In Sibirien auf den Altaischen Gebirgen. ♄ 1½—2'. Bl. gelb, 5. Fr. erscheint hier nicht.

55. Mahonia. *Mahonie.*

1. M. *Aquifolium*: die Blätter zwey- bis dreypaarig, unpaar-gefiedert; das untere Blättchenpaar von der Basis des Blattstiels entfernt; die Blättchen eyrund-lanzettförmig, dornspitzig-gezähnt mit sechs bis acht Zähnen an jeder Seite; die Blumen in aufrechten,

öfters dichtstehenden Trauben. *De Cand. Syst. II.* 40. B. Aquifolium *Pursh I.* 219. *Link Enum. pl. h bot. Ber. alt. I.* 345. Berberis pinnata. *Banks herbar*

Hülsenartige M — In Nordamerika an den Ufern des Columbiaflusses. ♄ 1½—2'. Bl. gelb, wie unsre gemeine Berberitze, 7, 8. Fr. dunkel-purpurroth im Spätherbst. ⌂.

DIGYNIA.

56. Atraphaxis. *Atraphaxis.*

1. A. *spinosa*: die Äste dornig. *L. W. II.* 248.

Dornige A. — Am caspischen Meere, auf steinigem, unfruchtbarem Boden, und an der Wolga auf etwas salzigem thonigem Boden in der Gegend von Sarepta. ♄ 2—3' und darüber. Bl. röthlich, 7. Fr. noch nicht bemerkt. ⌂.

HEPTANDRIA.

MONOGYNIA.

57. Aesculus. *Roſskastanie.*

1. Ae. *Hippocastanum*: die Blätter fünf- und siebenzählig, die Blättchen umgekehrt-eyrund, zugespitzt, doppelt sägenartig; die Blumenkronen fünfblättrig; die Nägel kürzer als der Kelch; die Staubfäden von der Länge der Blumenkrone, die Staubkölbchen haarig; die Früchte stachlich. *L. W. II.* 285. *G W. H* 53. *t.* 40.

Gemeine R. — Im nördlichen Asien ursprünglich wild, jetzt aber in ganz Europa einheimisch. ♄ 40—60'. Bl. 5 Fr. 9.

2. Ae. *carnea*: die Blätter fünf- und siebenzählig, die Blättchen umgekehrt-eyrund, zugespitzt, doppelt-sägenartig; die Blumenkronen vierblättrig; die Nägel der gegeneinandergeneigten Kronenblätter kürzer als der Kelch; die Staubfäden länger als die Blumenkrone; die Staubkölbchen kahl. *G. O. H.* 26. *t.* 22.

Fleischfarbige R. — In Nordamerika? ♄ vom Wuchse der gemeinen Rofskastanie, an Höhe vielleicht noch die Ae flava übertreffend. Bl. schön purpurroth 6. Fr. hier noch nicht bemerkt.

3. Ae *Pavia*: die Blätter fünfzählig, die Blättchen oval-lanzettförmig, zugespitzt, doppelt-sägenartig; die Blumenkronen vierblättrig; die Nägel der gegeneinandergeneigten Kronenblätter von der Länge des Kelches; die Staubfäden kürzer als die Blumenkrone; die Staubkölbchen kahl; die Früchte unbewaffnet. *L* *W. II* 286. *G O. H.* 24.

α. *rubra*: mit rothen, geschlossenen Blumenkronen. G. O H *t*. 21.

β. *flavescens*: mit gelblichen, offnen Blumenkronen und röthlichen Nägeln.

Rothe R. — In Nordamerika, besonders in den wärmern Gegenden. ♄ ungefähr 15'. Bl. bey uns 5—6. Fr. 9

4. Ae. *flava*: die Blätter fünfzählig, die Blättchen lanzetförmig eyrund, zugespitzt, fast doppelt-sägenartig; die Blumenkronen vierblättrig; die Nägel der gegeneinandergeneigten Kronenblätter länger als der Kelch; die Staubfäden kürzer als die Blumenkrone; die Staubkölbchen kahl; die Früchte unbewaffnet. *Ait. I.* 494. *W. II.* 286. *G. O. H.* 27. *t*. 23.

Gelbe R. — Im nördlichen Carolina. ♄, der etwas höher als der vorhergehende vorkommt. Bl. blafsgelb, 5—6. Fr. 9.

5. Ae *glabra*: die Blätter fünfzählig, die Blättchen oval-lanzettförmig, lang zugespitzt, einfach-sägenartig; die Blumenkronen vierblättrig, offen; die Nägel der Kronenblätter von der Länge des Kelches; die Staubfäden länger als die Blumenkrone; die Staubkölbchen haarig; die Früchte stachlich. *W* *Enum.* 405. *G. O. H.* 28. *t* 24.

Kahle R. — In Nordamerika. ♄ von der Höhe des vorhergehenden. Bl. grünlich-blafsgelb 5—6. Fr. 9.

6. Ae *pallida*: die Blätter fünfzählig, die Blättchen lanzettförmig-länglich, an beiden Enden verschmälert, zugespitzt, doppelt-sägenartig; die Blumenkronen vierblättrig; die Nägel der Kronenblätter kürzer als der Kelch; die Staubfäden doppelt so lang wie die Blumenkrone; die Staubkölbchen haarig; die Früchte stachlich. *W. Enum.* 406. *G. O. H.* 29. *t*. 25.

Bleiche R. — Nordamerika. ♄ von derselben Größe wie die beiden vorhergehenden. Bl. 4—5. Fr. 9.

7. Ae. *macrostachya*: die Blätter fünfzählig, die Blättchen länglich, an beiden Enden verschmälert, zugespitzt, doppelt sägenartig, unterhalb fast filzig; die Blumenkronen fünfblättrig; die Nägel der Kronenblätter länger als der Kelch; die Staubfäden fast dreymal so lang wie die Blumenkrone; die Staubkölbchen kahl; die Früchte unbewaffnet. *Michaux I.* 220. *W. Enum. Suppl.* 20. *G. O. H.* 30 *t.* 26. A. parviflora. *Walter Fl. Carolin.* 123.

Grofsrispige R. — In Carolina und Florida. ♄ von 4—5', selten höher, und niemals ♄. Bl. weifs, 7, 8. Fr. spät, daher selten reifend.

OCTANDRIA.

MONOGYNIA.

58. Koehlreuteria. *Köhlreuterie.*

1. K. *paniculata*: *Laxmann Nov. Comm. Petrop. XVI.* 561. *t.* 18. *Ait. II.* 7. *W. II.* 204. Sapindus chinensis. *L. Suppl.* 226. Paulinia aurea *Hort. Cat.*

Rispentragende K. — In China. ♄ soll dieses Gewächs in seinem Vaterlande seyn; hier ist es nur ♄ von 4—5', dessen Äste gelbbrann und gefurcht sind. Die Blätter sind unpaar-gefiedert und bestehen ungefähr aus dreyzehn gestielten, eyrund-länglichen, gegenüberstehenden Blättchen. Bl. blafsgelb in gipfelständigen und blattachselständigen Rispen, 8. Fr. kommt hier zur Reife. ⌂..

59. Vaccinium. *Heidelbeere.*

* *Mit abfallenden Blättern.*

1. V. *Myrtillus*: der Stengel eckig; die Blätter eyrund, spitzig, sägenartig; die Blumenstiele einblumig. *L. W. II.* 348. *G. W. H.* 54. *t.* 41.

Gemeine H. — In ganz Europa in trocknen Wäldern und Gebirgen. ♄ 1—1½'. Bl. röthlich-weifs, 5, 6. Fr. schwarzblau, 7—8.

2. V. *myrtilloides*: die Blätter oval-lanzettförmig, kahl, ganzrandig oder undeutlich feinsägenärtig, unterhalb an den Adern und am Rande weichhaarig; die Blumenstiele einzeln, einblumig, sehr kurz. *Michaux I.* 234. V. angustifolium. *Ait II* 11. *W. II.* 351.

Canadische H — In Canada bey der Hudsonsbay und der Küste Labrador. ♄ 1—2'. Bl. 4—6. Fr. blauschwarz, 7, 8.

3. V. *uliginosum*: der Stengel stielrund; die Blätter umgekehrt-eyrund, zugerundet, ganzrandig; die Blumenstiele einblumig. *L. W. II.* 350. *G. W. H* 56 *t.* 42.

Rausch-H., Rauschbeere, Trunkelbeere. — Im nördlichen Europa in gebirgigen, feuchten Gegenden. ♄ ½—1'. Bl. röthlich, meist 5. Fr. schwarzblau mit weifsem Fleische, 8, 9

4. V. *stamineum*: die Blätter länglich-eyrund, spitzig, ganzrandig, unterhalb schimmelgrün, die Blumenstiele einblumig; die Staubkölbchen gegrannt, länger als die glockenförmige Blumenkrone. *L. W. II.* 349.

Langfädige H. — In Nordamerika. ♄ 2'. Bl. weifs, 5, 6. Fr. grün, bey vollkommner Reife weifs.

5. V. *album*: die Blätter eyrund, ganzrandig, unterhalb filzig; die Blumenstiele einfach; die Staubkölbchen ungegrannt, kürzer als die glockenförmige Blumenkrone. *L W. II.* 350.

Weifse H. — In Pensylvanien. ♄ über 2'. Bl. weifs, 5, 6 Fr nicht beobachtet.

6. V. *frondosum*. die Blätter umgekehrt-eyrund-länglich, zugerundet, ganzrandig; die Trauben nebenblättrig; die Blumenstielchen mit Afterblättchen; die Staubkölbchen ungegrannt, kürzer als die glokkenförmige Blumenkrone. *L. W II* 352.

Blattreiche H. — In Nordamerika. ♄ 2—3'. Bl. weifs, 5, 6 Fr. schwarzblau 7.

7. V. *ligustrinum*: die Blätter länglich, feinsägenartig; die Trauben nebenblattlos; die Staubkölbchen ungegrannt, kürzer als die länglich-eyförmige Blumenkrone. *L W II* 352.

Ligusterblättrige H. — In Pensylvanien und von da bis Virginien. ♄ 3—4'. Bl. weifs. Fr. soll schwarz seyn.

8. V *arboreum*: die Blätter umgekehrt-eyrund, spitzig, stachelspitzig, drüsig-sägenartig, oberhalb leuchtend, netzförmig-aderig, unterhalb fast weichhaarig; die Trauben nebenblättrig, überhangend; die Blumenstiele blattachselständig, einzeln, fadenförmig; die Staubkölbchen gegrannt, kürzer als die Blumenkrone mit spitzigen Zipfeln. *Michaux I.* 230 *Pursh I.* 285.

Baumartige H. — In Nordamerika vom nördlichen Carolina bis Florida. ♄, zuweilen 20' hoch. Bl. röthlichweifs, 6. Fr. schwarz.

9. V. *resinosum*: die Blätter oval-lanzettförmig, etwas spitzig, ganzrandig, mit harzigen Punkten dicht besetzt; die Trauben nebenblättrig; die Staubkölbchen kürzer als die urnenförmige Blumenkrone. *Ait. II.* 12. *W. II.* 414.

Harzige H. — In Nordamerika ♄ 3—4'. Bl. weifs, 7. Fr. soll schwarz seyn mit weifslichem Fleische.

10. V. *amoenum*: die Blätter oval, fast feinsägenartig, unterhalb an den Adern weichhaarig; die Trauben nebenblättrig; die Blumenkronen fast walzenförmig. *Ait. II.* 12. *W. II.* 353.

Breitblättrige H. — In Nordamerika von Neu-Jersey bis Virginien. ♄ im Vaterlande schlank, bey uns 1½. Bl. röthlichweifs, 5, 6. Fr. schwarz, unschmackhaft.

11. V. *tenellum*: die Blätter länglich-oval, sägenartig, spitzig, sehr kurz stachelspitzig; die Trauben nebenblättrig, überhangend; die Staubkölbchen ungegrannt, kürzer als die kugelrund-glockenförmige Blumenkrone mit fünfspaltigem Rande. *Ait. II* 12. *W II* 353 *G. O. H* 40. *t.* 34. V. pensylvanicum. *Michaux I.* 232.

Gagelblättrige H. — In Nordamerika. ♄ 1'. Bl. 5. Fr. bläulichschwarz, 8, 9.

12. V. *maderense*: die Blätter eyrund, sägenartig, spitzig-zugespitzt; die Trauben abwärtsstehend, beblättert, mit überhangenden Blumen; die Blumenkronen glockenförmig mit fünftheiligem Rande. *Link Enum. pl. h. b. Ber. alt.* 375. *G. O. H.* 39. *t.* 33.

Madera'sche H. — In Madera. ♄ 1—1½'. Bl. 5, 6. Fr. 9. ⌂.

** *Mit immergrünen Blättern.*

13. V. *Vitis idaea*: der Stengel aufrecht, ästig, mit wechselsweisstehenden Ästen; die Blatter umgekehrt-eyrund, ganzrandig, zurückgerollt, unterhalb getüpfelt; die Trauben gipfelständig, überhangend. *L. W. II.* 354. *G W. H.* 58. *t.* 43.

Rothe H. Preufselbeere. — Im kältern Europa in unfruchtbaren Wäldern und im südlichen Europa auf Gebirgen. ♄ höchstens ½', immergrün. Bl. weifs, 5, 6. Fr. roth, 9, 10.

14. V. *nitidum*: der Stengel aufrecht, vielästig mit zweyreihigen Ästen; die Blätter umgekehrt-eyrund-oval, spitzig, sägenartig, kahl; die Trauben doldentraubicht, gipfelständig, nebenblättrig, überhangend, die Blumenkronen walzenförmig. *Pursh I* 289

Glänzende H. — In Carolina. ♄. Bl. blafsroth, 5, 6. Fr. 7, 8. ⌂.

60. Oxycoccos. *Moosbeere.*

1. O. *palustris*: der Stengel fadenförmig, kahl, kriechend; die Blätter fast herzförmig-eyrund, am Rande zurückgerollt. *Pers Syn. I.* 419. Schollera Oxycoccos. *Roth Fl. Germ. I.* 170. *II.* 442. *Hayne Arzneyg. IV. n* 18. *t* 18. Vaccinium Oxycoccos. *L. W. II.* 354. *G. W. H.* 58. *t.* 44.

Sumpf-M. — Im nördlichen Europa auf Torfmooren oder Sümpfen, die Torfmoos enthalten ♄, kriechend, immergrün. Bl. roth, 5, 6. Fr dunkelpurpurroth, 9, 10.

2. O. *macrocarpos*: der Stengel fadenförmig, kriechend; die Blatter oval-länglich, ganzrandig, eben. *Pers. Syn. I* 419. Vaccinium macrocarpon. *Ait. II.* 13 *t* 355.

Grofsfrüchtige M. — In Nordamerika auf Torfmooren. ♄, kriechend, immergrün, dem vorhergehenden sehr ähnlich. Bl. roth, 7. Fr. wie bey der vorhergehenden Art, aber gröfser, 10.

61. Menziesia. *Menziesie.*

1. M. *ferruginea*: die Blätter umgekehrt-eyrund-lanzettförmig, feinsägenartig-wimperig; die Blumen einzeln, gestielt, blattachselständig, überhangend; die Blumenstiele drüsig-kurzhaarig. *Smith ic. ined I.* 56. *t.* 56. *W. II.* 355.

Braun

Braune M. — In Nordamerika am Columbiastrohm. ♄ $1\frac{1}{2}$—2'. Bl. rostbraun, 5, 6. Fr. im Herbst.

2. M. *polifolia*: die Blätter eyrund, am Rande zurückgerollt, unterhalb greisgrau-filzig; die Blumen in gipfelständigen, einseitswendigen Trauben; die Blumenstiele und Kelche mit drüsentragenden Haaren; die Blumenkronen eyförmig. *Juss Ann du Mus d'hits nat I.* 55. *W Enum* 414. Erica Daboecia. *W. II.* 383. Andromeda Daboecia. *Syst natur* 300.

Poleyblättrige M — In Irrland auf Gebirgen. ♄ 1—2'. Bl. violett. 5—9. Fr. im Herbst.

3. M. *pilosa*: die Blätter oval, oberhalb etwas haarig, unterhalb weichhaarig, schimmelgrün; die Blumen fast gipfelständig, gehäuft, überhangend; die Blumenstiele und der Kelch mit drüsentragenden Haaren; die Blumenkrone fast kugelrund-eyförmig. *W. Enum. Suppl.* 21. *G. O. H.* 31. *t.* 27.

Haarige M. — Das Vaterland ist unbekannt, wahrscheinlich aber Virginien oder Carolina. ♄ 1—$1\frac{1}{2}$'. Bl. mit gelber an der Mündung rother Blumenkrone, 5. Fr. im Herbste.

62. Calluna. *Besenheide.*

1. C *vulgaris*: *Salisb. Act. Soc. Linn.* 6. 317. *W. Enum.* 415. *G W. H.* 59. t. 45. Erica vulgaris. *L. W. II.* 373. *G. W. H.* 59. *t.* 45.

Gemeine B Heidekraut. — In ganz Europa an unfruchtbaren Orten. ♄ $\frac{1}{2}$—2', immergrün, mit sehr kleinen gegenüberstehenden, vierreihigen, gedrangten Blättern und kleinen, blafs-lilarothen ins Purpurrothe fallenden oder auch weifsen Blumen, die in gipfelständigen, beblätterten, einseitswendigen Trauben stehen. Bl. 7, 8. Fr. 10.

63. Erica. *Heide.*

1. E. *Tetralix*: die Blätter vierfach, länglich, wimperig, unterhalb filzig; die Blumen überhangend, in gipfelständigen, kopfförmigen Dolden; der Kelch wimperig, filzig; die Blumenkrone eyförmig; die Staubkölbchen gegrannt. *L. W. II.* 368. *G. W H.* 61. *t.* 46.

Sumpf-H. — Im nördlichen Europa auf Torfmooren und Sümpfen. ♄ 1—4'. Bl. bräunlich lilaroth oder auch weifs, 6—9. Fr. 10

2. E. *cinerea*: die Blätter dreyfach, linienförmig, kahl; die Blumen überhangend, blattachselständig, an

den Spitzen der Äste fast eine gipfelständige Traube bildend; der Kelch feinsägenartig; die Blumenkrone eyförmig; die Staubkölbchen gekammt; der Griffel fast hervorragend; die Narbe kopfförmig. *W. II.* 378.

Graue H. — In den gemäfsigten Theilen von Europa und in der Levante. ♄ 1—1½'. Bl. hell-violett und auch weifs, 6—9 Fr 9, 10.

3. E. *herbacea*: die Blätter vierfach, linienförmig, kahl; die Blumen an den Spitzen der Äste gipfelständige, einseitswendige Trauben bildend: die Blumenkrone länglich; die Staubkölbchen ungegrannt, und, so wie der Griffel hervorragend. *L. W II.* 411. *G W H* 61. *t.* 47.

Krautartige H — Im südlichen Europa. ♄ ½—1'. Bl. lilaroth oder auch weifs, 3—4. Fr 7, 8.

64. Daphne. *Seidelbast.*

1. D. *Mezereum*: die Blätter umgekehrt-eyrund-lanzettförmig, abfallend: die Blumen sitzend, gedreyt, seitenständig *L. W II* 415. *G W H* 63. *t* 48.

Gemeiner S — In den meisten Ländern Europens, so wie auch im nördlichen Asien, in bergigen Wäldern ♄ 2—3', durch Kunst 6, 10, ja 15'. Bl hell-purpurroth, auch weifs, 3, 4. Fr. roth 6, 7.

2. D. *alpina*: die Blätter umgekehrt-eyrund-lanzettförmig, stachelspitzig, ganzrandig, oberhalb fast kahl, unterhalb weichhaarig, getüpfelt; die Blumen sitzend, blattachselständig, gehäuft. *L. W. II* 418.

Alpen-S. — Auf Östreichs, der Schweiz und Italiens hohen Gebirgen, ♄ von ungefähr 1'. Bl. röthlichweifs, 5, 6 Fr. roth, reift nicht bey uns.

3. D. *Laureola*: die Blätter umgekehrt-eyrund-oval-lanzettförmig, etwas spitzig, ganzrandig, kahl, immergrün; die Blumen in blattüberständigen, wenigblumigen, nebenblättrigen, überhangenden Trauben. *L W II.* 418 *G. W H* 64. *t.* 49.

Immergrüner S. — In Böhmen Östreich, der Schweiz, Frankreich und England in gebirgigen Gegenden. ♄ 2—3', immergrün. Bl. grüngelb, 3, 4. Fr. blaulichschwarz 6, .

4. D. *pontica*: die Blätter umgekehrt-eyrund, stumpfzugespitzt, ganzrandig, kahl; die Blumen in gipfelständigen, nebenblättrigen, geschopften Trauben. *L. W. II.* 419. 19.

Pontischer S. — In der Türkey und Klein-Asien. ♄ 2—3′ und darüber. Bl. grünlich-gelb, 4, 5. Fr. schwarz, 8.

5. D *altaica*: die Blätter lanzettförmig, stumpf, stachelspitzig, ganzrandig, kahl; die Blumen gipfelständig, sitzend, gehäuft. *Pall. Ross. I.* 53. *t.* 35. *W. II.* 422. *G. O. H. t* 13.

Sibirischer S — In Sibirien auf den Altaischen Gebirgen. ♄ 1′. Bl weiſs, 4, 5. Fr. roth, bey uns selten reifend. — oder im kalten Hause.

6. D *Cneorum*: die Blätter umgekehrt-eyrund-lanzettförmig, stachelspitzig, ganzrandig, kahl: die Blumen in gipfelständigen Büscheln. *L. W. II.* 422 *G. W. H* 65 *t.* 60.

Rosmarinblättriger S. — Im südlichen Europa in gebirgigen, steinigen Gegenden ♄ ½—1′, mit niederliegenden Ästen. Bl. hell purpurroth 5, zuweilen auch noch einmal 9. Fr. 8, 9. — Verlangt thonigen Boden.

65 Dirca. *Lederholz.*

1. D. *palustris.* *L. W II.* 424. *Wangenh. Amer.* 91.

Sumpf-L. — In Virginien in Sümpfen und stehenden Gewässern. ♄ 3—4′, mit sehr zähen Ästen, die wegen der starken Buckel mit wagerechter Blattnarbe, hinter welcher die Knospe stehet, ein besondres Ansehen haben. Die Blätter, welche erst nach der Blume sich weiter entwickeln, sind wechselsweisstehend, länglich, stumpf, ganzrandig, kahl. Bl. mit hangenden blaſsgelben Blumen, 4. Fr. sich nicht ausbildend.

TRIGYNIA.

66. Polygonum. *Knöterig.*

1. P *frutescens*: der Stengel strauchartig; die Blätter oval-lanzettförmig, spitzig, in den Blattstiel sich verlaufend, auf beiden Flächen kahl; die Tute oben durchscheinend-häutig, zwey- bis vierspaltig mit sehr schmalen Zipfeln; zwey der Zipfel des Kelches zurückgeschlagen. *L. W. II.* 440.

Strauchartiger K — In Sibirien, Daurien und im Orient. ♄ 3—4′. Bl. röthlich, 7, 8. Fr. im Herbst.

ENNEANDRIA.

MONOGYNIA.

67. Laurus. *Lorbeer.*

1. L. *nobilis*: die Blätter oval-lanzettförmig, zugespitzt, ganzrandig, rippig-geadert, ausdauernd; die Blumen vierspaltig, zweyhäusig, in blattachselständigen Trauben, die kaum länger sind als die Blattstiele. *L W. II.* 434.
Gemeiner L. — In Italien und Griechenland. ♄ von ansehnlicher Höhe. Bl. gelb, 5. Fr. wegen des Getrenntseyns der Geschlechter selten. .

L. *Benzoin*: die Blätter umgekehrt-eyrund-länglich und umgekehrt eyrund, kurz zugespitzt, ganzrandig, entfernt rippig-aderig, abfallend; die Blumen seitenständig, zu vier bis fünf gehäuft *L. W. II.* 435. L. aestivalis. *Wangenh. Beytr* 87.
Benzoin-L. — In Nordamerika. ♄ von 15—20′. Bl. gelb, vor dem Ausbruch der Blätter. 4, 5. Fr. soll oval und dunkelroth seyn.

3. L. *Sassafras*: die Blätter ganz und dreylappig. *L. W. II.* 485.
Sassafras-L. — In Nordamerika in den wärmern Gegenden. ♄ 20—30′. Bl. 4, 5. gelb mit den Blätzugleich. Fr. in Amerika 8. veilchenblau. .

DECANDRIA.

MONOGYNIA.

68. Sophora. *Sophore.*

1. S. *japonica*: der Stamm baumartig, die Blätter gefiedert mit vielen eyrunden, kahlen Blättchen. *Thunb. Fl. Jap.* 178. *W. II.* 500.
Japanische S. — In Japan. ♄ von ansehnlicher Gröſse, der der *Robinia Pseudo-Acacia* gleichkommt. Bl. gelblichweiſs, 9. Fr. bey uns nicht reifend :

69. Virgilia. *Virgilie.*

1. V. *lutea*: die Blätter gefiedert, die Blättchen wechselsweisstehend, eyrund, kurz zugespitzt, kahl; die Blumen in langen, hangenden Trauben; die Hülsen gestielt, flach. *Michaux arb. t.* —— *Pursh. I.* 309.

Gelbe V. — Auf Bergen zwischen Georgien und Tennassee. ♄, der eine beträchtliche Höhe erreicht. Bl. in langen, hangenden, gelben Trauben, 6. Fr. bey uns noch nicht bemerkt.

70. Cercis. *Judasbaum.*

1. C. *Siliquastrum*: die Blätter nieren-herzförmig, ganzrandig, kahl. *L. W II.* 507.

Europäischer J. — In Spanien, dem südlichen Frankreich, Italien, der Levante und in Japan. ♄ von ungefähr 16', wild vorkommend gewöhnlich als ♄, doch auch als ♄ 20'. Bl. mit dem Ausbruche der Blätter an den zweyjährigen Ästen hellpurpurroth, auch noch blasser, ja auch weifs, 4, 5. Fr. 8, 9. — In der Jugend ⌓.

2. C. *canadensis*: die Blätter herzförmig, zugespitzt, ganzrandig, kahl. *L. W. II.* 245.

Canadischer J. — In Nordamerika. ♄ 16—20'. Bl. von gleicher Farbe mit dem vorhergehenden, 4, 5, vor dem Ausbruche der Blätter. Fr. 9 im Vaterlande; hier noch nicht bemerkt. — In der Jugend ⌓.

71. Cassia. *Cassie.*

1. C. *marylandica*: die Blätter gepaart-gefiedert, acht- bis neunpaarig; die Blättcen eyrund-länglich, gleich, stachelspitzig; der gemeinschaftliche Blattstiel an der Basis mit einer Drüse; die Blumen in blattachselständigen Trauben. *L. W. II.* 524.

Marylandische C. — In Virginien und Maryland. Nur ♃, 3—4', wird aber zur Verzierung der Lustgebüsche als ♄ benutzt. Bl. 8, 9. Fr. kommt bey uns nicht zur Vollkommenheit.

72. Ruta. *Raute.*

1. R. *graveolens*: die Blätter dreyfach-zusammengesetzt-gefiedert, mit umgekehrt-eyrund-spatelförmigen,

zugerundeten Blättchen; die Kronenblätter ganzrandig. *L.* *W II.* 542.

Gemeine R. — In Krain, der Schweiz, Frankreich, Italien, Spanien, dem nördlichen Asien und der Levante. ♄ 3—4'. Bl. grünlichgelb, 6 — 9. Fr im Herbste.

2. R. *montana*: die Blätter dreyfach zusammengesetzt-gefiedert mit linienförmigen, spitzigen Blättchen; die Kronenblätter ganzrandig. *W. Enum.* 446.

Berg-R. — In der Schweiz, Frankreich, Spanien und Portugal. ♄ ungefähr 1'. Bl. 8. Fr. im Herbste. ⌓.

73. Kalmia. *Kalmie.*

1. K. *latifolia*: die jüngeren Ästchen stielrund; die Blätter dreyfach oder zerstreut, oval-länglich, am Rande eben, kahl; die Blumen in gipfelständigen Doldentrauben. *L.* *W II.* 600

Breitblättrige K. — In Maryland, Virginien und Pensylvanien. ♄ 6—8', bey uns nur 2'. Bl. hell-purpurroth, 5—7. Fr. 10. ⌓.

2. K. *angustifolia*: die jüngeren Ästchen stielrund; die Blätter dreyfach, oval-länglich und oval-lanzettförmig, am Rande etwas zurückgekrümmt, kahl; die Blumen in blattachselständigen Doldentrauben. *L.* *W. II.* 601.

Schmalblättrige K. — In Pensylvanien und Neu-York. ♄ 5—6, hier 1½—2'. Bl. 5—7. Fr. im Herbst. ⌓.

3. K. *glauca*: die jüngeren Ästchen zweyschneidig; die Blätter gegenüberstehend, länglich, am Rande zurückgekrümmt, kahl, unterhalb schimmelgrün; die Blumen in gipfelständigen Doldentrauben. *Ait. II.* 64. *t.* 8. *W. II.* 601.

Graue K. — In Neu-Fundland. ♄ 2—3'. Bl. hell-purpurroth, 4, 5. Fr. 7, 8.

74. Ledum. *Porst.*

1. L. *palustre*: die Blätter lanzett-linienförmig, am Rande zurückgerollt, unterhalb rostbraun-filzig; die Blumen zehnmännig, in gipfelständigen Doldentrauben. *L.* *W II.* 602. *G W H.* 67. *t.* 51

Sumpf-P. — In Europa, Asien und Amerika auf torfig-sumpfigem Boden. ♄ 1—4'. Bl weiss, 5, 6. Fr. im Herbst, bleibt bis ins künftige Jahr, jedoch schon aufgesprungen, sitzen.

2. L. *latifolium*: die Blätter oval-elliptisch, am Rande zurückgerollt, unterhalb rostbraun-wollig-filzig; die Blumen meist fünfmännig, in gipfelständigen Doldentrauben. *Ait. II.* 65. *W. II.* 602. L. groenlandicum. *Retz. prodr. Fl. Scand* 2. *n.* 403.

Breitblättriger P. — In Grönland, in den kältesten Gegenden von Nordamerika, der Hudsonsbay, an der Küste Labrador, in Neu-Fundland und Neu-Schottland. ♄ über 4. Bl. weifs, 5. Fr. 9, 10.

75. Ammyrsine. *Sandporst.*

1. A. *buxifolia. Pursh: I.* 301. Ledum buxifolium. *Berg. Act. Petrop.* 1777. 213. *t.* 3. *fig. f.* 2. *Ait. II.* 65. *W. II.* 602.

Buchsbaumblättriger S. — In Neu-Jersey in dürren Nadelwäldern und in Carolina auf Bergen ♄ ½—1' mit kleinen, ovalen, gewölbten (nicht am Rande zurückgerollten), leuchtenden, auf beiden Flächen kahlen Blättern. Bl. 5, 6. Fr. 9, 10.

76. Rhodora. *Rhodore.*

1. R. *canadensis L W II* 603. *G. O H* 14. *t.* 14.

Canadische R. — In Canada und Neu-Fundland. ♄ 1—2' mit oval-lanzettförmigen, am Rande zurückgerollten, unterhalb schimmelgrünen Blättern. Bl. lilaroth ins Purpurrothe fallend in einfachen gipfelständigen Dolden, 4, 5. Fr. im Herbst.

77. Rhododendron. *Alpbalsam.*

* *Mit trichterförmigen Blumenkronen.*

1. R. *ferrugineum*: die Blätter lederartig, immergrün, oval-länglich, am Rande zurückgerollt, spitzig, kahl, unterhalb rostbraun durch gedrängte, auf Schuppen liegende Harztüpfel; die Blumen in gipfelständigen Dolden. *L. W. II.* 603. *G. W. H.* 69. *t.* 52

Rostfarbiger A. — In der Schweiz, Östreich, Krain, Kärnthen, auf den Carpathen, Pyrenäen und in Sibirien auf den höchsten Gebirgen. ♄ über 3' Bl. lilaroth oder auch mehr blafs, 6, 7. Fr. im Herbste.

2. R. *hirsutum*: die Blätter fast lederartig, immergrün,

oval, spitzig, am Rande gekerbt, durch entferntstehende lange Borsten wimperig, auf beiden Flächen mit Harztüpfeln besetzt; die Blumen lang gestielt in gipfelständigen Doldentrauben. *L. II.* 604. *G W H.* 70. *t* 53.

Gefranzter A. — In der Schweiz, Salzburg, Steiermark und Östreich auf hohen Alpen. ♄ 3—4'. Bl. hell-purpurroth, 6. Fr. im Herbste.

3. R. *punctatum*; die Blätter lederartig, immergrün, länglich-oval, spitzig, ganzrandig, kahl, unterhalb harzig-getüpfelt; die Blumen in gipfelständigen Dolden. *Donn. hort. Cantabr* 49. *W. II.* 607.

Punktirter A. — In Nordamerika. ♄ 5—6'. Bl. lilaroth, 7. Fr. im Herbste.

4. R. *azaleoides*: die Blätter fast lederartig, immergrün, oval-länglich und oval-lanzettförmig, spitzig, am Rande kaum etwas zurückgekrümmt, auf beiden Flächen fast gleichfarbig, kahl; die Blumen in gipfelständigen, doldenartigen Doldentrauben. *G. O. H.* 15. *t.* 14. *Link Enum. h. bot. Ber. alt. I.* 393.

Azaleenartiger A. — Das Vaterland ist unbekannt; nach der Meinung der englischen Gärtner durch Bastardirung entsprossen. ♄, nach bisheriger Erfahrung höchstens 2'. Bl. 6. Fr. im Herbste.

** *Mit glockenförmigen Blumenkronen.*

5. R. *catawbiense*: die Blätter kurz-oval, an beiden Enden zugerundet-stumpf, unterhalb blasser; die Blumen in gipfelständigen Dolden; die Zipfel des Kelches verlängert-länglich. *Michaux I.* 258. *Pursh I.* 298.

Catawbischer A. — In Virginien und Canada auf hohen Bergen, vorzüglich an den warmen Gewässern des Catawbastrohmes. ♄ 1' und etwas darüber. Bl. dort 5, 6; hier 6—8. Fr nicht bemerkt.

6. R. *ponticum*: die Blätter lederartig, immergrün, oval- und umgekehrt-eyrund-länglich, kurz zugespitzt, am Rande etwas zurückgekrümmt, kahl, unterhalb blasser; die Blumen in gipfelständigen Doldentrauben; die Zipfel des Kelches spitzig; die Zipfel der Blumenkrone oval-länglich. *L. W. II.* 306.

Pontischer A. — Um Gibraltar und in der Levante an feuchten, schattigen Orten. ♄ 4—5'. Bl. violett, 6, Fr. im Herbste.

*** *Mit radförmigen Blumenkronen.*

7. R. *maximum*: die Blätter lederartig, immergrün, oval-länglich, spitzig, am Rande etwas zurückgekrümmt, kahl, unterhalb blasser oder etwas rostbraun; die Blumen in gipfelständigen Dolden; die Zipfel des Kelches stumpf; die Zipfel der Blumenkrone rundlich. *L. W. II.* 606.

Grofser A. — In Carolina, Virginien, Pensylvanien und auch in Japan. ♄ 6—8' in seinem Vaterlande, hier erreicht er diese Höhe nicht. Bl. röthlichweifs, 7. Fr. 10. ⌓.

8. R. *camtschaticum*: die Blätter umgekehrt-eyrund, spitzig, wimperig, auf beiden Flächen kahl und nackt; die Blumen gipfelständig, einzeln, gestielt; die Kronenblätter spitzig. *Pall. Ross. I.* 48. *t.* 33. *W. II.* 604.

Kamtschadalischer A. — In Kamtschatka auf bergigen, lehmigen Gegenden und auf der Beringsinsel. ♄ ½'. Bl. rosenroth, fast mit so grofsen Blumen wie das R. ponticum, 7, 8. Fr. 9.

9. R. *dauricum*: die Blätter länglich, kahl, oberhalb dicht-getüpfelt, unterhalb sehr dicht rostbraungetüpfelt; die Blumen gipfelständig, einzeln. *Pall. Ross. I.* 47. *t.* 32. *W. II.* 604.

Daurischer A. — In Daurien. ♄ 1' bey uns. Bl. violett, 4, 5. Fr. 10, ist astachselständig, weil während ihrer Ausbildung dicht unter der Blume zwey Ästchen hervorwachsen.

10. R. *Chrysanthum*: die Blätter länglich, an beiden Enden verschmälert, am Rande zurückgekrümmt, scharf, unterhalb blasser; die Blumen in gipfelständigen, wenigblumigen, doldenförmigen Doldentrauben. *Pall. L. Suppl.* 237. *W. II* 605.

Gelber A. — In Sibirien, vorzüglich in Daurien am Baicalsee, auch in Kamtschatka und auf der Beringsinsel. ♄ ½'. Bl. 6, 7. Fr. noch nicht bemerkt.

11. R. *caucasicum*: die Blätter lederartig, immergrün, oval-länglich, an der Basis verschmälert, an der Spitze etwas stumpf, am Rande etwas zurückgekrümmt, oberhalb kahl, unterhalb rostfarbig-filzig, mit sich lösendem Filze; die Blumen in

gipfelständigen Dolden; die Zipfel der Blumenkrone rundlich. *Pall Ross I* 46. *t* 31. *W. II* 605.

Caucasischer A. — Am Caucasus auf den höchsten Alpen in der Schneeregion. ♄ 4—5'. Bl. 6, 7. Fr. 10. ⌓.

12. R. *Chamaecistus:* die Blätter fast lederartig, immergrün, oval, spitzig, ganzrandig, durch entferntstehende, drüsentragende Haare wimperig, auf beiden Flächen kahl; die Blumen gipfelständig, einzeln, gepaart oder dreyfach; die Zipfel der Blumenkrone umgekehrt-eyrund-rundlich. *L. W.* *II.* 609. *G W. H.* 71. *t* 54.

Drüsiger A. — Auf den Östreicher, Salzburger und Krainer Alpen. ♄ ½—2'. Bl. rosenroth, 6, 7. Fr. im Herbste.

78. Andromeda. *Andromede.*

1. A. *mariana:* die Blätter fast lederartig, abfallend, oval, fast spitzig, ganzrandig, kahl, unterhalb blasser; die Blumenstiele einblumig, seitenständig, gehäuft; die Blumenkronen eyrund-walzenförmig; die Staubkölbchen ungegrannt. *L. W.* *II.* 609.

Maryländische A. — Von Pensylvanien bis Florida ♄ 2—3'. Bl. weifs, 6. Fr 9.

2. A. *ferruginea:* die Blätter lederartig, ausdauernd, umgekehrt-eyrund, meist stumpf, ganzrandig, am Rande zurückgerollt, unterhalb rostbraunschuppig-mehlig, netzförmig-aderig; die Blumenstiele einblumig, blattachselständig, gehäuft; die Blumenkronen kugelrund; die Staubkölbchen ungegrannt. *Ait. II.* 67 *W. II* 609.

Rostfarbige A. — In Georgien und Florida. ♄ 3—5. Bl. 5—8 Fr 9.

3. A. *speciosa:* die Blätter abfallend, eyrund oder eyrund-länglich, entfernt-sägenartig, kahl, unterhalb nackt, oder schimmelgrün bereift; die Blumenstiele einblumig, blattachselständig — oder an entblätterten Ästchen — gehäuft; die Blumenkronen glockenförmig; die Staubkölbchen an der Spitze gepaart-viergrannig. *Michaux I.* 216. *Pursh* *I.* 294 *G. O. H* 32.

α. nitida: mit eyrund-länglichen, auf beiden Flächen nackten Blättern. — A. cassinaefolia. *Venten.* *Malm. t.* 79. *W. Baumz.* 29. *G. O. H. t.* 28.

β. *pulverulenta:* mit eyrunden, unterhalb schimmelgrün-bereiften Blättern. — A pulverulenta. *Bartram it. ed. germ.* 453. *W II* 610.

Prächtige A. — In Carolina und Florida auf sumpfigem Boden. ♄ 1—1½. Bl. weiſs, 6. Fr. im Herbste.

4. A. *acuminata:* die Blätter lederartig, ausdauernd, eyrund-lanzettförmig, zugespitzt, ganzrandig oder schwach ungleich-sägenartig, kahl, leuchtend; die Trauben doldentraubicht, blattachselständig, sehr kurz; die Blumen überhangend; die Blumenkronen walzenartig-eyförmig; die Staubkölbchen grannenlos *Ait. II.* 70 *W. II* 613. A. lucida. *Jacq. ic. rar. I* 79. A. populifolia. *Lamarck Encycl. I.* 159. A. reticulata. *Walt. Fl. Carol.* 137. A laurina. *Michaux Fl Amer. I.* 253.

Zugespitzte A. — In Georgien und Florida auf sandigen Sümpfen. ♄ 5—6′. Bl. weiſs, 6—8. Fr. im Herbste.

5. A. *nitida:* die Blätter lederartig, ausdauernd, eyrund, stumpf zugespitzt, ganzrandig, gerandet, kahl; die Trauben blattachselständig, büschlicht; die Blumenkronen walzenartig; die Staubkölbchen an der Basis zweyhörnig. *Michaux I.* 252. *Pursh I.* 292. A. coriacea. *Ait. II.* 70 A. lucida. *Lamarck Encycl. I.* 157. A. mariana. *Jacq. ic. rar. III t.* 465.

Glänzende A. — In Carolina und Florida in sandigen Wäldern. ♄ 3—4′. Bl. röthlich, 7, 8. Fr. im Herbste.

6. A *paniculata:* die Blätter abfallend, umgekehrt-eyrund-lanzettförmig, spitzig, fast ganzrandig, schwach-weichhaarig; die Trauben rispenartig, gipfelständig; die Blumenkronen fast kugelrund, weichhaarig; die Staubkölbchen stumpf, ungegrannt. *L. W. II.* 612. A. racemosa. *Walt. Fl. Carol.* 138.

Rispenblüthige A. — Von Canada bis Carolina in Sümpfen und Wäldern. ♄ 3—4 Bl. weiſs, 7. Fr im Herbste.

7. A. *arborea:* die Blätter abfallend, oval, zugespitzt, sägenartig, kahl; die Rispen gipfelständig; die Blumenkronen eyförmig, weichhaarig; die Staubkölbchen linienförmig, ungegrannt. *L. W.* II. 612.

Baumartige A. — In Carolina und Florida an sumpfigen Orten Nach *Willdenow* 5—6′; nach

Pursh — wenn dieser dieselbe Art vor sich hatte soll es ein Baum von 40—60′ werden. Bl. weiſs, 7, 8. Fr. 10. ⌓.

8. A. *racemosa*: die Blätter abfallend, oval- und länglich-lanzettförmig, spitzig, schwach-sägenartig, kahl; die Trauben seiten-gipfelständig, einfach, nebenblättrig, einseitswendig; die Blumen von zwey Nebenblättern unterstützt, die Blumenkronen bauchig-walzenartig; die Staubkölbchen an der Spitze gepaart-viergrannig. *L. W. II* 612.

Traubenblüthige A. — In Canada und von da bis Florida auf Mooren und Sümpfen. ♄ 5—8′. Bl. weiſs, wohlriechend, 7. Fr. im Herbste. ⌓.

9. A. *axillaris*: die Blätter lederartig, ausdauernd, oval-eyrund, kurz zugespitzt, gegen die Spitze weitläufig sägenartig, kahl, oberhalb leuchtend; die Trauben blattachselständig, einfach; die Blumen von zwey Nebenblättern unterstützt; die Blumenkronen länglich. *Ait. II.* 69. *W. II.* 613.

Winkelblüthige A. — In Carolina. ♄ 3—5′. Bl. weiſs, 7, 8. Fr. im Herbste. ⌓, besser im kalten Hause.

10. A. *Catesbaei*: die Blätter lederartig, ausdauernd, eyrund, zugespitzt, fein und scharf sägenartig, wellenförmig, kahl, oberhalb leuchtend; die Trauben blattachselständig, einfach, schuppig-nebenblättrig, einseitswendig; die Blumenkronen länglich; die jüngern Ästchen und Blattstiele drüsig-haarig. *Walt. Fl. Carol.* 137. *W. II* 613 A. Walteri. *W. Enum.* 453. *Baumz.* 34. A axillaris. *Michaux I* 253. A. spinulosa. *Pursh I* 293

Catesbaeische A. — In Virginien, Carolina und Georgien auf Gebirgen. ♄ 5—6′. Bl 7, 8. Fr. im Herbste. ⌓.

11. A. *calyculata*: die Blätter lederartig, ausdauernd, umgekehrt-eyrund-lanzettförmig und umgekehrt-eyrund-oval, etwas spitzig, am Rande etwas zurückgekrümmt, undeutlich sägenartig, kahl, schuppig-getüpfelt, unterhalb rostbraun; die Blumenstiele blattachselständig, einblumig, einseitswendig, an der Spitze der Ästchen eine beblätterte Traube bildend; die Blumen mit zwey breit-eyrunden, zugespitzten Nebenblättern unterstützt; die Blumenkronen eyrund und länglich-walzenartig. *L. W. II.* 614. *G. W. H.* 73.

α. *europaea:* mit umgekehrt-eyrund-lanzettförmigen Blättern und eyrunden Blumenkronen. *G. W. H. t.* 56.

β. *americana:* mit umgekehrt-eyrund-ovalen Blättern und länglich-walzenartigen Blumenkronen. — A. calyculata β. latifolia. *Ait. II.* 70.

Buchsbaumblättrige A. — An feuchten Orten α. im nördlichsten Europa; β. in Nordamerika. ♄ 3' u. darüber. Bl. weifs, etwas röthlich, 5. Fr. gegen den Herbst ⌒.

12. A. *polifolia:* die Blätter lederartig, ausdauernd, oval-lanzettförmig, linien-lanzettförmig und lanzett-linienförmig, sehr kurz stachelspitzig, am Rande zurückgerollt, ganzrandig, kahl, unterhalb weifslich-schimmelgrün; die Blumenstiele gipfelständig, gehäuft, einblumig, von der Farbe der Blumenkrone; die Blumenkronen kugelrund; die Staubkölbchen gegen die Spitze gegrannt. *L. W. II.* 610. *G. W H.* 72

α. *latifolia:* mit oval-lanzettförmigen Blättern. *Ait. II.* 68. *Pursh I.* 291.

β. *media:* mit linien-lanzettförmigen Blättern. *Ait. a. a. O. G. W. H. t.* 55.

γ. *angustifolia:* mit lanzett-linienförmigen Blättern. *Ait. a. a. O. Pursh. a. a. O.*

Poleyblättrige A. — Auf Torfmooren: α. in Nordamerika; β. in Europa und Asien; γ. in Neu-Fundland und an der Küste Labrador, ist hier aber noch nicht vorhanden. ♄, von dem α. in Nordamerika 8—10' erreichen soll; dahingegen β. nur etwas über 1' hoch wird. Bl. fleischfarbig, 5, zuweilen auch noch einmal im Herbste. Fr. gegen den Herbst.

79. Epigaea. *Grundstrauch.*

1. E. *repens:* die Äste und Blattstiele zottig; die Blätter herzförmig-eyrund, ganzrandig, unterhalb an der Mittelrippe zottig; die Blumenkronen walzenförmig. *L. W. II.* 615.

Kriechender G. — In Virginien in Nadelholzwäldern, in Canada und Carolina auf schattigen Felsen und in steinigen Wäldern. ♄, der nur klein ist, und kriechend auf dem Boden liegt. Bl. 5—7. Fr. 10.

80. Gaultheria. *Gaultherie.*

1. G. *procumbens:* die Äste kahl, gestreckt; die Blätter umgekehrt-eyrund, spitzig, sägenartig; die Blumenstiele blattachselständig, einzeln oder gepaart, einblumig; die Blumen überhangend. *L. W. II.* 616

Niederliegende G. — In Canada in unfruchtbaren sandigen Wäldern und bergigen Gegenden. ♄, dessen niederliegende Äste 1′ lang werden. Bl. weiſs, 7. Fr. roth im Herbste.

81. Arbutus. *Sandbeere.*

1. A. *Uva ursi:* die Stengel gestreckt; die Blätter lederartig, immergrün, umgekehrt eyrund, zugerundet, ganzrandig, unterhalb netzförmig-aderig. *L. W. II.* 6·8. *G. W. H.* 74. *t.* 57.

Gemeine S, Bärentraube. — In den nördlichsten Gegenden von Europa und Nordamerika in unfruchtbaren, trocknen Wäldern. ♄ mit 2 — 2½′ langen gestreckten Ästen. Bl. röthlich-weiſs, 4, 5. Fr. 9.

82. Clethra. *Clethra.*

1. C. *alnifolia:* die Blätter umgekehrt-eyrund, kurz zugespitzt, sägenartig, gegen die Basis ganzrandig, auf beiden Flächen kahl; die Blumen in gipfelständigen, einfachen, nebenblättrigen, zottig-filzigen Trauben. *L. W. II.* 619.

Ellerblättrige C. — In Pensylvanien. ♄ in seinem Vaterlande 8—10′, bey uns 4—5′. Bl. weiſs, 7, 8. Fr. im Herbste.

2. C. *tomentosa:* die Blätter umgekehrt-eyrund, kurz zugespitzt, sägenartig, gegen die Basis ganzrandig, oberhalb fast kahl, unterhalb weiſs-filzig; die Blumen in gipfelständigen, einfachen, nebenblättrigen, zottig-filzigen Trauben *Lamarck Encycl II.* 46. *Pursh I.* 301 C. pubescens. *W. Enum.* 455. *Baumz.* 95. C. alnifolia *β*, pubescens. *Ait. II* 73. *W II.* 619.

Filzige C. — In Virginien und Carolina. ♄ etwas kleiner als der vorhergehende. Bl. weiſs, 7, 8. Fr. im Herbst. ⌓.

3. C. *acuminata:* die Blätter eyrund, zugespitzt, sägenartig, kahl, unterhalb fast schimmelgrün; die Blumen in fast einzelnen, nebenblättrigen, weiſs-

filzigen, ährenartigen Trauben. *Michaux I.* 260. *W. Enum. Suppl.* 23.

Zugespitzte C. — In Carolina auf hohen Gebirgen in Gestalt eines ♄. Bl. weifs, denen von n. 1. ähnlich, 7, 8. Fr. nicht bemerkt. ⌂.

83. Pyrola *Wintergrün.*

1. P. *rotundifolia:* die Blätter rundlich, aderig; die Traube allseitswendig; die Staubgefäfse aufwärtsgebogen. der Griffel niedergebogen. *L. W. II.* 621.

Rundblättriges W. — Im nördlichen Europa, Asien und Amerika. Alle Arten dieser Gattung gehören zu den kleinen Staudensträuchern, welche den Übergang zu den krautartigen ausdauernden Gewächsen, den Stauden, machen. Diese Art erhebt sich als ♄ ¾ bis 1½'. Bl weifs, 6, 7. Fr 9, 10.

2. P. *chlorantha:* die Blätter rundlich, fünffachnervig; die Trauben allseitswendig; die Staubgefäfse gegeneinandergeneigt; der Griffel niedergebogen. *Swarz in den Schwed Abh* P media. *Kunth Fl Ber. I.* 115. P. rotundifolia. *W. Prodr. n.* 457.

Grünblumiges W. — In Schweden und dem nördlichen Deutschland in Wäldern ♄ ½—¾' sich erhebend. Bl hell gelblichgrün, 6. Fr. 8, 9.

3. P. *minor:* die Blätter rundlich, elliptisch und eyrund, aderig; die Traube allseitswendig; die Staubgefäfse gegeneinandergeneigt; der Griffel gerade, eingeschossen. *L. W. II.* 621.

Kleines W. — Im nördlichen Europa in Wäldern. ♄ ½—¾' sich erhebend. Bl. röthlichweifs, 6 Fr. 8, 9.

4. P *secunda:* die Blätter eyrund, zuweilen oval-elliptisch oder elliptisch-rundlich, kurz stachelspitzig, aderig; die Traube einseitswendig; die Staubgefäfse und der hervorragende Griffel gerade. *L. W II.* 622.

Einseitiges W. — Im nördlichen Europa, Asien, und Amerika in Wäldern. ♄ ¼—½' sich erhebend. Bl. weifs, 6, 7. Fr. 9, 10.

5. P. *umbellata:* die Blätter quirlständig lanzettförmig-umgekehrt-eyrund, an der Basis keilförmig, ganzrandig, übrigens weitläufig-sägenartig; die Blumen in einer gipfelständigen, langgestielten, doldenartigen Doldentraube. Die Staubgefäfse gegeneinandergeneigt, der Griffel im Fruchtknoten ver-

senkt. *L. W. II* 622. Chimaphila corymbosa. *Pursh I.* 300.

Doldentragendes W. — Im nördlichen Europa, Asien und Amerika ♄ ½—¾' sich erhebend. Bl. röthlichweifs 7, 8. Fr. im Herbst.

6. P. *uniflora:* die Blätter eyförmig-rundlich, aderig; der Blumenstiel gipfelständig, einblumig. *L. W.* II. 622.

Einblumiges W. — Im nördlichen Europa und Amerika in schattigen Wäldern ♄ erhebt sich mit seinem Blumenstiel kaum über ¼'. Bl. 6. Fr. 8, 9.

84. Styrax. *Storax.*

1. S. *officinalis:* die Blätter eyrund, kurz zugespitzt, ganzrandig, unterhalb zottig; die Blumen in einfachen Trauben, die kürzer sind als die Blätter. *L. W. II.* 623.

Echter S. — In Spanien, Italien, im südlichen Frankreich, in Syrien und Judaea. ♄ oder kleiner ♄. Bl. weifs, fast wie die Halesie, 5, 6. Fr. nicht bemerkt. ⌂.

2. S. *grandifolia:* die Blätter umgekehrt-eyrund, ganzrandig, unterhalb zottig; die Blumen in gipfelständigen Trauben und unter diesen einzeln gestielt, blattachselstandig. *Ait. II* 75. *W. II.* 623. S. officinale. *Walt. Fl. Carol.* 140.

Grofsblättriger S. — Im südlichen Carolina. ♄ bey uns 4—5'. Bl. 7, 8. Fr. nicht bemerkt. ⌂.

3. S. *laevigata:* die Blätter länglich, fast ganzrandig, nur in der Mitte kaum bemerkbar feinsägenartig, auf beiden Flächen kahl; die Blumen kurz gestielt, blattachselständig, einzeln oder gepaart. *Ait. II.* 75. *W II.* 624

Glattblättriger S. — Im südlichen Carolina. ♄, baumartig. Bl. weifs, 7. Fr. nicht bemerkt. ⌂.

DIGYNIA.

85. Hydrangea. *Hydrangea.*

1. H. *arborescens:* die Blätter eyrund und oval-eyrund, lang zugespitzt, ungleich-sägenartig, kahl; die Blumen in gipfelständigen, gleichförmigen Afterdolden. *L. W. II.* 633.

Vir-

Virginische H. — In Nordamerika. ♄ 3—4'. Bl. weiſs, 6. Fr. nicht immer vollkommen

2. H. *hortensis*: die Blätter oval, an beiden Enden zugespitzt, ungleich-sägenartig, kahl; die Blumen in gipfelständigen, gestrahlten Afterdolden: die des Strahls geschlechtlos. *W II* 633. Hortensia opuloides. *Jacq. fragm. bot.* 7. *t.* 3. *f* 4.

Schönblühende H. — In China, Japan. ♄ 3—4'. Bl. 6—9. Fr. setzt gar nicht an. ⌂, noch besser im kalten Hause. (Bey dem in Europa cultivirten Gewächs sind meist alle Blumen in geschlechtlose verwandelt, so wie bey unserm gemeinen Schneeball sie alle geschlechtlos vorkommen.)

3. H. *radiata*: die Blätter eyrund, zugespitzt, scharfsägenartig, unterhalb greisgrau- oder weiſs-weichhaarig; die Blumen in gipfelständigen gestrahlten Afterdolden, die des Strahles geschlechtlos. *Walt. Fl. Carol.* 251. *W. II.* 634. H. nivea. *Michaux I.* 268. *Pursh I* 209

Weiſsblättrige H. — In Carolina. ♄. 3' und darüber. Bl. weiſs, 7. Fr. reiſt nicht.

4. H. *quercifolia*: die Blätter breit-eyrund, meist fünflappig-gebuchtet, ungleich-sägenartig; unterhalb greisgrau-weichhaarig; die Blumen in gipfelständigen, strauſsartig-rispenähnlich-verlängerten, gestrahlten Afterdolden, die des Strahles geschlechtlos. *Bartr. it. ed. germ.* 366. *t.* 7. *W II.* 654.

Eichenblättrige H. — In Georgien und Florida. ♄ 2—3. Bl. weiſs mit röthlichen Strahlblumen, 7, 8. Fr. reiſt nicht bey uns. ⌂, doch sichrer im kalten Hause.

TRIGYNIA.

86. Silene. *Silene.*

1. S. *supina*: der Stengel staudenstrauchig, mehrfach, an der Basis ästig, gestreckt; die Blätter linienlanzettförmig, stachelspitzig, kurzhaarig; die Blumen kurz gestielt; die Kelche länglich mit spitzigen Zähnen; die Kronenblätter zweyspaltig. *Bieberst. Fl. Taurico-Caucas I.* 336. *W. Enum.* 473.

Buschige S. — Am Caucasus. ♄, nur ½' sich erhebend. Bl. weiſs 6—8. Fr. 9, 10.

2. S. *fruticosa*: der Stengel strauchig; die Blätter umgekehrt-eyrund-lanzettförmig, zugespitzt, gegen die Basis keilförmig, am Rande sehr fein wimperig, auf beiden Flächen kahl; die Blumen in gipfelständiger, gedreytheilter Rispe; die Kelche keulenförmig; die Kronenblätter zweyspaltig. *L. W. II.* 696.

Strauchartige S. — In Sicilien. ♄ 1—$1\frac{1}{2}$'. Bl. bläulich-lilaroth 6, 7. Fr. 8, 9. ⌂.

3. S. *chloraefolia*: der Stengel strauchig, die Blätter schimmelgrün, rundlich-oval, zugespitzt, die untern an der Basis verschmälert, kurzgestielt, die obern an der Basis herzförmig, sitzend, umfassend; die gegen die Spitze der Äste blattachselständig; die Kelche keulenförmig, kahl; die Kronenblätter halbzweyspaltig. *Smith ic. ined. I.* 13. *t.* 13. *W. II.* 707.

Chlorablättrige S. — In Iberien und Armenien. ♄ 2—3'. Bl. mit weifser, aufserhalb röthlicher Blumenkrone, 7, 8. Fr. 9, 10. ⌂.

87. Brünnichia. *Brünnichie.*

1. B. *cirrhosa*. *Gärtn. de fr. et sem. I.* 214. *t.* 45. *f.* 2. *W. II* 731.

Rankende B. — Auf den Bahamischen Inseln ♄ mit eckigen Ästen, wechselsweisstehenden, gestielten, eyrunden, gegen die Spitze sägenartigen, unterhalb an den Ädern weichhaarigen Blättern und unansehnlichen, kronenblattlosen Blumen, die in gipfelständigen einseitswendigen Trauben stehen. Bl. 7. Fr. nicht bemerkt. ⌂.

PENTAGYNIA.

88. Sedum. *Sedum.*

1. S. *populifolium*: der Stengel staudenstrauchig; die Blätter flach, herzförmig gezähnt mit dichtstehenden, ungleichen, langen, zugerundeten Zähnen; die Blumen in gipfelständigen gewölbten Doldentrauben. *L. Suppl.* 242. *W. II.* 762

Pappelblättriges S. — In Sibirien auf Gebirgen an den Quellen des Jeniseiflusses. ♄ $\frac{1}{2}$—1'. Bl. weifs, 7, 8. Fr. im Herbste.

DODECANDRIA.

MONOGYNIA.

88. Aristotelia. *Aristotelie.*

1. A. *Macqui. L'Herit. Stirp. I.* 31. *t.* 16. *W. II.* 851. Tophea lucida *der Holländer.*

Chilische A. — In Chili. ♄ bey uns 18—20', mit vielen Ästen, immergrünen, gegenüberstehenden, gestielten, eyrunden und lanzettförmigen, sägenartigen, leuchtenden, dreynervigen Blättern und weifsen Blumen, die zu 2 bis 4 in Trauben stehen. Bl. 4, 5. Fr. reift nicht bey uns. , leichter im kalten Hause durchzuwintern.

90. Halesia. *Halesie.*

1. H. *tetraptera:* die Blätter eyrund, zugespitzt, sägenartig, unterhalb an den Adern weichhaarig; die Blumen zwölfmännig, seitenständig, zu 2 bis 4 gehäuft, langgestielt, überhangend; die Flügel der Frucht von gleicher Gröfse *L. W II.* 849.

Vierflüglige H. — In Carolina in schattigen Wäldern an den Ufern der Flüsse. ♄ 5—6'. Bl. weifs, 5. Fr. nur selten vollkommen.

2. H. *diptera:* die Blätter länglich-eyrund, stumpf-zugespitzt, sägenartig, unterhalb sehr weich und schwach weichhaarig; die Blumen achtmännig, seitenständig, zu 2 bis 3 gehäuft, lang gestielt, überhangend; die Flügel der Frucht wechselsweis gröfser. *L W II.* 849.

Zweyflüglige H. — In Georgien in schattigen Waldungen. ♄ 4—5. Bl. weifs, 5. Fr. nur selten vollkommen.

ICOSANDRIA.

MONOGYNIA.

91. Philadelphus. *Pfeifenstrauch.*

1. P. *coronarius*: die Blätter oval-eyrund, zugespitzt, sägenartig gezähnt, unterhalb in den Astachseln der Rippen kahl. *L. W. II.* 947.

α. vulgaris: mit fast traubenständigen Blumen.

β. nanus: mit einzelnen Blumen.

Wohlriechender P. — Im südlichen Europa. ♄ 6—8′. Bl. weiſs, 6. Fr. 9.

2. P. *grandiflorus:* die Blätter eyrund, zugespitzt, gezahnt, unterhalb in den Astachseln der Rippen büschlicht-haarig. *W. Enum* 511. *G O H. t.* 44.

Groſsblüthiger P. — In Südcarolina und Georgien an den Ufern der Flüsse. ♄ 6—8′. Bl. wie der vorhergehende, aber mit gröſsern Blumen, 7, 8. Fr. nicht bemerkt.

3. P. *inodorus:* die Blätter eyrund, zugespitzt, ganzrandig. *Miller Dict. n.* 3. *W II.* 948.

Geruchloser P. — Im südlichen Carolina an den Ufern der Flüsse. ♄ 2—3′. Bl. dort 6, 7; hier noch nicht.

92. Amygdalus. *Mandel.*

1. A. *Persica:* die Blätter breit-lanzettförmig, sägenartig mit spitzigen drüsenlosen Sägezähnen; die Blumen sitzend, einzeln. *L. W. II.* 982.

†. *plena:* mit gefüllten Blumen.

Persische M. oder Pfirschenbaum. — In Persien. ♄, bekannt genug. Bl. 5—6. Fr. 9.

2. A. *communis:* die Blätter lanzettförmig, einfach-sägenartig, mit etwas spitzigen Sägezahnen, von denen die untersten, so wie die Blattstiele, drüsig sind; die Blumen kurz gestielt, gepaart; die Kronenblätter viel langer als der Kelch; die Nuſs mit sehr harter Schale. *L W. II.* 982.

†. *plena:* mit gefüllter Blume.

Gemeine M. — In der Schweiz, Italien und im nördlichen Afrika. ♄ von ansehnlicher Höhe. Bl. pfirschigblüthroth, 4—5. Fr. 9.

3. A. *amara*: die Blätter lanzettförmig, einfach-sägenartig, mit etwas spitzigen Sägezähnen, von denen die untersten drüsig sind, und drüsenlosen Blattstielen; die Blumen kurz gestielt, gepaart; die Kronenblätter viel länger als der Kelch; die Nuſs mit sehr harter Schale. *Hayne Arzneyg. IV. n. 30 in der Anmerk.* A. communis β. amara. *L. W. II.* 982.

Bittere M. — In der Schweiz und Italien. ♄ stets von minderer Gröſse als der vorhergehende. Bl. pfirschigblüthroth, 4—5. Fr. 9.

4. A. *fragilis*: die Blätter lanzettförmig, einfach sägenartig, mit etwas spitzigen Sägezähnen, von denen die untersten, so wie die Blattstiele, drüsig sind; die Blumen kurz gestielt, gepaart; die Kronenblätter wenig länger als der Kelch; die Nuſs mit zerbrechlicher Schale. *Flor. der Wetterau. I.* 161. *W. Baumz.* 27.

Krach-M. oder Knack-M. — In Syrien und dem nördlichen Afrika. ♄ den beiden vorhergehenden ähnlich. Bl. eben so, 4—5. Fr. im Herbste.

5. A. *pumila*: die Blätter lanzettförmig, doppelt-sägenartig mit drüsenlosen Sägezähnen; die Blumen langgestielt. *L. W. II.* 983.

†. *plena*: mit gefüllter Blume.

Niedrige M. — Im nördlichen Afrika. ♄ 2—3'. Bl. hell-rosenroth im May und zwar gewöhnlich gefüllt, daher denn sehr selten Fr. ⌂.

6. A. *nana*: die Blätter schmal-umgekehrt-eyrund-lanzettförmig, einfach-sägenartig mit drüsenlosen Sägezähnen; die Blumen sitzend. *L. W.* II. 983.

Zwerg-M. — Im ganzen nördlichen Asien. ♄ 2—4'. Bl. rosenroth, 5. Fr. im Herbste.

7. A. *incana*: die Blätter länglich-lanzettförmig, sägenartig, unterhalb weiſs-filzig. *Pall. Ross. I.* 13. *t.* 17. *W. II.* 984.

Graublättrige M. — Am Caucasus. ♄ 3—6', verschieden von *Prunus prostrata*. Bl. 3—4. Fr. nicht reifend.

8. A. *orientalis*: die Blätter ausdauernd, lanzettförmig, ganzrandig, silbericht-schülferig. *Mill. Dict. W. II.* 984. A. argentea. *Lamarck Encycl. I.* 102.

Silberblättrige M. — Im Orient. ♄ 6—8'. Bl. 3—4. ⌂, Fr. nicht reifend.

93. Prunus. *Pflaume.*

1. P. *Padus:* die Blätter abfallend, doppelt sägenartig, fast runzlich; die Blattstiele zweydrüsig; die Blumen in fast herabgebogenen Trauben; die Kronenblätter ganz; die Nuss der Steinfrucht grubig. *L. W II.* 984. *G. W H.* 77. *t.* 59.

   Vogel-P. oder gemeine Traubenkirsche. — In ganz Europa und dem nördlichen Asien. ♄ 25—30. Bl. weiss, 4—5. Fr. fast herzförmig-rundlich, schwarz. 8—9.

2. P. *rubra:* die Blätter abfallend, einfach-feinsägenartig, glatt; die Blattstiele zweydrüsig; die Blumen in fast aufrechten Trauben; die Kronenblätter umgekehrt-herzförmig-zweylappig. *Ait. II.* 162. *W. Baumz.* 299.

   Rothe P oder rothe Traubenkirsche. — Das Vaterland ist unbekannt. ♄, der hier von 10′ vorkommt. Bl weiss, 4—5. Fr 8—9.

3. P. *virginiana:* die Blätter abfallend, doppelt-sägenartig, glatt; die Blattstiele meist vierdrüsig; die Blumen in schlaffen überhangenden Trauben; die Kronenblätter ganz; die Nuss der Steinfrucht glatt. *L. W. II.* 905 *Baumz.* 300 *G. O. H.* 43. *t.* 36.

   Virginische P. oder virginische Traubenkirsche. — In Nordamerika. ♄, der hier, als noch nicht ausgewachsen, ungefähr 8′ Höhe hat Bl. 5, 6. Fr. rund, kirschroth im Herbste.

4. P. *serotina:* die Blätter abfallend, fast lederartig, glatt, einfach-sägenartig mit Sägezähnen, von denen die untersten meist drüsig sind; die Blattstiele selten drüsig; die Blumen in schlaffen Trauben; die Kronenblätter ganz. *Ehrh. III.* 20. *W. II.* 986. *G. O. H. t.* 37. P. virginiana. *Du Roi* 1. *II.* 191. *Burgsd. Anleit. n* 412. *Wangenh. Beitr.* 4. *t.* 14. *fig.* 33.

   Spätblühende P. oder späte Traubenkirsche. — In Nordamerika. ♄ 30—40′. Bl. weiss, 6. Fr. schwarz, rundlich, im Herbste.

5. P. *lusitanica:* die Blätter immergrün, lederartig, glatt, sägenartig, mit stumpfen Sägezähnen, die, so wie die Blattstiele, drüsenlos sind; die Blumen in aufrechten Trauben. *L. W. II.* 987.

   Portugiesische P. oder portugiesische Traubenkirsche. — In Portugal und Madera. ♄, der sehr zärtlich ist. Bl. 6. Fr. noch nicht bemerkt. ⌂.

9. P. *caroliniana:* die Blätter immergrün, lederartig, länglich-lanzettförmig, stachelspitzig, glatt, sägenartig mit stumpfen Sägezähnen, die, so wie die Blattstiele, drüsenlos sind; die Blumen in aufrechten Trauben. *Ait. II.* 163. *W. II* 987.

Carolinische P. — In Südcarolina und Georgien. ♄ 5—6'. Bl. 5. Fr. noch nicht bemerkt.

7. P. *Lauro-Cerasus:* die Blätter immergrün, lederartig, sägenartig, oberhalb leuchtend, unterhalb matt, blasser, gegen die Basis meist zweydrüsig; die Blumen in aufrecht-abwärtsstehenden Trauben. *L. W. II* 908.

Lorbeerblättrige P. oder Kirschlorbeer. — Im Orient, als in Persien, am Caucasus u. s. w. ♄ 8—10. Bl. weifs, 4—5. Fr. fast herzförmig, röthlich-kohlenschwarz. 8, 9. ⌂.

8. P. *Mahaleb:* die Blätter eyrund-rundlich, fast herzförmig, sägenartig; die Blumen in gipfelständigen Doldentrauben. *L. W: II* 988. *G. W. H.* 79. *t* 60.

Mahaleb-P. — In gebirgigen Gegenden Deutschlands, Östreichs und der Schweiz. ♄ von 6', in unsern Garten 8—10'. Bl. weifs, 4—5. Fr. fast kugelrund, röthlich-schwarz, 9—10, bey uns selten.

9. P. *Armeniaca:* die Blätter länglich-rundlich, zugespitzt, fast herzförmig, feinsägenartig; die Blumen sitzend, meist einzeln *L W. II* 989

Apricosen-P. oder Apricosenbaum. — In der Levante ♄, der bekannt genug ist. Bl. 4, oft schon 3. Fr. 8, ⌂.

10. P. *sibirica:* die Blatter eyrund, zugespitzt, einfach-sagenartig; die Blattstiele drüsenlos; die Blumen sitzend. *L. W. II.* 989.

Sibirische P. — In Hinter-Sibirien auf Bergen. ♄ 10—12'. Bl. 4—5. Fr. noch nicht bemerkt.

11. P. *dasycarpa:* die Blätter eyrund, zugespitzt, doppelt-sägenartig; die Blattstiele drüsig; die Blumen fast sitzend, meist einzeln. *Ehrh. Beitr. VI.* 90, *W. II.* 990.

Rauhe P. oder schwarze Apricose — Im südlichen Europa? ♄ 5—6'. Bl. weifs, 4—5. Fr. rund, dunkel, fein behaart, 8, 9.

12. P. *pumila:* die Blätter umgekehrt-eyrund-lanzettförmig, weitläufig-sägenartig, an der Basis keilförmig, ganzrandig, unterhalb schimmelgrün;

die Blumen in seitenständigen, sitzenden Dolden. *Mant* 75: *W. II.* 990.

Niedrige P. — In Canada ♄ 3—4'. Bl. weiſs, sehr voll, wohl 1' lang die Äste bis zur Spitze besetzend, 5. Fr erscheint nicht, da die blühenden Äste abzusterben pflegen

13. P. *Susquehanae*: die Blätter umgekehrt-eyrund-länglich, weitläufig-sägenartig, an der Basis keilförmig, ganzrandig, unterhalb schimmelgrün; die Blumen in seitenständigen, sitzenden Dolden. *W Enum* 519 *Baumz.* 306.

Susquehana-P. — In Pensylvanien. ♄ 3—4'. Bl. weiſs, 5. Fr 6—7.

14 P. *Chamaecerasus*: die Blätter umgekehrt-eyrund und länglich, etwas stumpf, drüsig-sägenartig, kahl; die Blattstiele drüsenlos; die Blumen in seitenständigen, sitzenden, wenigblumigen Dolden, zuweilen nur einzeln oder gepaart. *Jacq. ic. rar* *I. t* 90. *W. II.* 990. *G. W H.* 80 *t* 61.

Strauchartige P — In Östreich auf Gebirgen. ♄ 5—6'. Bl. weiſs, 5. Fr rund und roth, 8.

15. P. *Cerasus*: die Äste überhangend; die Blätter eyrund-oval, sägenartig, die jüngern unterhalb weichhaarig, die ältern kahl; die Blattstiele drüsenlos; die Blumen in fast sitzenden Dolden. *L. W. II* 991 *G. W H.* 82.

α. austera: die Steinfrucht mit rothem, säuerlichem Safte. *W Baumz.* 307. *G. W H. t.* 62 P. austera. *Ehrh. Beitr. VI.* 129.

β. acida: die Steinfrucht mit fast farbenlosem, säuerlichem Safte. *W. a. a O.* P. acida. *Ehrh. a. a. O.*

† *plena*: mit gefüllter Blume

Saure P. oder saure Kirsche. — In den südlichen Ländern von Europa ♄, der nur niedrig bleibt. Bl. weiſs, 5 Fr. im Sommer

16. P *avium*: die Äste abwärtsstehend, gerade; die Blätter umgekehrt, eyrund, sägenartig, die jüngern und ältern unterhalb weichhaarig; die Blattstiele meist zweydrüsig; die Blumen in fast sizzenden Dolden *L. W. II.* 991. *G W H.* 83.

α. actiana: die Steinfrucht mit rothem süſsem Safte. *W Baumz* 308 *G. W. H. t.* 63. P. nigricans. *Ehrh. Beitr. VI.* 126.

β. dulcis: die Steinfrucht mit fast farbenlosem, süſsem Safte. *W. a. a. O.* P. varia. *Ehrh. Beitr. a. a. O.*

Süfse P oder füfse Kirsche. — In ganz Europa. ♄ von mäfsiger Gröfse, stets aber den vorhergehenden in dieser Hinsicht übertreffend. Bl. weifs, 4—5. Fr. im Sommer.

17. P. *semperflorens*: die Blätter eyrund, sägenartig, kahl, an der Basis zweydrüsig; die Blumenstiele drüsenlos; die Blumen in hangenden, beblätterten Trauben; die Kelche sägenartig. *Ehrh. Beitr. VII* 132 *W. II.* 992

Immerblühende P. oder immerblühende Kirsche, auch Octoberkirsche. — Vaterland? ♄ wie die zahme Pflaume, von welcher er sonst als Abart betrachtet worden ist. Bl. 5—10. Fr. klein und braun, im Herbste.

18. P. *pensylvanica*: die Blätter länglich-lanzettförmig, zugespitzt, sägenartig, kahl, an der Basis zweydrüsig; die Blattstiele drüsenlos; die Blumen in gehäuften, vielblumigen, endlich rispenförmigen Dolden *L. Suppl* 252. *Ait. II.* 165. *W. II.* 993. P. lanceolata. *W. Baumz.* 1. *Aufl.* 240. *t.* 3. *fig.* 3.

Pensylvanische P. — In Nordamerika. ♄, der baumartig wird und bey uns 12—15 Höhe erreicht. Bl. weifs, 5. Fr. rundlich, klein, schwarz, 7.

19. P. *pygmaea*: die Blätter elliptisch-umgekehrt-eyrund, zugespitzt, scharf sägenartig, an der Basis zweydrüsig, oberhalb leuchtend, unterhalb an den Adern sehr fein weichhaarig; die Blattstiele drüsenlos; die Blumen in vier- bis sechsblumigen Dolden. *W. II* 993.

Zwerg-P. — In Nordamerika. ♄ 4—5'. Bl. 5. Fr. rundlich, schwarz, klein, 7.

20. P *nigra*: die Blätter eyrund, zugespitzt, an der Basis verschmälert, ungleich-doppelt-sägenartig, kahl, die jüngern sehr fein wimperig; die Blattstiele zweydrüsig; die Blumen in einzelnen, drey- bis vierblumigen, sitzenden Dolden, zuweilen auch nur gepaart. *Ait. II* 165. *W. II.* 993.

Schwarze P. — In Nordamerika. ♄ 10—12'. Bl. weifs, 5. Fr. noch nicht bemerkt.

21. P. *hyemalis*: die Blätter länglich-oval, stark hervorgezogen-zugespitzt; die Afterblätter borstenförmig-zusammengedrückt; die Blumen in sitzenden, gehäuften, wenigblumigen Dolden; die Kelchzipfel lanzettförmig. *Michaux I.* 284. *Pursh I.* 331. *Pers. Syn. II.* 35.

Winter-P. — In Canada und auf den westlichen Bergen von Virginien und Carolina ♄ hier noch sehr klein. Bl. 5. Fr. klein, fast eyförmig, schwarz, äufserst herbe, im Winter aber geniefsbar.

22. P. *brigantiaca*: die ältern Äste dornig; die Blätter eyrund, zugespitzt, an der Basis zugerundet, ungleich doppelt-sägenartig, kahl; die Blattstiele zwey- zuweilen eindrüsig; die Blumen gestielt, gepaart oder einzeln. *Vill. Delph. III.* 535. *W. Baumz.* 312.

Briançonsche P. — In Frankreich. ♄ 12—15'. Bl. weifs, 5. Fr. nicht bemerkt.

23. P. *domestica*; die Äste unbewaffnet; die Blätter oval-eyrund, zugespitzt, sägenartig, unterhalb weichhaarig; die Blattstiele drüsenlos; die Blumen gestielt, einzeln oder gepaart. *L. W. II* 995. *G. W. H.* 85 *t.* 64.

Gemeine P. — In den gemäfsigten Ländern von Europa. ♄ 15—20'. Bl. weifs, 5. Fr. 8—9.

24. P. *insiticia*: die Äste oft dornspitzig; die Blätter eyrund, meist stumpf, sägenartig, unterhalb weichharig; die Blattstiele drüsenlos; die Blumen gestielt, gepaart. *L. W. II.* 996. *G. W. H* 86. *t* 65.

Kriechen-P. — In Deutschland, der Schweiz und England. ♄ von ungefähr 12'. Bl. weifs, 5. Fr. länglich-schwarzblau, 8.

25. P. *cerasifera*: die Äste meist unbewaffnet; die Blätter fast rautenförmig-oval, stumpf, sägenartig, oberhalb kahl, unterhalb kaum etwas weichhaarig; die Blattstiele drüsenlos; die Blumen gestielt, einzeln und gepaart; die Früchte hangend *Ehrh. Beitr. IV.* 17. *W. II.* 997. P. domestica ξ. myrobalan. *L.* 2. 680. P. domestica c. *Du Roi* 1 *II* 164.

Runde P. oder Kirschpflaume. — In Nordamerika. Nach *Du Roi* ein hoher ♄, bey uns ist sie nur ein ♄ von 15'. Bl. weifs, 4—5. Fr. rundlich, zugespitzt, kirschroth, mit einer länglichen, zusammengedrückten Nufs, 8.

26. P. *maritima*: die Äste dornspitzig; die Blätter eyrund-langlich, zugespitzt, kahl, doppelt-sägenartig, mit stachelspitzigen Sägezähnen; die Blumen gestielt, gepaart, mit an der Basis verwachsenen Blumenstielen. *Wangenh. Amer.* 103. *W. Enum* 519.

Meerstrands-P. — In Nordamerika an den sandigen Seeküsten. Ist dort ♄ von 4—5'. Bl. weiſs, 5. Fr. von der Gröſse der Kriechen-Pflaume, aber ins röthliche fallend, 8 (nach *Wangenheim*).

27. P. *spinosa*: die Äste dornspitzig; die Blätter oval-lanzettförmig, spitzig, sägenartig, oberhalb kahl, unterhalb weichhaarig; die Blattstiele drüsenlos; die Blumen gestielt, einzeln. *L. W. II.* 997. *G. W. H* 87 *t.* 66.

Schlehen-P, Schlehendorn, Schwarzdorn. — In ganz Europa. ♄ 6—8'. Bl. weiſs, 5. Fr. blauschwarz, rund, im Herbste.

28. P. *sphaerica*: die Blätter oval-eyrund, stumpf, gleichförmig-feinsägenartig, kahl, an der Basis meist zweydrüsig; die Frucht kugelrund. *Michaux I.* 284. *W. Baumz.* 315.

Rundfrüchtige P. — In Nordamerika. ♄ 8—10'. Bl. 4—5. Fr. noch nicht bemerkt.

29. P. *prostrata*: der Stamm gestreckt; die Blätter eingeschnitten-sägenartig, drüsenlos, unterhalb filzig-weiſslich. *Billard. pl Syriac.* 15. *t.* 6. *W. II.* 997.

Gestreckte P. — Auf Bergen in Creta und auf dem Gipfel des Libanon. ♄ mit niederliegendem Stamme. Bl. 4—5. Fr. klein, rundlich, blauschwarz. 8.

TRIGYNIA.

94. Sorbus. *Eberesche.*

1. S. *aucuparia*: die Blätter unpaar-gefiedert mit fast einfach-sägenartigen Blättchen, die oberhalb sehr schwach weichharig, unterhalb, so wie der gemeinschaftliche Blattstiel, zottig-weichhaarig sind; die Samen am Gewölbe der Fächer befestigt. *L. W. II.* 1008. *G. W. H.* 89. *t.* 67

Gemeine E. — In Waldungen durch ganz Europa, so wie im nördlichen Asien und auf dem Libanon. ♄ 10—25', ja auch nur als ♄ in Waldungen als Unterholz. Bl. weiſs, 5. Fr. klein, apfelförmig, scharlachroth, im Herbste.

2. S. *americana*: die Blätter unpaar-gefiedert mit fast gleichförmig-sägenartigen Blättchen, die, so wie der gemeinschaftliche Blattstiel, kahl sind. *Michaux I.* 291. *W. Enum.* 520.

Amerikanische E. — In Carolina auf den höchsten Bergen. ♄, wie der vorhergehende. Bl. weiſs, 5. Fr. wie bey dem vorhergehenden im Herbste.

3. S. *domestica*: die Blätter unpaar-gefiedert mit fast gleichförmig-sägenartigen Blättchen, die oberhalb runzlich-aderig, unterhalb fast zottig sind; der gemeinschaftliche Blattstiel weichhaarig; die Samen am Grunde der Fächer befestigt. *L. W. II.* 1009. *G. W. H.* 91. *t.* 63.

α. pomifera: mit apfelförmigen Früchten.

β pyrifera: mit birnförmigen Früchten

Zahme E. — Am Harz, in Thüringen, Hessen, Östreich, der Schweiz, Frankreich und Italien. ♄ 20—30′ Bl. weiſs, 5. Fr. etwas gröſser als die der gemeinen Art, hell-scharlachroth, im Herbste.

4. S. *hybrida*: die Blätter zusammenflieſsend-gefiedert, oberhalb kahl, unterhalb, so wie der gemeinschaftliche Blattstiel, filzig. *L. W. II.* 1008 Pyrus pinnatefida. *Ehrh. Beitr. VI.* 93.

Bastard-E. — In Gothland und Thüringen. ♄ 20—25′. Bl. weiſs, 5. Fr. 8—9.

PENTAGYNIA.

95. Mespilus. *Mispel.*

1. M. *germanica*: dornig oder auch unbewaffnet; die Blätter länglich-lanzettförmig, meist ganzrandig, unterhalb filzig; die Blumen gipfelständig, sitzend, einzeln. *L. W. II.* 1010. *G. W. H.* 92. *t.* 69.

Gemeine M. — In Deutschland, Frankreich und Italien. ♄ 8—12′ oder ♄ 5—6′. Bl. weiſs, 6. Fr. 10.

2. M. *Pyracantha*: dornig; die Blätter lederartig, immergrün, eyrund- oder umgekehrt-eyrund-länglich, stachelspitzig, stumpf-sägenartig, fast sägenartig-gekerbt, kahl; die Blumen in gipfelständigen Doldentrauben an den jüngern, blattachselständigen oder dornständigen Ästchen *L. W.* II 1011.

Immergrüne M. — Im südlichen Frankreich, in Italien und am Caucasus. ♄ 4—5′; vielästig, oft niederliegend. Bl. weiſs, 6—7. Fr. scharlachroth, so grofs, wie die der Eberesche, im Herbste reifend, den Winter über bleibend.

3. M. *Chamaemespilus*: unbewaffnet; die Blätter oval, spitzig oder spitzig zugespitzt, spitzig doppelt-sägenartig, kahl; die Blumen in fast kopfartigen Doldentrauben. *L. W. II.* 1011. *G. W. H* 93. *t.* 70. Pyrus Chamaemespilus *Ehrh. Beitr. IV.* 19.

Niedrige M. — Auf Gebirgen in Östreich, Krain, der Schweiz und auf den Pyrenäen. ♄ 2—3′ Bl. mit aufrechten, geraden Kronenblättern, die aus dem Weifsen gegen die Spitze ins Purpurrothe übergehen, 5. Fr. 9—10.

4. M. *Cotoneaster*: unbewaffnet; die Blätter oval, oder oval-eyrund, etwas spitzig, ganzrandig, unterhalb filzig; die Blumen in wenigblumigen Doldentrauben; die Fruchtknoten kahl; die Beeren zwey- oder dreysamig. *L. W. II.* 1012. *G. W. H.* 94. *t.* 71.

Quitten-M — In Europa und dem nördlichen Asien auf Sonnenhügeln. ♄ 4—5′. Bl. röthlich-weifs, 5. Fr. roth und schwarz, 8.

5. M. *tomentosa*: unbewaffnet; die Blätter elliptisch, oder elliptisch-oval, stumpf, ganzrandig, unterhalb filzig; die Blumen in wenigblumigen Doldentrauben; die Fruchtknoten wollig; die Beeren fünfsamig *Ait. II.* 174. *W II.* 1012. M. eriocarpa. *De Cand. Fl. Franç* M. pygmea. *Baumgart. Transylv. II.* 40. M. orientalis. *Mill. Dict.*

Wollige M. — In Ungarn und im Orient. ♄ ungefähr 4′, Bl. röthlichweifs, 5. Fr. wollig, 8.

6. M. *coccinea*: dornig; die Blätter rundlich-eyförmig, fast herzförmig, ausgeschnitten-eckig, sägenartig, oberhalb kurzhaarig, unterhalb, vorzüglich an den Rippen, weichhaarig, die ältern kahl; die Blumen fünfweibig in gipfelständigen Doldentrauben; die Kelche, so wie die weichhaarigen Blattstiele, drüsig. *Ehrh. Beitr. VI.* 91. *W. Enum.* 523. Crataegus coccinea. *L.*

Rothe M. — In Nordamerika. ♄ 18—20′. Bl. 4—5. Fr. roth, 8—9.

7. M. *cordata*: dornig; die Blätter herzförmig-eyrund, ausgeschnitten-eckig, sägenartig, kahl; die Blumen fünfweibig, in gipfelständigen Doldentrauben; die Kelche, so wie die kahlen Blattstiele, drüsenlos. *Mill. Dict. Du Roi I.* 615. *W. Enum.* 523.

M. Phaenopyrum. *L. Suppl.* 254. *Ehrh. Beitr. II.* 67. M. acerifolia. *Burgsd. Anleit. n.* 323. Crataegus populifolia. *Walt Carol.* 147.

Ahornblättrige M. — In Nordamerika. ♄ baumartig, von langsamem Wuchs. Bl. 6. Fr. verliert den Kelch und ist oben offen, so daſs sie die fünf Samen in sich wahrnehmen läſst, 10.

8. M. *pyrifolia*: dornig oder auch unbewaffnet; die Blätter umgekehrt-eyrund, zugespitzt, gegen die Spitze mehr oder weniger ausgeschnitten-eckig, sägenartig, gegen die Basis keilförmig, ganzrandig, oberhalb fast kahl, unterhalb, vorzüglich an den Rippen, weichhaarig; die Blattstiele weichhaarig, drüsenlos; die Blumen gipfelständig, einzeln, gepaart oder in Doldentrauben; die Beeren urnenförmig. *W Enum.* 523. M. Calpodendron. *Erh. Beitr. II.* 67. Crataegus pyrifolia *W. II* 1001. C. Leucophleos. *Mönch Weiſsenst* 31 *t.* 2. C. tomentosa. *Du Roi I.* 183. C. edulis. *Loddiges Catal.* 8.

Birnblättrige M. — In Nordamerika. ♄ 15—20'. Bl. weiſs, 6. Fr. röthlich-gelb, 10.

9. M. *elliptica*: dornig; die Blätter elliptisch (oval?) ungleich-sägenartig, kahl; die Blattstiele und Kelche drüsig; die Beeren kugelrund, fünfsamig. *Ait. II.* 168. *W. II.* 1002. Crataegus prunifolia. *Lamarck Encycl IV.* 443.

Ovalblättrige M. — In Nordamerika. ♄ 6—8', Bl. 5—6. Fr. roth, 10.

10. M. *glandulosa*: dornig; umgekehrt-eyrund-rautenähnlich, ausgeschnitten-eckig, bis zur Basis sägenartig, kahl, oberhalb leuchtend, unterhalb matt und blasser; die Blattstiele, Afterblätter und Kelche drüsig; die Beeren oval, fünfsamig *Enum.* 523. M. rotundifolia. *Ehrh. Beitr. III* 20 Crataegus glandulosa. *Mönch Weiſsenst* 31. *W. II.* 1002 C. sanguinea. *Pall. Ross. I.* 25. *t.* 11.

Drüsige M — In Nordamerika und Sibirien. ♄ 5—6' bey uns, in Sibirien 12—18' Bl. weiſs, 5. Fr. roth, 8, 9.

11. M. *flava*: dornig; die Blätter keilförmig, umgekehrt-eyrund, fast lappig, eingeschnitten-sägenartig, leuchtend, oberhalb kahl, unterhalb schwach weichhaarig; die Blattstiele, Afterblätter und Kelche drüsig; die Blumen meist einzeln; die Beeren kreiselförmig, viersamig. *W. Enum* 523. M. flexi-

spina. *Mönch Weifsenst.* 62. *t.* 4. M carolinianа. *Lamarck Encycl. IV.* 442. Crataegus viridis. *Walt. Carol.* 147. C. glandulosa. *Michaux I.* 288. C. Michauxii. *Pers. Syn. II.* 35.

Gelbfrüchtige M. — In Nordamerika. ♄, der nach *Mönchs* Erfahrung in unsern Wintern die jungen Äste verliert, und daher nur eine Höhe von 3′ erreicht. Bl. weifs, 5 Fr. gelb, 8—9.

12. M. *parvifolia*: dornig; die Blätter fast sitzend, keilförmig-umgekehrt-eyrund, fast lappig, eingeschnitten-sägenartig, oberhalb leuchtend, unterhalb schwach weichhaarig; die Blumen fünfweibig; die Zipfel des Kelches lanzettförmig, eingeschnitten, von der Länge der fast kreiselförmigen Beere *W. Enum.* 525. M. Xanthocarpus. *Ehrh. Beitr. II* 67. M laciniata. *Walt. Carol.* 147. M. axillaris *Pers. Syn. II.* 39. Crataegus parvifolia. *W. II.* 1002. C. tomentosa. *L.* C. uniflora. *Du Roi I.* 184.

Stachelbeerblättrige M. — In Nordamerika. ♄ von 6—7′. Bl. weifs, 6. Fr. gelb 10—11.

13. M. *grandiflora*: unbewaffnet; die Blätter länglich, an der Basis verschmälert, fast ganzrandig, gegen die Spitze ungleich ausgeschnitten, fast dreylappig, oder ganz, ungleich-sägenartig, fast gerippt-geadert, oberhalb schwach weichhaarig, unterhalb weichhaarig-weich; die Blumen dreyweibig, gipfelständig, einzeln, gepaart und dreyzählig. *Hornem. hort. Hafniens. II.* 456.

Grofsblümige M. — Das Vaterland ist unbekannt. ♄ 6—7. Bl. 6. Fr. 10.

14. M. *punctata*: dornig und auch unbewaffnet; die Blätter umgekehrt-eyrund-keilförmig, doppelt-sägenartig, gegen die Basis schwach einfach-sägenartig, oberhalb kahl, unterhalb an den Rippen schwach weichhaarig; die Blumen in gipfelständigen Doldentrauben; die Kelche fast zottig mit linien-pfriemförmigen Zipfeln; die Beeren fast kugelförmig, mit niedergedrücktem Nabel. *W Enum.* 524. M. cuneifolia. *Ehrh. Beitr. III.* 21. M. cuneiformis. *Marshal* 153. Crataegus Crus galli. *Du Roi* I. *I* 195.

α. *erythrocarpa*: mit rothen Beeren.

β. *xanthocarpa*: mit gelben Beeren.

Punktirte M. — In Nordamerika. ♄ 10—12′, zuweilen 24′ baumartig; wenn er Dornen hat, erscheinen sie am alten Holze. Bl. weiſs, 5. Fr. getüpfelt 8—9.

15. M. *Crusgalli*: dornig; die Blätter fast sitzend, lederartig, umgekehrt, eyrund-keilförmig, sägenartig, an der Basis ganzrandig, kahl, glänzend; die Blumen meist zweyweibig, in gipfelständigen Doldentrauben; die Kelche kahl mit lanzettförmigen Zipfeln; die Beeren fast kugelrund, hangend. *W. Enum* 522 M. lucida *Ehrh. Beitr IV.* 17. *Du Roi I.* 600. M. cuneifolia. *Mönch.* Crataegus Crus galli. *L.* 682. C. lucida. *Wangenh. Amer.* 53. *t.* 17. *fig.* 42.

α. splendens: mit umgekehrt-eyrund-keilförmigen Blättern.

β. pyracanthifolia: mit länglich-lanzettförmigen, fast keilförmigen Blättern.

γ. salicifolia: mit lanzettförmigen Blättern. Crataegus linearis. *Pers. Syn II.* 37.?

Glänzende M. — In Nordamerika. ♄ 10—12', mit 2 bis beinahe 3'' langen Dornen. Bl. weiſs, 5—6. Fr. roth, 9—10.

16. M. *heterophylla*: dornig; die Blätter länglich-lanzettförmig, länglich und rautenförmig, ungleich-sägenartig, an der Basis mehr oder weniger keilförmig, meist ganzrandig, kahl, oberhalb leuchtend, unterhalb matt und blasser; die Blumen zweyweibig in gipfelständigen Doldentrauben; die Kelche kahl mit eingeschnittnen Zipfeln. — M. constantinopolitana der Gärtner. Crataegus heterophylla. *Flügge.*

Verschiedenblättrige M. — In Nordamerika? ♄ 3—4'. Bl. weiſs, 4—5. Fr. nicht bemerkt.

17. M. *nigra*: dornig und auch unbewaffnet; die Blätter fast fiederspaltig-lappig, oberhalb weichhaarig, unterhalb zottig-weichhaarig, mit abwärtsstehenden, spitzigen, doppelt-sägenartigen Lappen; die Afterblätter halbmondförmig, sägenartig; die Blumen fünfweibig, in gipfelständigen Doldentrauben; die Kelche, so wie die Blumenstiele, zottig-weichhaarig. *W. Enum* 524 Crataegus nigra. *Waldst.* et *Kitaib. pl. rar. Hung. I* 62. *t.* 61.

α. albiflora: mit weiſsen Kronenblättern.

β. rubriflora: mit rothen Kronenblättern.

Schwarze M. — In Ungarn. ♄ 20—25'. Bl. weiſs, 5. Fr. schwarz, 8—9.

18. M. *orientalis*: dornig mit gipfelständigen Dornen; die Blätter fiederspaltig, zottig-weichhaarig mit abwärtsstehenden länglich-linienförmigen, spitzigen, einfach-sägenartigen Zipfeln; die Afterblätter lanzettförmig drüsig-wimperig; die Blumen in gipfelständigen Doldentrauben; die Kelche, so wie die Blumenstiele zottig-weichhaarig. *Hablizl. Taur.* 108. M tanacetifolia *Smith exot. bot. II* 51. *t.* 85. *W Enum* 524 Crataegus orientalis *Bieberst Fl. Taurico Cauc. I.* 387.

Orientalische M. — In Armenien und dem südlichen Taurien. Nach *Tournefort* soll diese Art so groſs wie eine Eiche werden, nach *Bieberstein* hingegen gleicht sie an Höhe nur der M Oxyacantha. Bl weiſs, 6. Fr nach *Bieberstein* roth, anfangs behaart, endlich kahl, im Herbste.

19. M *Oxyacantha*: dornig; die Blätter dreylappig (selten fast fiederspaltig-fünflappig), kahl, mit eingeschnittnen, ungleich-sägenartigen Lappen; die Blumen meist zweyweibig, in gipfelständigen Doldentrauben: die Kelche meist kahl, mit abwärtsstehenden, spitzigen Zipfeln *W. Enum.* 524. *Du Roi I* 618. *G. W. H.* 95. *t.* 72. Crataegus Oxyacantha. *L. W.*

Hagedorn-M. — In ganz Europa und dem nördlichen Asien. ♄ von 8—10'. Bl. weiſs, 5. Fr länglich-rundlich, roth 9.

20. M *monogyna*: dornig; die Blätter fast fiederspaltig-fünflappig (selten dreylappig), kahl, mit ausgebreiteten, an der Spitze eingeschnittenen, ungleich-sägenartigen Lappen: die Blumen meist einweibig, in gipfelständigen Doldentrauben; die Kelche meist weichhaarig mit zurückgeschlagnen zugespitzten Zipfeln. *W. Enum.* 524. *G. W. H.* 97. *t.* 73. Crataegus monogyna. *Jacq. Fl. Austr. III.* 292. *fig.* 1. *W. II.* 1006.

α. *albiflora*: mit weiſsen Kronenblättern.

β. *rubriflora*: mit rothen Kronenblättern.

†. *pleniflora*: mit gefüllter Blume.

Einsamige M. — In ganz Europa und dem nördlichen Asien. ♄ von 8—12', dem vorhergehenden sehr ähnlich, nicht selten aber auch baumartig von 20', wie jener nie erscheint. Bl. 5. Fr. länglich, roth, 9.

21. M. *pentagyna*: dornig; die Blätter fast fiederspaltig-fünflappig, mit ausgebreiteten, an der Spitze eingeschnittnen, ungleich sägenartigen Lappen, unterhalb an den Adern zottig; die Blumen fünfweibig, in gipfelständigen Doldentrauben; die Kelche weichhaarig, mit sehr kurzen zugerundeten Zipfeln. *W. Enum. Suppl.* 35. Crataegus pentagyna. *Waldst.* et *Kitaib. pl Hung. W. II* 1006.

Fünfsamige M. — In Ungarn und im Banat. ♄ 8—12'. Bl. weiſs, 5—6. Fr. roth, 9.

22. M. *melanocarpa*: dornig; die Blätter fast dreyspaltig, gegen die Spitze sägenartig, an der Basis etwas spitzig; die Blumen meist fünfweibig; die Kelche weichhaarig, mit sehr kleinen, zurückgeschlagenen, spitzigen Zipfeln. *Bieberst. Fl. Taurico-Caucas. I.* 386 *III.* 332.

Schwarzfrüchtige M. — In Taurien in bergigen Wäldern. ♄ 8—10'. Bl. 5. Er hat, so wie der vorhergehende, den Blättern nach, viel Ähnlichkeit mit M. *monogyna*, zeigt sich aber durch den Kelch verschieden, und auch durch die fünfsamige Frucht, die etwas kleiner, runder, mehr saftig und schmackhaft, und von der Farbe der schwarzen Kirschen ist.

23. M. *Azarolus*: dornig oder auch unbewaffnet; die Blätter fast keilförmig, meist dreyspaltig, an der Spitze meist gezähnt, oberhalb kahl, unterhalb schwach weichhaarig; die Zipfel des Kelches eyrund. *W. Enum.* 525. Crataegus Azarolus. *L. W. II.* 1007.

Azarol-M. oder Azarolbirne. — In Krain, im südlichen Frankreich, in Italien und in der Levante. ♄ von ziemlicher Gröſse. Bl. gelblichweiſs, 5, 6. Fr. nicht bemerkt.

96. Pyrus. *Birne.*

1. P. *arbutifolia*: die Blätter länglich- und umgekehrt-eyrund-oval, zugespitzt, feinsägenartig, oberhalb kahl, an der Mittelrippe drüsig, unterhalb filzig; die Blumen in gipfelständigen, fast vielblumigen Doldentrauben; die Kelche filzig. *Ehrh. L. Suppl.* 256. *W. II.* 1012. Mespilus arbutifolia. *Du Roi* 1. *I.* 418. M. arbutifolia α. erythrocarpa. *Michaux I.* 292

Sandbeerblättrige B. — In Virginien, Pensylvanien und Carolina ♄ von 15', bey uns nur 5—6'.

Bl. weiſs, 5. Fr. von der Gröſse einer Erbse, roth, 9, 10.

2. P. *melanocarpa:* die Blätter umgekehrt-eyrund, zugespitzt, feinsägenartig, oberhalb kahl, an der Mittelrippe drüsig, unterhalb schwach weichhaarig; die Blumen in gipfelständigen wenigblumigen Doldentrauben; die Kelche kahl. *W. Enum.* 525. P. arbutifolia *β.* nigra. *W. II.* 1012. Mespilus arbutifolia *β.* melanocarpa. *Michaux I.* 292.

Schwarzfrüchtige B. — In Canada, Virginien und Carolina auf den höchsten Bergen. ♄ 2—3'. Bl. weiſs, 5. Fr. ein halbmal gröſser als die der vorhergehenden und schwarz, 9, 10.

3. P. *Botryapium:* die Blätter elliptisch-länglich, zugespitzt-feinspitzig, zuweilen schwach-herzförmig, scharf sägenartig, mit lang zugespitzten, einwärtsgekrümmten Sägezähnen, kahl, die jüngern unterhalb weichhaarig; die Blumen in gipfelständigen, doldentraubenartigen Trauben; die Zipfel des Kelches zottig-wimperig; die Kronenblätter lanzettförmig; die Fruchtknoten weichhaarig. *Ehrh. Suppl.* 255. *Ehrh. Beitr. II.* 68. *W II.* 1013. *Wangenh. Amer.* 30. *t.* 28. *fig.* 65. Mespilus canadensis. *L. I.* 685.

Trauben-B. — In Virginien und Canada ♄ von 15—20', hier aber nicht viel über 10'. Bl. weiſs, 5. Fr. bläulichschwarz von der Gröſse einer Johannisbeere, 8.

4. P. *ovalis:* die Blätter elliptisch und rundlich elliptisch, sehr kurz zugespitzt-feinspitzig, zuweilen schwach herzförmig, sägenartig mit kurz zugespitzten, ziemlich geraden Sägezähnen, kahl, die jüngern unterhalb kaum weichhaarig; die Blumen in gipfelständigen verlängerten Trauben; die Zipfel des Kelches meist weichhaarig; die Kronenblätter umgekehrt eyrund, die Fruchtknoten weichhaarig. *W. II.* 1014 Mespilus Amelanchier. *Walt. Carol.* 184. Crataegus spicata. *Lamarck Encycl. I.* 84.

Rundblättrige B. — In Nordamerika. ♄ 6—8'. Bl. weiſs, 5 Fr. wie bey der vorhergehenden Art.

5. P. *Amelanchier:* die Blätter rundlich-elliptisch, stachelspitzig, nicht selten zurückgedrückt, sägenartig mit kurz zugespitzten, ziemlich geraden Sägezähnen, oberhalb kahl, die jüngern unterhalb filzig-weichhaarig, die ältern kahlwerdend; die Blumen in gipfelständigen, doldentraubenartigen Trauben; die Zipfel des Kelches kahl; die Fruchtkno-

ten filzig-weichhaarig. *Ehrh.* *L. Suppl.* 256. *Ehrh. Beitr. II.* 68. *W. II.* 1014. *G. W. H.* 98. *t.* 74. Mespilus Amelanchier. *L. I.* 685. Sorbus Amelanchier. *Crantz Austr. II.* 53.

Felsen-B. — In Deutschland, Östreich, der Schweiz und Frankreich auf felsigen Gegenden. ♄ 2 — 3′. Bl. weiſs, 5. Fr. wie bey den beiden vorhergehenden Arten.

6. P. *communis:* die Blätter eyrund, sägenartig, kahl, die jüngern unterhalb zottig-weichhaarig; die Blumen in gipfelständigen, beblätterten Doldentrauben. *L. W. II.* 1016.

α. sylvestris: mit dornigen Ästen. P. Pyraster. *G. W. H.* 99. *t.* 75.

β. domestica: mit unbewaffneten Ästen.

Gemeine B. — In ganz Europa auf Anhöhen und in Wäldern ♄ von 40, ja 60 - 80′. Bl. weiſs, etwas röthlich, 5. Fr. 9. Von der Varietät *β. domestica* giebt es der Spielarten, die durch Cultur hervorgebracht sind, sehr viele.

7. P. *Pollveria:* die Blätter oval, länglich und lanzettförmig, ungleich-, meist doppelt-sägenartig, unterhalb filzig; die Blumen in gipfelständigen Doldentrauben. *Mant.* 244. *W. II* 1016. P irregularis. *Du Roi* 1. *II.* 216. *G. W. H.* 101. *t.* 76.

Hambutten-B. — Soll in Deutschland wild vorkommen. ♄ von 30′ und höher. Bl. weiſs, 5. Fr. habe ich nicht gesehen, nach *Willdenow* aber von der Gröſse einer Wallnuſs, mehr apfel- als birnförmig, nach *Knoop* hingegen birnförmig.

8. P. *sinaica:* die Blätter eyrund-länglich, fast ganzrandig, unterhalb weiſslich; die Blumen in Doldentrauben. *Thouin Mem. d. Mus. I* 435. *Lamarck Encycl. XII.* 452. P. montis Sinai und P. orientalis *der Gärtner.*

Sinaische B. — Auf dem Berge Sinai. ♄ baumartig, bey uns 6′. Bl. bey uns noch nicht.

9. P. *Malus:* die Blätter rundlich-eyrund, zugespitzt, sägenartig, kahl; die Blumen in gipfelständigen Dolden; die Nägel der Kronenblätter kürzer als der Kelch. *L. W. II* 1017. *G W. H.* 102. *t.* 78.

α. sylvestris: mit dornigen Ästen.

β. domestica: mit unbewaffneten Ästen.

Apfel-B. oder gemeiner Apfel. — In ganz Europa in Wäldern. ♄ von 20—30′. Bl. röthlichweifs, 5. Fr. 10. Unter β. *domestica* verstehe ich hier alle die durch Cultur hervorgebrachten Spielarten, deren es eine sehr grofse Menge giebt.

10. P. *dioica*: die Blätter oval, zugespitzt, doppelt-sägenartig, unterhalb schwach filzig; die Blumen zweyhäusig, blattachselständig an den Spitzen der jüngern Ästchen; die Kronenblätter linienförmig. *Mönch Weifsenst.* 87. *W. II.* 1018. P. apetala. *Münchhaus. Hausvater V.* 247. Malus non florens, fructificans tamen. *C. Bauh. pin.* 435.

Grünblühende B. — Das Vaterland ist unbekannt. ♄ von mäfsiger Höhe. Bl. mit gelblichgrünen Kronenblättern, 5. Fr. ein kleiner rothbäckiger Apfel, 8.

11. P. *spectabilis*: die Blätter oval-länglich, sägenartig, kahl, die jüngern unterhalb an der Mittelrippe und der Basis weichhaarig; die Blumen in gipfelständigen Dolden; die Nägel der Kronenblätter länger als der Kelch; die Griffel an der Basis wollig. *Ait. II.* 175. *W. II.* 1018.

Prächtige B. — In China. ♄, über dessen Höhe sich noch nichts sagen läfst, da wir noch keine ausgewachsene Stämme besitzen. Bl. 5. Fr. ein kleiner, efsbarer Apfel im Herbste. ♃.

12. P. *prunifolia*: die Blätter eyrund, zugespitzt, sägenartig, oberhalb kahl, unterhalb an den Adern schwach weichhaarig; die Blumen in gipfel- und seitenständigen, sitzenden Dolden; die Blumenstiele weichhaarig; die Nägel der Kronenblätter kürzer als der Kelch; die Griffel an der Basis wollig. *W. Phytogr. fasc. I.* 8. *Sp. II.* 1018. P. Malus β. *Ait. II.* 175. Crataegus cerasi folio, floribus magnis. *Mill. ic.* 180. *t.* 269.

Pflaumenblättrige B. — In Sibirien. ♄ von mittler Gröfse, sehr ästig. Bl. weifs, 5. Fr. ein rothbäckiger herber Apfel von der Gröfse einer Wallnufs, im Herbst.

13. P. *baccata*: die Blätter eyrund-lanzettförmig, zugespitzt, sägenartig, kahl; die Blumen in seitenständigen, sitzenden, drey- bis sechsblumigen Dolden; der Kelch länger als die Nägel der Kronenblätter, abfallend; der Apfel beerenförmig, ohne Kelch. *Mant.* 75. *L. Syst. ed. Reich. II.* 502. *W. II.* 1018.

Beerentragende B. — In Sibirien. ♄ 5—6'. Bl. weiſs, 5. Fr. ein gelber rothbackiger Apfel ohne Kelch, halb so groſs wie der der vorhergehenden Art, reift im Herbste.

14. P. *coronaria*: die Blätter herzförmig, fast lappig, eingeschnitten-grobsägenartig, kahl; die Blumen in gipfelständigen, vier- bis sechsblumigen Doldentrauben; der Kelch auſserhalb, so wie die Blumenstiele, kahl, innerhalb wollig; kaum länger als die Nägel der Kronenblätter; die Griffel kahl. *L. W. II.* 1019.

Wohlriechende B. — In Virginien. ♄ von ziemlicher Höhe Bl. hell-rosenroth, 5. Fr. klein, gelb und roth, von saurem, herbem Geschmack, im Herbste.

15. P. *nivalis*: die Blätter oval, stumpf, ganzrandig oder gegen die Spitze feinsägenartig, unterhalb filzig; die Blumen in gipfelständigen Doldentrauben; der Kelch, so wie die Blumenstiele, zottig. *Jacq. Fl. Austr II.* 4. *t.* 107. *L. Suppl.* 255. *W. II.* 1017. *G. W. H.* 101. *t.* 76.

Schnee-B. — In Östreich auf Gebirgen. ♄ von mäſsiger Höhe. Bl. wie die gemeine Birne, 5. Fr. kugelrund von der Gröſse des wilden Apfels, herbe von Geschmack, durch Liegen aber, so wie unsre Mispel, süſs und angenehm werdend, 9.

16. P. *angustifolia*: die Blätter länglich und umgekehrt-eyrund-länglich, leuchtend, sägenartig, an der Basis verschmälert; die Blumen in Doldentrauben. *Ait. II* 176. *W. II.* 1020. P. coronaria. *Wangenh. Amer.* 61. *t.* 21. *f.* 47.

Schmalblättrige B. — In Nordamerika. ♄ 18—20', hier erst 5—6'. Bl. roth, wohlriechend, 5. Fr. 8—9.

17. P. *salicifolia*: die Blätter linien-lanzettförmig, an beiden Enden verschmälert, spitzig, ganzrandig, oberhalb sehr schwach filzig, unten stark greisgrau-filzig; die Blumen einzeln, blattachselständig, fast sitzend. *Pall it. III.* 734. *t. V. f.* 3. *L. Suppl.* 255. *Ait. II.* 176. *W. II.* 1020.

Weidenblättrige B. — Am Caucasus und in Armenien. ♄, dessen junge Äste mit weiſsem Filze überzogen sind. Bl. weiſs, 5. Fr. birnenförmig 1'' lang, 8—9.

18. P. *alpina*: die Blätter oval- und umgekehrt-eyrund-länglich, meist zugespitzt, an der Basis ver-

schmälert, sägenartig, unterhalb filzig; die Blumen in gipfelständigen Doldentrauben; die Zipfel des Kelches und die Fruchtknoten, so wie die Blumenstiele, filzig. *W. Enum.* 527. Crataegus alpina der Gärtner.

Alpen-B. Das Vaterland ist unbekannt. ♄ 5—6', baumartig. Bl. weifs, 5. Fr. dunkelroth von der Gröſse einer groſsen Erbse. Nach dem Blühen treten neben der Doldentraube ein oder zwey junge Zweige hervor, so daſs sie fruchttragend meist in der Astachsel steht. Fr. 7—8.

19. P. *edulis*: die Blätter oval-länglich, ungleich-doppelt-sägenartig, rippig-aderig mit aufrecht-abwärtsstehenden Rippen, oberhalb kahl, unterhalb filzig; die Blumen in gipfelständigen, verlängerten Doldentrauben; die Zipfel des Kelches und die Fruchtknoten, so wie die Blumenstiele, filzig. *W. Enum.* 527. Crataegus edulis der Gärtner.

Schmackhafte B. — In Frankreich. ♄ von schönem Ansehen. Bl. weiſs, 5. Fr. von der Gröſse einer Kirsche, rund, roth und schmackhaft, 10.

20. P. *Aria*: die Blätter oval und rundlich-oval, ungleich doppelt-sägenartig, rippig-aderig mit abwärtsstehenden Rippen, oberhalb meist kahl, unterhalb filzig; die Blumen in gipfelständigen, fast niedergedrückten Doldentrauben; die Zipfel des Kelches und die Fruchtknoten, so wie die Blumenstiele, filzig. *Ehrh. Beitr. IV.* 20. *W. II.* 1021. Crataegus Aria. *L. Du Roi* 1. *I.* 190. *Reiter* u. *Abel Abbild. t.* 24. C. Aria α. indivisa. *Ait. II.* 176.

Mehl-B. — In den gebirgigen Gegenden Europens. ♄ 30—40', pyramidenförmig, jedoch nur in gutem Boden; in schlechtem bleibt er ♄. Bl. weiſs, 5. Fr. wie bey der vorhergehenden Art, 10.

21. P. *intermedia*: die Blätter länglich- und rundlich-oval (zuweilen fast herzförmig), fast fiederspaltig-lappig-eingeschnitten, ungleich- oder fast doppelt-sägenartig, rippig-aderig mit abwärtsstehenden Rippen, oberhalb meist kahl, unterhalb filzig; die Blumen in gipfelständigen, fast niedergedrückten Doldentrauben; die Zipfel des Kelches fast kahl; die Fruchtknoten, so wie die Blumenstiele, filzig. *Ehrh. Beitr. IV.* 20. *W. II.* 1021. P. Aria. *G. W. H.* 104. *t.* 79. Crataegus Aria β. suecica. *L. Ait. II.* 167. Sorbus Aria. *Crantz Austr.* 1. *t.* 2. *fig.* 2.

Oxel-B. — In Schweden und Dännemark. ♄ von 30—40′, pyramidenförmigem Wuchse. Bl. weiſs, 5. Fr. wie bey der vorhergehenden Art, 10.

22. P. *torminalis*: die Blätter rundlich-eyrund, schwach herzförmig, fast fiederspaltig-lappig, doppelt-sägenartig, kahl, die jüngern unterhalb weichhaarig, die beiden untern Lappen gröſser und ausgebreitet; die Blumen in gipfelständigen, verlängerten Doldentrauben; die Zipfel des Kelches fast kahl; die Fruchtknoten, so wie die Blumenstiele, filzig weichhaarig. *Ehrh. Beitr. VI* 92. *W. II.* 1022. *G. W. H* 105 *t.* 80. Crataegus torminalis. *L. Du Roi* 1. *I.* 187. Sorbus torminalis. *Crantz Austr* 85.

Elzbeer-B oder Elzbeere, Elrizen, Darmbeere. — In Deutschland, der Schweiz, Frankreich und England. ♄ von 50—60′. Bl. weiſs, 5. Fr. länglich-rundlich, braun, grau getüpfelt, vom Geschmacke der Mispel, ungefähr von der Gröſse einer Kirsche, 9.

23. P. *hybrida*: die Blätter sägenartig, unterhalb weichhaarig, theils einfach und ganz, theils fiederspaltig, meist aber unpaar-gefiedert mit länglichen, zugerundeten Blättchen, von denen das unpaare das gröſste ist; die Blumen in gipfelständigen Doldentrauben. *Mönch Weissenst.* 90. *t.* 6. *W. II.* 1022.

Bastard-B. — Soll von P. arbutifolia, befruchtet von Sorbus aucuparia, entsprungen seyn. ♄ 4—5′, selten höher, mit ausgebreiteten Ästen. Bl. weiſs, 6. Fr. reift selten.

97. Cydonia. *Quitte.*

1. C. *vulgaris*: die Blätter eyrund, länglich-eyrund und umgekehrt-eyrund, meist spitzig, ganzrandig, oberhalb etwas zottig, unterhalb zottig-filzig; die Afterblätter eyrund-länglich, sägenartig mit Sägezähnen, die an der Spitze und am Rande drüsig sind; die Blumen gipfelständig, einzeln. *W. Enum.* 528. Pyrus Cydonia. *L. W. II* 1020.

α. *maliformis*: mit eyrunden Blättern, von denen die unteren rundlich sind, und apfelformigen Früchten. C. maliformis. *Du Roi I.* 231. *W. Baumz.* 112. β. *G. W. H.* 106. *t.* 81.

β. *pyriformis*: mit länglich-eyrunden Blättern, von denen die untern länglich-rundlich sind, und birnenförmigen Früchten. C. oblonga. *Du Roi a. a. O. W. a a. O. α.*

γ. *lusitanica*: mit umgekehrt-eyrunden Blättern und birnenförmigen Früchten. — C. lusitanica. *Du Roi a. a O. W. a. a. O γ.*

Gemeine Q. — In einigen Gegenden Deutschlands, als in Schlesien, Bayern, Östreich, vorzüglich an den steinigen Ufern der Donau; die Varietät γ. im südlichen Europa. ♄ von 20, auch nur ♄ von 10′. Bl. röthlichweiſs, 5. Fr. gelb mit lockerem, abfallendem Filze, 10.

2. C. *sinensis*: die Blätter umgekehrt-eyrund, zugespitzt-stachelspitzig, stachelspitzig-sägenartig mit drüsentragenden Sägezähnen, oberhalb kahl, unterhalb zottig-weichhaarig, die Afterblätter eyrund-länglich-sägenartig, mit an der Spitze drüsigen Sägezähnen *Thouin Ann. d. Mus. XIX.* 145. *t.* 1. 2. Pyrus sinensis. *W. Baumz.* 326. Pyrus Cydonia sinensis. *Lamarck Encycl. XII.* 452.

Chinesische Q. — In China. ♄, hier 5—6′. Bl. bey uns noch nicht.

3. C. *speciosa*: die Blätter eyrund, oval und umgekehrt-eyrund, spitzig, stumpf und zugerundet, an der Basis mehr oder weniger keilförmig, scharf sägenartig, auf beiden Flächen kahl; die Afterblätter mondförmig eingeschnitten, sägenartig, drüsenlos; die Blumen seitenständig, meist gehäuft. *Rob. Sweet hort suburban. Lond.* 113. Pyrus japonica. *Curt. Bot. Magaz. n.* 692. *t.* 692. (*mit Ausschluſs des Synonyms von Thunberg.*)

Prächtige Q. — In Japan. ♄, bey uns ♄ 3—4′. Bl. dunkel-purpurroth, in England im Freyen stets. 1—12.

98. Spiraea. *Spierstaude.*

1. S. *laevigata*: die Blätter sitzend, lanzettförmig, stumpf, meist stachelspitzig, gegen die Basis keilförmig, ganzrandig, kahl; die Blumen in gipfelständigen, zusammengesetzten Trauben. *Mant.* 224. *W. II.* 1055. S. altaica *Pall. Ross. I.* 37. *t.* 23.

Glatte S. — In Sibirien in den Thälern der Altaischen Gebirge. ♄ von 3—4′. Bl. weiſs, 5. Fr. 8—9.

2. S *salicifolia*: die Blätter länglich-lanzettförmig, etwas spitzig, an der Basis keilförmig, überall

sägenartig, kahl; die Blumen in gipfelständigen, zusammengesetzten, gedrängten Trauben. *L. W. II.* 1055. (*mit Ausschlufs der Var.* γ. u. δ). *G. W. H.* 109. *t.* 82.

Weidenblättrige S. — In Sibirien und Nordamerika. ♄ 4—5'. Bl. hellroth, 6—10. Fr. im Herbste.

3. S. *alba*: die Blätter lanzettförmig, spitzig, gegen die Basis keilförmig, ganzrandig, gegen die Spitze sägenartig, kahl; die Blumen in gipfelständigen, zusammengesetzten Trauben. *Du Roi* 1. *II.* 438. *Ehrh. Beitr. VII.* 137. S. salicifolia γ. paniculata. *W. II.* 1056.

Weifse S. — In Nordamerika. ♄ 4—5'. Bl. weifs, 6—8. Fr im Herbst.

4. S. *carpinifolia*: die Blätter fast umgekehrt-eyrund-oval, spitzig, ungleich- oder fast doppelt-sägenartig, kahl; die Blumen in gipfelständigen, doppelt zusammengesetzten, ausgebreiteten Trauben. *W. Enum.* 540 *G. O. H.* 7. *t.* 7. S. salicifolia δ. latifolia. *W. II.* 1056.

Haynbuchenblättrige S. — In Nordamerika. ♄ 5—6'. Bl. röthlich vom Jul. oder Aug. bis in den Spätherbst. Fr. im Herbste.

5. S. *tomentosa*: die Blätter eyrund-länglich, spitzig, unterhalb filzig, an den Rippen und Adern, so wie an den Ästen, rostfarben-filzig; die Blumen in gipfelständigen (oft auch blattachselständigen) zusammengesetzten Trauben. *L. W. II.* 1056.

Filzige S. — In Nordamerika. ♄ 3—4'. Bl. roth, 7, 8. Fr. im Herbste.

6. S. *alpina*: die Blätter lanzettförmig und fast eyrund-lanzettförmig, spitzig, weitläufig und ungleich-sägenartig, dreyfachnervig, kahl; die Blumen an den seitenständigen, kurzen, jüngern Ästchen in gipfelständigen Doldentrauben. *Pall. Ross. I.* 35. *t.* 20. *W. II.* 1057. *G. O. H.* 8. *t.* 8.

Alpen-S — Im östlichen Sibirien auf Gebirgen. Bl. weifs, 4—5. Fr. 8—9.

7. S. *acutifolia*: die Blätter umgekehrt-eyrund-lanzettförmig, spitzig oder kurz stachelspitzig, gegen die Basis keilförmig, ganzrandig, meist dreyfachnervig, kahl, die Blumen in vielzähligen, seitenständigen, die einjährigen Ästchen durchaus bekleidenden, sechs- bis zwölfblumigen, an der Basis schuppigen Dolden. *W. Enum.* 540. *G. O. H.* 9. *t.* 9.

Spitzblättrige S. — Das Vaterland ist unbekannt. ♄ 3—4'. Bl. weiſs mit sehr kleinen Blumen, 4, früher als die andern Arten. Fr. 6—7.

8. S. *hypericifolia*: die Blätter umgekehrt-eyrund-länglich, stumpf, gegen die Basis keilförmig, ganzrandig, drey- und fünffachnervig, kahl; die Blumen in vielzähligen, seitenständigen, einseitswendigen, die einjährigen Ästchen durchaus bekleidenden, drey- bis sechsblumigen, an der Basis beblätterten Dolden. *L. W.II.* 540.

Johanniskrautblättrige S. — In Canada. ♄ 4—5'. Bl. weiſs, mit kleinen, doch etwas gröſseren Blumen, als die vorhergehende Art, 5. Fr. 8.

9. S. *obovata*: die Blätter umgekehrt-eyrund, dreyfachnervig, kahl, die der unfruchtbaren Ästchen an der zugerundeten oder fast abgestutzten Spitze gekerbt, die der blumentragenden stumpf und ganzrandig; die Blumen an den sehr vielzähligen, seitenständigen, sehr kurzen, jüngern Ästchen in gipfelständigen Doldentrauben. *Waldst. et Kitaib. W. Enum.* 541. *G. O. H.* 11. *t* 11.

Ungarische S. — In Ungarn. ♄ 4—5'. Bl. weiſs, 5. Fr. 8.

10. S. *crenata*: die Blätter umgekehrt-eyrund, spitzig, dreyfachnervig, fast dreynervig, kahl, die der unfruchtbaren Ästchen theils ganzrandig, theils gegen die Spitze stumpf-sägenartig, die der blumentragenden ganzrandig; die Blumen an den sehr vielzähligen, seitenständigen, dichtstehenden, kurzen, jüngern Ästchen in gipfelständigen Doldentrauben. *L. W. II.* 1058. *G. O. H.* 10. *t.* 10.

Gekerbte S. — In Sibirien und Ungarn. ♄ 4—5'. Bl. weiſs, 5. Fr. 8.

11. S. *oblongifolia*: die Blätter spitzig, wimperig, weichhaarig, die der unfruchtbaren Ästchen oval lanzettförmig, theils ganzrandig, theils an der Spitze sägenartig, die der blumentragenden lanzettförmig, alle ganzrandig; die Blumen an den sehr vielzähligen, seitenständigen, dichtstehenden, kurzen jüngern Ästchen in langgestielten Doldentrauben. *Waldst. et Kitaib. pl. rar. Hung. III.* 261. *t.* 235. *W. Enum.* 541.

Länglichblättrige S. — In Ungarn. ♄ 6—7'. Bl. weiſs, 5 Fr. 8.

12. S. *chamaedrifolia*: die Blätter umgekehrt-eyrund, ganzrandig, sehr schwach wimperig, kahl, an

der Spitze theils zugerundet, theils ungleich-sägenartig-eingeschnitten; die Blumen an den seitenständigen, jüngern Ästchen in langgestielten Doldentrauben. *L. W. II* 541. *G. W. H.* 109 *t* 83.

Sibirische S. — In Sibirien. ♄ 3—4'. Bl. weiſs, 5, 6. Fr. 8, 9.

13. S. *ulmifolia*: die Blätter eyrund, fast doppelt-sägenartig, kahl; die Blumen in gipfelständigen, langgestielten, fast traubenartigen Doldentrauben. *Scop. Fl. Corn. W. II* 1058. S. chamaedrifolia. *Jacq. hort. Schoenbr. t.* 140.

Rüsterblättrige S. — In Krain. ♄ 4—5'. Bl. weiſs, 5, 6. Fr. 8, 9.

14. S. *triloba*: die Blätter rundlich, an der Spitze fast lappig-eingeschnitten, ungleich-sägenartig, fast gekerbt, drey- und fünffachnervig, kahl; die Blumen in gipfelständigen, gestielten Dolden. *Mant.* 244. *Pall. Ross. I.* 33. *t.* 17. *W. II.* 1059. *G. O. H.* 12 *t.* 12.

Dreylappige S. — In Sibirien auf den Altaischen Gebirgen. ♄ 3', nicht viel darüber. Bl. weiſs, 5. Fr. 8.

15. S. *opulifolia*: die Blätter dreylappig, ungleich- oder fast doppelt-eingeschnitten-sägenartig, kahl; die Blumen in gipfelständigen, vielblumigen Doldentrauben. *L. W. II.* 1059.

Schneeballblättrige S. — In Virginien und Canada. ♄ 8—10'. Bl. 6, 7. Fr. im Herbste.

16. S. *sorbifolia*: die Blätter unpaar-gefiedert mit doppelt-sägenartigen Blättchen; die Blumen in gipfel- und blattachselständigen, doppeltzusammengesetzten Trauben. *L. W. II* 1060.

Ebereschenblättrige S. — In Sibirien. ♄ 4—5'. Bl. weiſs, 7, 8. Fr. im Herbste.

POLYGYNIA.

99. Rosa *). *Rose.*

* Feroces: *die Äste mit bleibendem Filze bekleidet, die Frucht kahl.*

1. R. *ferox*: die Waffen sehr dichtstehend, ungleich. *Lawrenc. Ros. t.* 42. *Lindley Ros.* 3. *Bieberst. Fl. Taur.*

---

*) Die Arten dieser Gattung stelle ich nach einem englischen Werke auf, welches den Titel führt:

Cauc. III. 339. R. horrida. *Cat. hort. gorenk.* 1812. *Besser Cat h. Crem.* 1816. R. kamchatica. *Redout. Ros. I.* 47. *t.* 12.

Starkbewaffnete R. — Am Caucasus. ♄ 4—5'. Bl. 6—8. Fr. kugelrund, scharlachroth, 10.

2. R. *camtschatica*: die Stacheln unter den Afterblättern zurückgekrümmt, groſs; die Blätter matt. *Vent. hort. Cels. t.* 67. *Lindl. Ros.* 6. *W. Baumz.* 386.

Kamtschadalische R. — In Kamtschatka ♄ 3—4'. Bl. dunkelroth, 5. Fr. kugelrund, scharlachroth, 8—9.

** Cinnamomeae: *stachelborstig oder unbewaffnet* (wenn man die afterblattartigen Stacheln nicht für Waffen nimmt H.), *nebenblättrig; die Blättchen lanzettförmig oder länglich, drüsenlos; der Rand des Befruchtungsbodens schmal.*

3. R. *nitida*: klein; die Waffen sehr dichtstehend, schlank; die Blättchen schmal-lanzettförmig, flach, glänzend. *W. Enum.* 544. *Lindl. Ros.* 13. *t.* 2. R. blanda. *Pursh I.* 344. *II. im Suppl.* 749. R. Redoutea rubescens. *Redout. Ros. I.* 103. *t.* 36.

Glänzende R. — In Neu-Fundland, Pensylvanien und Virginien. ♄ 1½—2'. Bl. pfirschigroth, 7. Fr. kugelrund, stachelborstig, scharlachroth, 10.

4. R. *lucida*: dicht; die Stacheln afterblattartig; die Blättchen länglich, ziegeldachartig, flach, leuchtend; die Frucht niedergedrückt-kugelrund. *Ehrh. Beitr. IV.* 22. *W. II.* 1068. *Lindl. Ros.* 17. R. carolina. *Walt. Flor. Carol.* 149.

Rosarum Monographia by John Lindley. London 1820. — Der Ausdruck Waffen (*Arma*) wird von Lindley da angewendet, wo Borsten und Stacheln gemengt vorkommen und so in einander übergehen, daſs man sie nicht unterscheiden kann. — Ferner nenne ich den Überzug bey den Rosen niemals steifhaarig (*hispidus*) oder borstig (*setosus*); sondern stachelborstig (*centematosus*), und so sage ich denn auch die Stachelborste (*Centema*). Den Theil der Blume, der bald Fruchtknoten, bald Kelch, bald Röhre des Kelchs genannt wird, benenne ich mit dem Namen, der wirklich sagt, was er ist, nämlich Befruchtungsboden (*Receptaculum*).

Leuchtende R. — In Nordamerika. ♄ 5—6'. Bl. roth, 6, 7. Fr. niedergedrückt-kugelrund, stachelborstig, hellroth, 10.

5. R. *parviflora:* klein; die Afterblätter linienförmig; die Stacheln afterblattartig, nadelförmig; die Blättchen lanzettförmig, fast kahl, scharf-sagenartig; der Befruchtungsboden schmierig. *Ehrh. Beitr. IV.* 21. *W. II* 1068. *Lindl. Ros.* 20. R. carolina. *Du Roi II.* 355 R. humilis. *Marsh. arb.* 285.

†. *plena:* mit gefüllter Blume.

Kleinblumige R. — In Amerika von Neu-York bis Carolina am Abhange der Hügel. ♄ von ungefähr 2'. Bl. blafs geröthet, 6, 7. Fr. setzt bey uns nicht an, da wir diese Art nur gefüllt besitzen.

6. R. *carolina:* die Afterblätter zusammengerollt; die Stacheln afterblattartig, etwas zurückgekrümmt; die Blättchen breit-lanzettförmig; die Blumen doldentraubentändig; die Kelchblättchen abwärtsstehend. *L. W. II* 2069. *Lindl. Ros* 13. R. corymbosa. *Ehrh. Beitr. IV.* 21. R. virginiana. *Du Roi I. II.* 335. *Rofs. Ros. t.* 13. R. pensylvanica. *Michaux I.* 296.

Carolinische R. — In Nordamerika von Neu-England bis Virginien an Ufern und in Sümpfen. ♄ 5—6. Bl. roth, 7, 8 Fr. niedergedrückt-kugelrund, stachelborstig, blutroth, 10, 11.

7. R. *gemella:* die Afterblätter drüsig-wimperig; die Stacheln afterblattartig; die Blättchen länglich; die Blumen meist gepaart. *W. Enum.* 544. *Lindl. Ros.* 134.

Zwillings-R. — In Nordamerika auf Sonnenhügeln von Neu-England bis Carolina. ♄ 3—4' mit rothbraunen, glänzenden Ästen und weifsen Stacheln. Bl. roth, 5. Fr. niedergedrückt-kugelrund, kahl, roth, 9 (Von *Lindley* ist diese Art unter den ihm noch zweifelhaften aufgeführt; da sie aber als wirkliche Art sich auszeichnet, so habe ich sie hier unter die Abtheilung, bey welcher die Stacheln nur als afterblattartig ihrer Stellung nach erscheinen, gebracht, und sie, so wie *Willdenow*, in seiner Baumzucht, gleich nach der *R. carolina* folgen lassen.)

8. R. *blanda:* erhaben; die Waffen abfallend; die Blättchen länglich, flach; der Blattstiel haarig;

die Blumen einzeln. *Ait. II.* 202. *W. II.* 1065. *Lindl. Ros.* 25.

Hudsonsbay-R. — In Neu-Fundland und der Hudsonsbay. ♄ 5—6′, nur an den jüngern Ästchen bewaffnet, die dann aber auch bald unbewaffnet erscheinen. Bl. grofs, hellroth, 5, 6. Fr. roth, 9, 10.

9. R. *fraxinifolia*: erhaben, unbewaffnet; die Äste straff, etwas schimmelgrün; die Blättchen wellenförmig, matt, kahl; die Blumen in wenigblumigen Afterdolden. *Borkh. Holzart.* 301. *Gmel. Fl. Badens. II.* 413. *Lindl. Ros.* 26. R. virginiana. *Mill. Dict. n.* 10. R. alpina β. *Ait.* 2. *III.* 265.

Eschenblättrige R. — In Neu-Fundland. ♄ 5—6′. Bl. klein, roth, 6—7. Fr. klein, rundlich oder eyförmig, matt bleichroth, kahl. 9, 10.

10. R. *cinnamomea*: erhaben, etwas schimmelgrün; die Äste straff; die Stacheln afterblattartig, fast gerade; die Afterblätter erweitert, wellenförmig; die Blättchen länglich, runzlich, unterhalb filzig. *Lindl. Ros.* 28.

α. *obtusifolia*: mit oval-länglichen, stumpfen Blättchen. *Lindl. a. a. O.* R. cinnamomea *L. W. II.* 1065. R. foecundissima. *Du Roi* 1. *II.* 343. *Roth Fl. Germ. I.* 218. *Fl. Dan.* 1214. *G. W. H.* 113. *t.* 85.

β. *acutifolia*: mit eyrund-länglichen, spitzigen Blättchen. — R. cinnamomea β. fluvialis. *Lindl. a. a. O.* R. fluvialis. *Fl. Dan. t.* 868.

Zimmt-R. — In Dännemark, Deutschland, der Schweiz, Frankreich, Portugal, Böhmen und am Caucasus; β. in Dännemark und der Schweiz. ♄ 4—6′ mit zimmtbraunen Ästchen. Bl. 5. Fr. eyförmig-rundlich, kahl, scharlachroth, 9—10.

*** Pimpinellaefoliae: *stachelborstig mit dichtstehenden, fast gleichförmigen Waffen, oder unbewaffnet, nebenblattlos (sehr selten nebenblättrig); die Blättchen eyrund oder länglich; die Kelchblättchen gegeneinandergeneigt, bleibend; der Rand des Befruchtungsbodens kaum bemerkbar.*

11. R. *alpina*: unbewaffnet, die Frucht verlängert, hangend; der Blumenstiel stachelborstig. *Lindl. Ros.* 37.

α. *vulgaris*: mit kahlem Befruchtungsboden. R. alpina. *L. W. II.* 1075. *G. W. H.* 122. *t.* 92. R. lagenaria. *Vill. Delph. III* 553. R. hybrida. *Vill. Delph. III.* 554 R. rupestris. *Crantz Austr.* 85.

β. pyrenaica: mit stachelborstigen Blumenstielen, Befruchtungsboden und Kelchen *Lindl. a a O.* R. pyrenaica. *Guan illust.* 31. *t.* 19. *W. II.* 1076. *G. W.* 123. *t* 93.

γ. pendulina: mit mehreren Blättchen, die, so wie der Stengel, gefarbt sind. *Lindl. a. a. O.* R. pendulina. *Linn. Herb. W II.* 1076.

δ. pimpinellaefolia: in allen Theilen kleiner *Lindl. a a. O.* R. pimpinellifolia *Vill Delph. III.* 553. R. pygmaea. *Bieberst. Taur. Cauc I* 397?

Alpen-R. — Auf Gebirgen im südlichen Frankreich, der Schweiz, Östreich, Böhmen und auf den Carpathen. ♄ 4—6': die Varietät δ, die hier nicht vorkommt, jedoch kleiner. Bl. roth, 5—7. Fr. roth, 9—11.

12. R. *rubella*: die Waffen dichtstehend, gleich; die Frucht verlängert, hangend. *Engl. Bot. t.* 2521. *Lindl. Ros* 40 R. pendula *Roth. Fl. Germ. II* 1. 551. R. alpina. *Pall. Ross* 61. R. polyphylla. *W. Enum. Suppl.* 37

Röthliche R — In Deutschland, England und Sibirien. ♄ 3—4. Bl. bleich oder tief roth, 7—8'. Fr lang, eyförmig, mit den kurzen, gegeneinandergebogenen Kelchblättchen gekrönt, scharlachroth, 10—11.

13. R. *sulphurea*: die Afterblätter linienförmig, an der Spitze ausgebreitet; die Blättchen schimmelgrün; der Befruchtungsboden halbkugelrund. *Ait. II.* 201. *W. II* 1065 *Lindl. Ros.* 46. R. glaucophylla. *Ehrh Beitr II.* 69.

†. *plena*: mit gefüllter Blume. — R. lutea multiplex. *Du Roi* 1. *II* 346. R. eglanteria *β. L. Syst. ed. Reich II.* 525

Schwefelgelbe R. — In der Levante. ♄ 5', nicht viel darüber. Bl blafsgelb, 6, 7. Fr. nicht reifend.

14. R. *lutescens*: die Waffen der Äste sehr dichtstehend, ungleich, schlank, zurückgeschlagen, die der Ästchen sehr klein, fast gleich; die Blättchen einfach-sägenartig, flach, kahl. *Pursh II im Suppl.* 735. *Lindl. Ros.* 47. R. hispida. *Curt. Mag. t.* 1570. (schlecht.)

Gelb-

Gelbliche R. — In Sibirien scheint sie einheimisch zu seyn; nicht aber in Nordamerika, wenn gleich sie von *Pursh* der Flor dieses Landes einverleibt worden ist ♄, der, ausgewachsen, groſs, stark und dunkel erscheint. Bl. sehr hell blaſsgelb, 5—6 Fr. rundlich, kahl, schwarz, 9—10.

15. R. *ochroleuca*: erhaben; die Waffen sehr dichtstehend, ungleich, gerade, ausgebreitet, fast ausgespreitet; die Blättchen länglich, oval und elliptisch, meist doppelt-sägenartig, flach, matt, kahl. *Swartz. Wikström Nagra Arter of Vaxtslägtet Rosa. n.* 1. *t.* 3. *f.* 1

Gelblichweiſse R. — In Sibirien. ♄ 5—10'. Bl. groſs, gelblichweiſs, 6, 7 Fr niedergedrückt-kugelrund, kirschroth, 10. (Nach *Wikström's* Beschreibung und Abbildung sollen die Blumenstiele und der Befruchtungsboden kahl seyn, bey unsrer Rose aber sind sie stachelborstig Ferner sollen die Blumen nur einzeln vorkommen, unsre Rose hingegen läſst sie auch gepaart an sich wahrnehmen Doch diese Abweichungen sehen wir auch bey unsrer R. *rubiginosa*, ohne daſs es uns einfällt, sie für specifisch verschieden halten zu wollen. Auch zeigt die Abbildung von *Wikström* keine Nebenblätter, die der Beschreibung nach doch vorkommen sollen, die auch bey unsrer Rose zum öftern sich finden, und was sie mit der R. *alpina* und *acicularis* wider die Kennzeichen der Abtheilung gemein hat.

16. R. *spinosissima*: die Waffen ungleich, die Blättchen rundlich und oval-rundlich, einfach-sägenartig, flach, kahl; die Frucht kugelrund. *Lindl. Ros.* 50.

α. *vulgaris*: mit ausgebreiteten Waffen, eyförmiger Frucht und stachelborstigen Blumenstielen — R. spinosissima, α. pumila *. *Lindl. a. a. O.* R. spinosissima. *L. Fl. Suec.* 442. *Sp I.* 491. *Roth Fl. Germ. I.* 217. *II.* 1. 555. *W. II.* 1067. *G. W. H.* 115. *t.* 87.

β *pimpinellaefolia*: mit ausgebreiteten Waffen, eyförmiger Frucht und kahlen Blumenstielen. — R. spinosissima. α pumila **. *Lindl. a a. O.* R. pimpinellifolia. *L W II* 1067. *G W H.* 114. *t.* 86. R. spinosissima. *Allion Fl. Pedem. II* 138. *Fl. Dan. t.* 398. R. scotica. *Mill Dict. n.* 5. R. collina. *Schrank Baiersche Fl. n.* 774.

γ. *Pallasii*: erhaben, mit fast gleichen, dichtstehenden Waffen. — R. spinosissima ζ. *Lindl. a a. O.* R. pimpinellifolia. *Pall. Ross.* 62. *t.* 75. R. altaica. *W. Enum.* 543.

Vielstachlige R. — Auf Bergen und am Meerstrande in ganz Europa α. und β.; in Sibirien auf den Altaischen Gebirgen γ. Die Varietät α. ♄ 1—1½'; β. ♄ 1—2½'; γ. ♄ 5—6'. Bl. in α weiſs, 6—7; in β rosenroth 5—6; in γ. weiſs, 6. Fr. bey allen kugelrund, schwarz, 9—10.

17. R. *suavis*: die Waffen der Ästchen ungleich, dichtstehend; die Blättchen oval, zugerundet, einfach-sägenartig, kahl, die der obern Blätter zuweilen spitzig; die Frucht verlängert eyrund. *W. Enum. Suppl.* 37. *Baumz.* 400. *G O. H. t* 40.

Zierliche R. — Das Vaterland ist unbekannt. ♄ 3—3½'. Bl. 7. Fr. scharlachroth, 10. Von *Mühlenberg's* R. stricta, mit welcher sie *Lindley* verbinden will, unterscheidet sie sich durch die Ästchen, welche wirklich bewaffnet sind; nur die jüngern sind bloſs stachelborstig. Dann sind auch die Blattsticle drüsig-stachelborstig; nicht aber stachlig. Von der R. *spinosissima* zeichnet sie sich durch die Frucht aus, sonst kommt sie dieser sehr nahe.

18. R. *myriacantha*: die Waffen ungleich, die gröſsern dolchförmig; die Blättchen fast kreisrund, drüsig, kahl. *De Cand. Fl. Franc. IV.* 439. *Lindl. Ros.* 55.

Dolchstachlige R. — Im südlichen Frankreich. ♄ 1—2'. Bl. weiſs, etwas geröthet, hier aber noch nicht.

19. R. *reversa*: die Waffen fast gleich, zurückgeschlagen; die Blättchen doppelt sägenartig, weichhaarig; die Frucht stachelborstig. *Waldst.* et *Kitaib. W. Enum.* 545 *Lindl. Ros.* 57. *G. O H t.* 38.

Rückwärtsstachlige R. — In Ungarn. Wild ♄ 2—3', cultivirt ♄ 5—6'. Bl. rosenroth, 6, 7. Fr. länglich, stachelborstig, roth, 10.

20. R. *marginata*: klein; die Äste gedrehet, die jüngern bereift; die Blättchen eyrund-länglich, zugespitzt, dreyfach-sägenartig, kahl; die Kelchblättchen drüsig-stachelborstig. *Wallr. ann. bot.* 68. *Lindl. Ros.* 58.

Steifblättrige R. — Auf Rainen bey Bennstädt in der Gegend von Halle, wahrscheinlich auch in mehreren Gegenden Deutschlands. ♄ 1—2', der durch gedreheten, rothen, oben mit vielen geraden Stacheln besetzten Stengel, bereifte jüngere Ästchen und dreyfach-sägenartige Blättchen sich auszeichnet Bl. roth, 6—7. Fr. eyförmig-kugelrund, purpurroth, 9—10.

***** Centifoliae: *stachelborstig mit ungleichförmigen Waffen, nebenblättrig; die Blättchen länglich oder eyrund, runzlig; der Rand des Befruchtungsbodens verdickt, den Schlund schliefsend; die Kelchblättchen zusammengesetzt.*

21. R. *damascena:* die Waffen ungleich, die gröfsern zurückgekrümmt; die Kelchblättchen zurückgeschlagen; die Frucht verlängert. *Du Roi* 1. *II.* 369. *W. II.* 1072. *Lindl. Ros* 62.

†. *plena:* mit gefüllter Blume.

Damascener R. — Im südlichen Frankreich. ♄ 5—6'. Bl. roth, 6, 7. Fr. bey uns nicht entstehend, da wir nur mit gefüllter Blume sie besitzen.

22. R. *centifolia:* die Waffen ungleich, die gröfsern zurückgekrümmt, die Blättchen drüsig-wimperig; die Blumen übergebogen; der Befruchtungsboden und der Kelch schmierig, mehr oder weniger drüsig-stachelborstig; die Frucht länglich. *Lindl* 64.

α. *provincialis:* der Blumenstiel, Befruchtungsboden und Kelch mit einfachen, drüsentragenden Stachelborsten. *Mill. Dict. n.* 18. *Du Roi* 1. *II* 349. *W II.* 1070. *Ait.* 2. *III.* 160. R. centifolia. *Bieberst Fl. Taur. Cauc.* 397.

β. *muscosa:* der Blumenstiel, Befruchtungsboden u. Kelch durch ästige, drüsentragende Stachelborsten moosicht. *Lindl. a. a. O* R. muscosa. *Mill. Dict. n.* 22. *Du Roi* 1. *II.* 368 *W. II* 1074. *G. O. H t.* 49.

γ. *pomponia:* in allen Theilen kleiner. *Lindl. a. a. O.* R. centifolia minor *Röfs. Ros t* 20. *n.* 37 R. pomponia. *De Cand. Fl. Franc. IV.* 443. R. burgundiaca. *Pers. Syn. II* 48. R. divionensis. *Röfs. Ros. t.* 24.

δ. *bipinnata:* mit doppelt-gefiederten Blättern. *Lindl. a. a. O. Pers. Syn. II.* 48. *Redout. Ros II.* 11. *t.* 4.

Garten-R. — In steinigen Gegenden des östlichen Tauriens. — ♄ 3—4', von dem es eine sehr grofse Menge Spielarten mit gefüllter Blume giebt. Bl. 6, 7. Fr. länglich, stachelborstig, blutroth, 10.

23. R. *gallica:* die Waffen fast gleich, gleichgestaltet, schwach; die Blättchen elliptisch und rundlich-elliptisch, steif; die Blumen aufrecht; die Kelchblättchen eyrund; die Frucht fast kugelrund. *Lindl.* 68.

α. *elatior:* mit drey bis vier Fuſs hohem Stengel. *Lindl. a. a. O.* R gallica. *L. W. II.* 1071. *Mill. Dict. n.* 20. *Du Roi II.* 363. *G. W. H.* 118. R. centifolia. *Mill. Dict. n.* 14. *W. II.* 1071. *Pers. Syn. II.* 48.

β. *pumila:* mit ein bis anderthalb Fuſs hohem Stengel. *Lindl. a. a. O.* R. pumila. *L. Suppl* 262. *Jacq. Fl. Austr. II.* 59. *t* 198 *Bieberst. Fl Taur Cauc. I.* 397. R. austriaca. *Crantz Austr.* 86. *Poll Pal II* 50.

γ. *pulchella:* mit kleinern gefüllten Blumen. R. pulchella. *W. Enum* 545. *Lindl Ros* 140.

†. *plena:* mit gefüllter Blume. *G W. H t* 89.

Zucker-R oder Essig-R. — Im südlichen Europa kommt α. vor; β. in der Schweiz, Östreich, Taurien und am iberischen Caucasus; γ. in Frankreich. ♄: α. 3—4′; β. $\frac{1}{4}$—$1\frac{1}{2}$′; γ. 1—$1\frac{1}{2}$′. Bl.: α. roth, mehr oder weniger dunkel, weiſs-gestreift, einfach und gefüllt, je nachdem die Spielarten sind, die man davon in den Gärten hat, 5—6; β. roth, nur einfarbig, 6; γ., unter dem Namen Champagner-Rose bekannt, kommt rosenroth und nur gefüllt vor. (Die Varietät γ. habe ich hier her gezogen, weil *Lindley*, der sie unter den ihm nicht genug bekannten Rosen aufführt, es vermuthet, daſs sie zur R. *gallica* gehöre, und weil sie sich auch, nach *Lindley's* Art zu unterscheiden, nicht wohl von dieser unterscheiden läſst.)

24. R. *parvifolia:* klein; die Waffen fast gleich, die Blättchen steif, eyrund, spitzig, scharf-sägenartig; die Kelchblättchen eyrund. *Ehrh. Beitr. VI* 97. *W. II.* 1078. *Lindl. Ros* 70. R. burgundiaca. *Röſs. Ros. t.* 4.

†. *plena:* mit gefüllter Blume.

Burgunder-R. — Auf Bergen in der Nachbarschaft von Dijon. ♄ 1—$1\frac{1}{2}$, der durch die kleinen Blätter und kleinen dunkelrothen Blumen sich auszeichnet Bl. 6. Fr. erscheint nicht, da wir diese Rose nur mit gefüllter Blume haben.

****** Villosae: *die Äste lang und straff; die Stacheln ziemlich gerade; die Blättchen eyrund oder länglich mit abwärtsstehenden Sägezähnen; die Kelchblättchen gegeneinandergeneigt,* *bleibend; der Rand des Befruchtungsbodens verdickt, den Schlund schliessend.*

25. R. *turbinata*: der Befruchtungsboden kreiselförmig. *Ait. II.* 206. *W. II.* 1073. *Lindl. Ros.* 73. R. campanulata. *Ehrh. Beitr. VI.* 97. R. francofurtana. *Münchh. Hausvat V.* 24.

†. *plena*: mit voller Blume.

Kreiselförmige R. oder Frankfurter R. — Im südlichen Europa (nach *W.*) ♄ 4—5'. Bl. roth, 6. Fr. entsteht nicht, da hier diese Rose nur mit gefüllter Blume vorkömmt.

26. R. *villosa*: die Blättchen elliptisch, stumpf; die Frucht sehr groß mit steifen dichtstehenden Waffen; die Kelchzipfel schmierig, stachelborstig. *L. W. II.* 1069. *Rau Enum. Ros. Wirceb.* 150. *Bieberst. Fl. Taur. Cauc. II.* 395. R. pomifera. *Herm. diss.* 16. *Gmel. Fl. Bad. II.* 410. R. gracilis. *Woods in Transact. of Linnean Soc. XII.* 186.

Weichhaarige R. oder große Hagebuttenrose. — Im nördlichen England, in Frankreich, bey Würzburg und in Taurien. ♄, und zwar der größte in der Gattung, so, daß er zuweilen einen kleinen ♄ bildet, dessen Stamm von der Dicke eines Armes ist. Bl. tief roth, 6. Fr. fast kugelrund, bewaffnet, purpurroth oder dunkelroth.

27. R. *tomentosa*: die Blättchen eyrund, etwas spitzig; die Frucht stachelborstig und auch kahl. *Lindl. Ros.* 77.

α. *vera*: mit bogenförmigen Ästen und zusammengesetzten Kelchblättchen. *Lindl. a. a. O.* R. tomentosa. *Smith Fl. Brit. II.* 539. R. villosa. *Du Roi II.* 341. *Moench Meth.* 688. *G. W. H.* 116. *t.* 88. R. mollissima. *Borkh. Holzart.* 307.

β. *mollis*: mit sehr straffen Ästen und meist einfachen Kelchblättchen. *Lindl. a. a. O.* R. mollis. *Engl. Bot. t.* 2459. R. villosa. *Vill. Delph. III.* 551.

Filzige R. — In ganz Europa. ♄ 7—8'. Bl. rosenroth, 6. Fr. umgekehrt-eyrund-kugelrund, stachelborstig oder kahl, purpurroth, 10.

28. R. *alba*: die Blättchen länglich, einfach-sägenartig, schimmelgrün, oberhalb meist kahl; die Kelchblättchen zurückgeschlagen; die Frucht unbewaffnet. *L. W. II.* 1080. *Lindl. Ros.* 81. *G. W. H.* 127. *t.* 96.

Weiſse R. — In Östreich, Krain und dem übrigen südlichen Europa. ♄ 3—4'. Bl. weiſs, 6, 7. Fr. länglich, unbewaffnet, scharlachroth.

******* Rubiginosae: *die Stacheln bald ungleich, bald borstenförmig, selten fehlend; die Blätter eyrund oder länglich, drüsig, mit abwärtsstehenden Sägezähnen; die Kelchblättchen bleibend; der Rand des Befruchtungsbodens verdickt; die Äste bogenförmig.*

29. R. *lutea:* die Stacheln gerade; die Blättchen flach, vertieft; der Befruchtungsboden unbewaffnet; die Kelchzipfel ganz. *Ait. II.* 200. *W. II.* 1064. *G. W. H.* 111 R. chlorophylla. *Ehrh. Beytr. II.* 69. R. eglanteria. *L.* 703.

α. *unicolor:* mit Kronenblättern, die auf beiden Flächen gelb sind. *Ehrh. a. a. O. G. W. H. t.* 84.

β. *bicolor:* mit Kronenblättern, die auſserhalb gelb und innerhalb roth sind. *Ehrh. a. a. O.* R. bicolor. *Jacq. hort. Wind. I.* 1. *t.* 1.

Gelbe R. — In verschiedenen Gegenden Deutschlands und Italiens. ♄ 8—10' Bl. 6. Fr. niedergedrückt-eyförmig-kugelrund, unbewaffnet, scharlachroth, 10.

30. R. *rubiginosa:* die Stacheln zurückgekrümmt; die Blättchen runzlig, matt; der Blumenstiel und der Befruchtungsboden meist stachelborstig: *L. W. II.* 1073. *Lindl.* 86. *G. W. H.* 121.

α. *vulgaris:* mit einblumigen Ästchen und stachelborstigem Befruchtungsboden. *W. a. a. O. G. W. H. t.* 91.

β. *triflora:* mit meist dreyblumigen Ästchen. *W. a. a. O.*

γ. *parvifolia:* mit einblumigen Ästchen, halb so groſsen Blattchen und kahlem Befruchtungsboden. *W. a. a. O.*

†. *plena:* mit gefüllter Blume.

Wein-R. — In ganz Europa. ♄ 4—5'. Bl. dunkel-rosenroth, 6, 7. Fr. länglich, stachelborstig oder kahl, bey völliger Reife kirschroth, 10.

31. R. *pulverulenta:* die Ästchen drüsig; die Blätter auf beiden Flächen bereift, die obern fast quirlständig. *Bieberst. Fl. Taur. Cauc. I.* 399. *Lindl.* 93.

Bestaubte R. — Auf Hügeln in der Gegend des Sauerbrunnens Narzana am Caucasus. ♄, der nur klein ist, und zuweilen nur ¼' hoch vorkommt. Blühen hat man ihn noch nicht gesehen. Fr. eyförmig, schwarz-blutroth.

******* Caninae: *die Stacheln gleich, zurückgekrümmt; die Blätter eyrund, drüsenlos mit eingebogenen Sägezähnen, die Kelchblättchen abfallend; der Rand des Befruchtungsbodens verdickt, den Schlund schliefsend; die gröfsern Äste bogenförmig.*

32. R. *caucasica*: die Blättchen weich, eyrund; Fruchtknoten 50—60. *Pall. Ross.* 62. *Bieberst. Fl. Taur. Cauc. I.* 400. *Lindl.* 97.

Caucasische R. — In Iberien. ♄, der an Gröfse und Wuchs, so wie auch übrigens noch der folgenden Art sehr nahe kommt. Bl. hell rosenroth, 6. Fr. meist kugelrund, unbewaffnet, kahl, blutroth, 10.

33. R. *canina*: die Blättchen steif, (eyrund, oval, kahl, unterhalb etwas schimmelgrün; Fruchtknoten 20—30. *L. W. II.* 1077. *Lindl.* 98.

α. *vulgaris*: die Blattstiele stachlig, kahl; die Afterblätter am Rande meist drüsig; die Blättchen meist einfach-sägenartig. *Rau Enum. Ros. Wirceb.* 71. R. canina. *Borkh. Forstb. II.* 1324. *Bechst. Forstbot.* 935.

β. *ramosissima*: die Blattstiele an der Basis fast unbewaffnet; die Afterblätter oben drüsig-wimperig; die Blättchen einfach-scharf-sägenartig mit zugespitzten Sägezähnen; die Ästchen sehr dicht. *Rau a. a. O.* R. aciphylla. *Rau a. a. O.* 69. *Mit Abbild.*

γ. *glandulosa*: die Blattstiele stachlig, drüsig-stachelborstig, vorzüglich an der Basis; die Afterblätter drüsig-wimperig, die Blättchen doppelt-sägenartig. *Rau a. a. O.* R. canina. *Du Roi.* 1. *II.* 359. *W. Baumz.* 402. *G. W. H.* 124. *t.* 94. R. dumalis. *Bechst. Fortsbot.* 241.

δ. *squarrosa*: die Blattstiele und der Hauptnerve der Blättchen drüsig; die Stacheln etwas zurückgekrümmt, stark, sehr dichtstehend; die Blättchen doppelt sägenartig. *Rau a. a. O.* R. canina. *Bieberst. Fl. Taur. Cauc. I.* 400.

Hunds-R. — In ganz Europa. ♄ 4—7'. Bl. ro

senroth oder weifs, 6, 7. Fr. eyförmig, unbewaffnet, kahl, blutroth, 9, 10

34. R. *dumetorum*: die Blättchen etwas steif, eyrund-oval, auf beiden Flächen weichhaarig, gleichfärbig; Fruchtknoten 20—30.

α. *vulgaris*: die Blättchen doppelt-sägenartig mit drüsigen Sägezähnen, oberhalb weichhaarig, unterhalb etwas zottig. R. dumetorum. *Rau Enum. Ros* 85. *Tuill. Par.* 250. *De Cand. Suppl.* 534.

β. *sepium*: die Blättchen einfach-sägenartig, mit wimperigen Sägezähnen, auf beiden Flächen etwas zottig. R sepium. *Rau a. a O*, *Borkh. Forstb.* 1527.

Hecken-R — In Deutschland, Frankreich und mehreren Ländern Europens ♄: *α*. 3—6; *β*. 5—7. Bl rosenroth, mehr oder weniger dunkel, auch weifs, 6, 7. Fr. wie bey der R. *canina*, 9, 10.

35. R. *rubrifolia*: die Äste hechtblau bereift; die Stacheln klein, entfernt stehend; die Blättchen oval-länglich, matt, unterhalb schimmelgrün, mehr oder weniger roth-geadert; Fruchtknoten 20—30. *Vill. Delph III.* 549: *W. II.* 1075. *Lindl. Ros.* 104. *G. W H* 119. *t.* 90.

Rothblättrige R. — Im südlichen Frankreich, in der Schweiz und in Salzburg auf Gebirgen. ♄ 3—4'. Bl. dunkel rosenroth, 6, 7. Fr. rundlich-länglich, unbewaffnet, kahl, blutroth, 9, 10.

********* Systylae: *die Griffel in einer Säule zusammenhangend; die Afterblätter angewachsen.*

36. R. *systyla*: die Äste sich erhebend; die Stacheln stark zurückgekrümmt; die Blättchen eyrund und eyrund-lanzettförmig; *Batard. Main et Loir. Suppl* 31. *Lindl. Ros.* 111. R. stylosa. *De Cand. hort. Monsp.* 138. R. brevistyla. *De Cand. Fl. Franc. Suppl* 537? R. dibracteata. *De Cand. a. a. O.* R. collina. *Engl. Bot. t.* 1895.

Säulengriffige R. — In Frankreich, England und dem südlichen Irrland. ♄, der unsrer R. *canina* ähnlich ist, sich aber durch die in eine Säule verwachsenen Griffel unterscheidet. Bl. 6—7. Fr. 9—10.

37. R. *arvensis*: die Äste rankenförmig; die Stacheln ungleich, zurückgekrümmt; die Blättchen unterhalb schimmelgrün; die Blumen meist einzeln. *L. Mant* 245. *W. II.* 1066. *Lindl. Ros.* 112. *G. W. H*

126. *t*. 95. R. repens. *W. Enum* 547. *Rau Enum. Ros*. 40. R. tuguriorum. *W. Enum*. 544? *Lindl. Ros*. 139.

Feld-R. — In Deutschland, in der Schweiz, in Schweden und England ♄, dessen Äste im Freyen auf dem Boden liegen, zwischen andern Sträuchern und Bäumen aber 15 — 20′ in die Höhe steigen Bl weiſs, 7. Fr. länglich, kahl, unbewaffnet, 10. (Nach *Lindley's* Vermuthung habe ich die R. *tuguriorum W.* hier nur ungewiſs angeführt; sehr wahrscheinlich gehört sie aber wirklich hierher, und ist wohl nur durch Cultur hervorgebracht, wofür auch der Umstand spricht, daſs man sie nur mit gefüllter Blume kennt.)

38. R. *sempervirens*; die Äste kletternd, die Stacheln fast gleich, zurückgekrümmt; die Blätter immergrün; die Blumen fast doldenständig. *L. W. II.* 1072. *Lindl.* 117. R. scandens. *Mill. Dict. n.* 8.

Immergrüne R. — In Portugal, dem südlichen Frankreich, Italien, Deutschland und Griechenland. ♄, der, wie der vorhergehende, mit langen, schlanken Ästen klettert, und immergrün sich zeigt. Bl. weiſs und wohlriechend, 6—8. Fr. klein, rundlich, pomeranzengelb, reift nicht bey uns. ⌂.

39. R. *moschata*; die Ästchen fast kahl; die Blättchen oval, zugespitzt, unterhalb schimmelgrün, mit eingebogenen Sägezähnen; die Afterblätter ganz; die Blumen in vielblumigen Doldentrauben; die Kelchblättchen zusammengesetzt, zugespitzt. *Du Roi* 1. *II.* 365. *W. II.* 1074. R. Obsostemma. *Ehrh. Beitr. II.* 72.

† *plena*: mit gefüllter Blume.

Bisam-R. — In den wärmern Theilen von Spanien und auf der Insel Madera. ♄ 10—12′. Bl. mit kleinen, weiſsen Blumen, und zwar bey uns nur gefüllt, 7—9. Fr. klein, roth, 10—11. ⌂.

100. Rubus. *Himbeere.*

1. R. *Idaeus*: der Stengel mit geraden, borsticht-pfriemförmigen Stacheln oder unbewaffnet; die Blätter fünfzählig-gefiedert und dreyzählig; die Blättchen kurz zugespitzt, unterhalb filzig; der Blattstiel breit-gerinnt. *L. W. II.* 1081. *G. W. H.* 128.

α. *erythrocarpus*: mit rothen Früchten. *G. W. H. t.* 97.
β. *leucocarpus*: mit gelblichweissen Früchten.
γ. *inermis*: mit unbewaffnetem Stengel.

Gemeine H. — In Europens steinigen Gegenden und schattigen Wäldern. ♄ von 3—6′. Bl. weifs, 5, 6. Fr. 7.

2. R. *occidentalis*: der Stengel mit geraden und zurückgekrümmten, pfriemförmigen, an der Basis erweiterten und zusammengedrückten Stacheln; die Blätter dreyzählig; die Blättchen lang zugespitzt, unterhalb filzig; der Blattstiel fast stielrund, schmal-gerinnt. *L. W. II.* 1082.

Schwarze H. — In Nordamerika. ♄ von 5—6′. Bl. 5, 6. Fr. schwarz, 7.

3. R. *strigosus*: der Stengel stielrund mit dichtstehenden rothen Borsten; die Blatter dreyzählig und fünfzählig-gefiedert; die Blättchen spitzig, unterhalb filzig; der Blattstiel borstig. *Michaux I.* 197. *W. Baumz.* 408.

Vielborstige H. — In Pensylvanien und Canada auf Bergen. ♄ 3—4′. Bl. 5, 6. Fr. 7.

4. R. *obtusifolius*: der Stengel eckig mit geraden Stacheln; die Blätter dreyzählig und einfach; die Blättchen rundlich, oder rundlich-eyrund, herzförmig, unterhalb filzig; der Blattstiel stachlig. *W. Baumz.* 409.

Stumpfblättrige H. — In Taurien. ♄ von 3′. Bl. 6—7. Fr. schwarz, 8—9.

5. R. *tomentosus*: der Stengel eckig mit zurückgekrümmten Stacheln; die Blätter dreyzählig; die Blättchen eyrund, etwas eingeschnitten, spitzig, ungleich-sägenartig, auf beiden Flächen filzig; die Blattstiele und Blumenstiele stachlig. *W. II.* 1083. *G. W. H.* 130. *t.* 98. R. triphyllus. *Bellard. app. ad Fl. Pedem.* 25.

Filzige H. — In Hessen und Italien an felsigen Orten. ♄ von 4—6′. Bl. 6—8. Fr. schwarz, 7—9.

6. R. *glandulosus*: die Äste eckig, stachlig und drüsig-borstig; die Blätter dreyzählig; die Blättchen rundlich-eyrund, zugespitzt, stachelspitzig-sägenartig, unterhalb an den Adern etwas kurzhaarig; der Blattstiel, die Blumenstiele und Kelche stachlig und drüsig-borstig. *Bellard. app. ad Fl. Pedem.* 24. *W. Enum.* 548. *G. W. H.* 131. *t.* 99.

Drüsige H. — In einigen Gegenden Deutschlands und in Italien. ♄ 5' und darüber. Bl. 6,7. Fr. schwarz, 8.

7. R. *inermis*: der Stengel stielrundlich, schwach-filzig, unbewaffnet; die Blätter dreyzählig; die Blättchen eyrund, ungleich-sägenartig, unterhalb filzig, die seitenständigen etwas eingeschnitten; die Blattstiele und Blumenstiele unbewaffnet. *W. Enum.* 549.

Wehrlose H. — In Nordamerika. ♄, der mit seinen Ästen mehrere Fuſs lang auf dem Boden liegt. Bl. 6—7. Fr. 8.

8. R. *caesius*: der Stengel stielrund, hechtblau-bereift mit etwas zurückgekrümmten Stacheln; die Blätter dreyzählig, weichhaarig; der Kelch drüsig-weichhaarig; die Kronenblätter umgekehrt-eyrund, ausgerandet. *L. W. II.* 1084. *G. W. H.* 131. *t.* 100.

Kriechende H. — In ganz Europa auf Äckern und Rainen und in Hecken. ♄, dessen gestreckte Stengel oft 6' lang werden. Bl. stets weiſs, 6, 7. Fr. schwarz, hechtblau-bereift, 8.

9. R. *nemorosus*: der Stengel stielrund, zottig mit fast geraden Stacheln; die Blätter zottig, die der unfruchtbaren Stengel fünfzählig, die der fruchtbaren dreyzählig; der Kelch drüsig-weichhaarig; die Kronenblätter eyrund, ganz und auch ausgerandet. *Hayne Arzneygew. III. n.* 10. *t.* 10. *W. Baumz.* 412. *G. W. H.* 133. *t.* 101.

Wald-H. — In ganz Deutschland an den Rändern feuchter Wälder und in Gebüschen und Gesträuchen. ♄ 1—1½'. Bl. rosenroth, seltener weiſs, 6, 7. Fr. schwarz, 8

10. R. *flagellaris*: der Stengel stielrund, gestreckt, mit zurückgekrümmten Stacheln; die Blätter dreyzählig; die Blättchen ungleich-sägenartig, das mittlere eyrund, die seitenständigen rautenförmig; der Kelch weichhaarig; die Kronenblätter eyrund-elliptisch. *W. Enum.* 549.

Peitschenartige H. — In Virginien und Carolina in Feldern und sandigen Wäldern. ♄, der auf dem Boden liegend, die Äste 9—10' lang ausstreckt. Bl. weiſs, 6. Fr. schwarz, 8.

11. R. *hirtus*: der Stengel niederliegend, drüsig-steifhaarig, mit zurückgekrümmten Stacheln; die

Blätter fünf- und dreyzählig; die Blättchen eyrund, zugespitzt, ungleich-sägenartig, kurzhaarig; die Blumenstiele unbewaffnet, drüsig-haarig. *Waldst. et Kitaib. pl. rar. Hung. II.* 150. *t.* 141. *W. Enum.* 549.

Rauhe H. — Im Banat in Waldungen. ♄, der, auf dem Boden liegend, mit seinen Ästen sich umher ausbreitend, eine Länge von 6' erreicht und die fruchtbaren Äste aufrecht bis höchtens zu 1' erhebt. Bl. 6, 7. Fr. schwarz, 8.

32. R. *hispidus*: der Stengel gestreckt, vielborstig mit steifen Borsten; die Blätter dreyzählig, die Blättchen eingeschnitten-sägenartig, kahl, das mittlere gestielt; der Blattstiel und Blumenstiel vielborstig. *L. W. II.* 1083.

Weichstachlige H. — In Canada. ♄, der, so wie die beiden vorhergehenden, auf dem Boden liegt. Bl. 6, 7. Fr. 8.

33. R. *heterophyllus*: der Stengel stumpfeckig, niederliegend, mit zurückgekrümmten Stacheln; die Äste aufrecht, stielrund, unten stachlig, oben weichhaarig; die Blätter kahl, die stengelständigen fünfzählig, die astständigen dreyzählig, die blüthenständigen einfach; die Blättchen eyrund-länglich, zugespitzt, tief-sägenartig; der Kelch weichhaarig; die Kronenblätter spatel-lanzettförmig. *W. Baumz.* 413.

Verschiedenblättrige H. — In Nordamerika? ♄ mit liegenden Stengeln und 2' aufrechten Ästen. Bl. weiſs, 7—8. Fr. röthlich-kohlenschwarz, 9.

34. R. *trivialis*: die Stengel mit zurückgekrümmten Stacheln, die niederliegenden stielrund, die aufrechten meist eckig; die Blätter etwas weichhaarig, die der niederliegenden Stengel dreyzählig, die der aufrechten fünfzählig; die Blättchen zugespitzt, das mittlere viel länger; der Kelch weichhaarig; die Kronenblätter länglich-eyrund. *Michaux I.* 296. *Pursh I.* 347. *W. Enum.* 549.

Pensylvanische H. — In Pensylvanien von Neu-England bis Carolina ♄ 6' hoch mit den aufrechten, und noch länger mit den liegenden Stengeln. Bl. weiſs an den liegenden Stengeln, 7. Fr. schwarz, 8—9.

35. R. *corylifolius*; der Stengel fünfeckig, fast kahl, mit zurückgekrümmten Stacheln; die Blätter

fünfzählig, dreyzählig und einfach, zottig; der Kelch fast kahl, fruchttragend, zurückgeschlagen; die Kronenblätter umgekehrt-eyrund, ganz. *Smith Fl. Brit. II.* 542. *W. Baumz.* 415. *G. W. H.* 135. *t.* 102. R. fruticosus. *Du Roi* 1. *II.* 372.

Haselblättrige H. oder Brombeere. — Im nördlichen Europa. ♄, dessen aufrechte Stengel sich 3—4' erheben, die unfruchtbaren 3—10' sich strecken Bl. rosenroth, zuweilen weifs, 6, 7. Fr. schwarz, 8.

16. R. *fruticosus*: der Stengel fünfeckig, schwachfilzig, mit zurückgekrümmten Stacheln; die Blätter fünfzählig, dreyzahlig und einfach, oberhalb kahl, unterhalb filzig; der Kelch schwach filzig, fruchttragend zurückgeschlagen; die Kronenblätter umgekehrt-eyrund, ganz. *W. Baumz.* 415. *Sp. II* 1084. (*mit Ausschlufs vieler Synonyme*). *G. W. H.* 136. *t.* 103.

Strauchartige H. — Im südlichen Deutschland. ♄, dem vorhergehenden ähnlich, aber durch den filzigen Überzug unterschieden. Bl. 6, 7. Fr. schwarz, 8.

17. R. *laciniatus*: der Stengel eckig, kurzhaarig, mit zurückgekrümmten Stacheln; die Blätter fünf- und dreyzählig mit gefiederten Blättchen; die Blatt- und Blumenstiele stachlig; der Kelch weichhaarig und stachelborstig; die Kronenblätter länglich, eingeschnitten. *W. hort. Ber II* 82. *t.* 82. *Enum.* 550. *G O. H. t.* 41.

Zerschlitzte H. — Das Vaterland ist unbekannt. ♄ mit 6' langen Stengeln, die sich bogenförmig abwärts beugen. Bl. hell-rosenroth, 7, 8. Fr. schwarz, säuerlich, 9, 10.

18. R. *odoratus*: der Stengel unbewaffnet; die Blätter einfach, die untern fünflappig, die obersten dreylappig; die Kelche drüsig-kurzhaarig, sehr lang zugespitzt; die Kronenblätter rundlich. *L. W. II.* 1085.

Wohlriechende H. — In Nordamerika. ♄ 6—8'. Bl. dunkel-purpurroth, 7—9. Fr. klein, flach, roth und säuerlich, 9, 10.

19. R. *saxatilis*: der Stengel, neben welchem kriechende Ranken hervorkommen, krautartig, aufrecht, eckig, weichhaarig, mit sehr feinen, geraden, ausgespreiteten Stacheln; die Blätter drey-

zählig; die Blumenstiele drey- bis fünfblumig. *L. W. II.* 1088. *G. W. H.* 138. *t.* 104.

Stein-H. — Im nördlichen Europa in Wäldern und an steinigen Orten. ♃ höchstens 1′. Bl. 6, 7. Fr. roth, die einzelnen Beerchen sehr grofs. 8—9.

20. R. *arcticus*: der Stengel krautartig, aufrecht, weichhaarig, unbewaffnet; die Blätter dreyzählig; die Blumen einzeln, gipfelständig. *L. W. II.* 1088.

Nordische H. — In Schweden, Norwegen, Rufsland, Sibirien und Canada. ♃ ½′. Bl. rosenroth, 5—7. Fr. kirschroth, äufserst wohlschmeckend, 7—9.

101. Potentilla. *Fünffingerkraut.*

1. P. *fruticosa*: der Stengel strauchartig; die Blätter gefiedert mit länglich-lanzettförmigen, ganzrandigen Fiedern; die Kronenblätter länger als der Kelch. *L. W. II.* 1094. *G. O. H. t.* 42.

Strauchartiges F. — In England, Schweden, Rufsland, Sibirien und Nordamerika an feuchten Orten. ♄ 2—3′. Bl. gelb, 6—10, 11. Fr. im Herbste.

102. Dryas. *Dryade.*

1. D. *octopetala*: der Stengel gestreckt; die Blätter lang gestielt, länglich, stumpf, sägenartig-gekerbt, unterhalb weifsfilzig; die Blumen einzeln. *L. W. II.* 1118. *G. W. H.* 139. *t.* 105.

Alpen-D. — In ganz Europa auf hohen Alpen. ♄ 4—5′ niederliegend. Bl. 6—8. Fr. 8—9.

103. Calycanthus. *Kelchblume.*

1. C. *floridus*: die Blätter oval-eyrund, zugespitzt, unterhalb filzig; die Kelchzipfel linien-lanzettförmig. *L. W. II.* 1119. *G. O. H.* 4. *t.* 4.

Carolinische K. — In Carolina. ♄ 6—10′. Bl. braun, 5—8. Fr. reift bey uns gewöhnlich nicht. Verlangt .

2. C. *glaucus*: die Blätter lanzettförmig-länglich, zugespitzt, unterhalb sehr schwach weichhaarig, schimmelgrün; die Kelchzipfel lanzettförmig. *W. hort. Ber. I.* 80. *Enum* 559. *G. O. H.* 5. *t.* 5.

Graue K. — In Virginien und Carolina. ♄ 4—5′.

Bl. braun, 5—7. Fr. reift bey uns gewöhnlich nicht.

3. C. *laevigatus*: die Blätter oval-eyrund, kurz zugespitzt, auf beiden Flächen kahl; die Kelchzipfel lanzettförmig. *W. hort. Ber. I.* 80. *t.* 80. *Enum.* 559. *G. O. H.* 6. *t.* 6.

Glatte K. — In Virginien und Carolina auf hohen Bergen. ♄ 6—8'. Bl. braun, 5—8. Fr. nicht vollkommen werdend. ⌂.

104. Chimonanthus. *Winterblume.*

1. C. *praecox.* — Chimonanthus fragrans. *Lindley in Edwards Botan. Regist. V.* 6. *t.* 451. Calycanthus praecox. *L. W. II.* 1120.

Frühe W. — In Japan. Hier nur ♄ 2' mit ruthenförmigen Ästen, gegenüberstehenden, eyrund-lanzettförmigen, zugespitzten, oberhalb scharfen, unterhalb glatten Blättern und gelben Blumen, die vor dem Ausbruche der Blätter erscheinen. Bl. 3. Fr. nicht vollkommen sich ausbildend. ⌂, doch besser im kalten Hause.

POLYANDRIA.

MONOGYNIA.

105. Tilia. *Linde.*

1. T. *parvifolia*: die Blätter schief-herzförmig, kahl, unterhalb in den Astachseln der Adern bärtig; die Blattstiele der obersten Blätter länger als die halbe Länge der Blätter; die Blumen ohne Honiggefäfs; die Blumenstiele vielblumig; die Früchte glatt, schief. *Hoffm. Deutschl. Fl* 2. *I.* 1. 242. *Hayne Arzneyg. III. n.* 46. *t.* 46. *G. W. H.* 141. *t.* 106. T. microphylla. *W. Enum.* 565. T. europea γ. *L. W. II.* 1161.

Kleinblättrige L. oder Winterlinde. — In ganz Deutschland und den übrigen nördlichen Ländern Europens in Wäldern. ♄ mit weitausgebreiteten Ästen 30—60'. Bl. weifs, etwas ins Grünlichgelbe fallend, 7. Fr. 10.

2. T. *vulgaris*: die Blätter herzförmig, kahl, unterhalb in den Blattachseln bärtig; die Blattstiele der obersten Blätter kürzer als die halbe Länge des Blattes; die Blumen ohne Honiggefäfs; die Blumenstiele vielblumig; die Früchte fast glatt, regelmäfsig. *Hayne Arzneyg. III n.* 47. *t* 47. *G. W. H* 144 *t*. 107. T. europaea *Fl. Dan t.* 553.

Gemeine L. — In ganz Deutschland, so wie in den übrigen, vorzüglich nördlichen Ländern Europens. ♄ mit abwärtsstehenden Ästen, 40—60', ist bald mit dem vorhergehenden, bald mit dem folgenden verwechselt worden. Bl. sehr blafs citronengelb, 6—7. Fr. 10

3. T. *pauciflora*: die Blätter schief-herzförmig, zottig-weichhaarig, unterhalb in den Astachseln der Adern fast bärtig; die Blumen ohne Honiggefäfs; die Blumenstiele drey- bis fünfblumig; die Früchte gerippt. *Hayne Arzneyg. III. n.* 48 *t.* 48. (1813) *G. W. H.* 145. *t.* 108 T. grandifolia *Hoffm. Deutschl. Fl.* 2. *I.* 1. 242. T. triflora. *Hornem. Hort. hafn. II.* 493 (1815.) T europaea. *W. Enum.* 565. T europaea. *α. β. L. W. II* 1161.

Wenigblumige L. oder Sommerlinde, Frühlinde — In Böhmen und Krain, bey uns angepflanzt. ♄ mit abwärtsstehenden Ästen, 40—60'. Bl blafs-citronengelb, 6. Fr. 10.

4. T. *pubescens*: die Blätter schwach-herzförmig, an der Basis abgestutzt, schief, zugespitzt, unterhalb weichhaarig; die Blumenstiele sehr vielblumig; die Blumen mit einem Honiggefäfse; die Kronenblätter ausgerandet; der Griffel fast so lang wie die Kronenblätter; die Frucht kugelrund, glatt. *Ait. II.* 229 *W. II* 1162. T. caroliniana. *Mill. Dict. n.* 4. T. americana. *Wangenh. Amer.* 56.

Feinbehaarte L. — In Carolina und von Virginien bis Georgien an den Ufern der Flüsse. ♄ von ansehnlicher Höhe mit hohem, geradem Stamme. Bl. 7—8 Fr. 10.

5. T. *glabra*: die Blätter herzförmig, plötzlich zugespitzt, kahl; die Blumenstiele vielblumig; die Blumen mit einem Honiggefäfse; die Kronenblätter abgestutzt, gekerbt; der Griffel fast so lang wie die Kronenblätter; die Frucht eyförmig, fast gerippt. *Venten. in Mem. d'Inst IV* 9. *t.* 2. *G. O. H. t.* 45. T. americana. *Ait. II.* 229. *W. II* 1162.

T. ca-

T. caroliniana. *Wangenh.* 56. T. canadensis. *Michaux I.* 306.

Schwarze L. — In Canada und den nördlichen Theilen von Amerika und auf Bergen so weit südwärts wie Carolina. ♄ von ansehnlicher Gröfse. Bl. 6—7. Fr. 10.

6. T. *laxiflora*: die Blätter herzförmig, allmählig zugespitzt, kahl; die Blumenstiele vielblumig, schlaff; die Blumen mit einem Honiggefäfs; die Kronenblätter ausgerandet; der Griffel länger als die Kronenblätter; die Frucht kugelrund. *Michaux I.* 306. *Pursh II.* 363.

Schlaffblüthige L. — Von Maryland bis Georgien nahe an der Seeküste. ♄, der mit dem vorhergehenden oft verwechselt worden ist. Bl. 6—7. Fr. 10.

7. T. *alba*: die Blätter herzförmig, an der Basis schief, unterhalb weifs-filzig; die Blumenstiele vielblumig; die Blumen mit einem Honiggefäfs. *Ait. II.* 230. *W. II.* 1162. T. tomentosa. *Mönch Weifsenst.* 136. T. americana. *Du Roi* 1. *II.* 467.

Weifse L. — In Ungarn und im Orient. ♄ von raschem Wuchse und ziemlicher Höhe. Bl. 6—8. Fr. 9—10.

106. Cistus. *Cisten.*

1. C. *salvifolius*: baumartig, afterblattlos; die Blätter eyrund, gestielt, auf beiden Flächen kurzhaarig. *L. W. II.* 1184.

Salbeyblättrige C. — In Kärnthen, Italien, Sicilien, in der Schweiz und im südlichen Frankreich auf Bergen. ♄ 3—4', baumartig. Bl. weifs, 5—6. Fr. 8. ⌓.

107. Helianthemum. *Cistenrose.*

1. H. *Fumana*: staudenstrauchig, gestreckt, afterblattlos; die Blätter linienförmig, am Rande scharf; die Blumenstiele einblumig *W. Enum* 570. Cistus Fumana. *L. W. II.* 1191. *G. W. H.* 149. *t.* 109.

Heidekrautblättrige C. — Im südlichen Deutschland, der Schweiz und in Frankreich. ♄ ½' lang auf dem Boden liegend. Bl. gelb, 6, 7. Fr. 9. In steinig-lehmigem Boden ohne Schutz.

2. H. *vineale*: staudenstrauchig, gestreckt, afterblattlos; die Blätter gegenüberstehend, gestielt, länglich, stumpf, unterhalb greisgrau-filzig; die Blumen in wenigblumigen Trauben. *W. Enum. Suppl.* 39. *G. W. H.* 150. *t.* 110. Cistus vinealis. *W. II.* 1195.

Weinbergs-C. — In Deutschland in Weinbergen und in der Schweiz. ♄ $\frac{1}{2}$—1' lang auf dem Boden gestreckt. Bl. gelb, 5. 6. Fr. 7, 8.

3. H. *oelandicum*: staudenstrauchig, gestreckt, afterblattlos; die Blätter gegenüberstehend, gestielt, länglich, auf beiden Flächen kahl; die Blattstiele wimperig; die Kronenblätter ausgerandet. *Pers. Syn. II.* 77. Cistus oelandicus. *L. W. II.* 1195.

Öländische C. — In Frankreich, Öland, der Schweiz und Östreich auf Felsen. ♄ $\frac{1}{4}$' auf dem Boden liegend. Bl. gelb, 5, 6. Fr. 6—7.

4. H. *sulphureum*: staudenstrauchig, gestreckt, afterblätterig; die Blätter lanzettförmig, am Rande eben, weichhaarig mit sternförmigen Haaren; die Blumen in gipfelständigen, wenigblumigen Trauben. *W. Enum. Suppl.* 39.

Schwefelgelbe C. — Vielleicht in Spanien. ♄ $\frac{1}{2}$' und etwas darüber lang auf dem Boden liegend. Bl. 5—6. Fr. 7—8.

5. H. *vulgare*: staudenstrauchig, gestreckt, afterblättrig; die Blätter länglich, am Rande zurückgerollt, fast haarig; die Afterblätter lanzettförmig; die Blumen in allseitswendigen Trauben. *W. Enum.* 571. Cistus Helianthemum. *L. W. II.* 1209. *G. W. H.* 150. *t.* 111.

Gemeine C. — In ganz Europa auf Triften und trocknen Wiesen. ♄ $\frac{1}{2}$—1' lang auf dem Boden liegend. Bl. gelb, 5—8. Fr. 9, 10.

6. H. *obscurum*: staudenstrauchig, gestreckt, afterblättrig; die Blätter elliptisch, gestielt, fast scharf, haarig, auf beiden Flächen dunkelgrün. *Pers. Syn. II.* 79.

Dunkelgrüne C. — In den Wäldern bey Fontainebleau. ♄ dem vorhergehenden sehr ähnlich. Bl. gelb, 6—8. Fr. 8—9.

7. H. *mutabile*: staudenstrauchig, gestreckt, afterblättrig; die Blätter länglich, am Rande eben, kahl; die Afterblätter lanzettförmig; die Blumen in all-

seitswendigen Trauben. *W. Enum.* 571. *G. O. H. t.* 46. Cistus mutabilis. *Jacq. ic. I. t.* 99. *W. II.* 1209.

Veränderliche C. — Das Vaterland ist unbekannt. ♄ von Gröſse und Ansehen den beiden vorigen ähnlich. Bl. in verschiedenen Farben von dem Rothen durch Weiſs bis ins Blaſsgelb, 6—8. Fr. 9, 10. ⌂. In sehr kalten Wintern erfriert er gänzlich.

8. H. *apenninum*: staudenstrauchig, etwas aufrecht, afterblättrig; die Blätter lanzettförmig, am Rande eben, kurzhaarig; die Afterblätter sehr klein, linien-lanzettförmig; die Blumen in fast einseitswendigen Trauben. *W. Enum.* 571. Cistus apenninus. *Sp II* 1211.

Apenninische C. — Auf den Apenninen. ♄ $\frac{1}{4}$—1′. Bl. weiſs, 6—8. Fr. 9, 10. ⌂.

DIGYNIA.

108. Fothergilla. *Fothergilla.*

1. F. *alnifolia. L. Suppl. W. II.* 1224. *G. O. H.* 16. *t.* 16.

Elsenblättrige F. — In Carolina. ♄ $1\frac{1}{2}$—2′, dessen Blätter einige Ähnlichkeit mit der gemeinen Eller, oder, wenn man die Gröſse nicht in Betracht zieht, mit der virginischen Zaubernuſs haben. Auch zeichnet er sich durch seine Blumen sehr aus, bey denen man, wenn sie im Blühen sind, fast nur die langen Staubgefäſse sieht. Bl. 5, 6. Fr. fällt hier vor der Reife ab.

POLYGYNIA.

109. Liriodendron. *Tulpenbaum.*

1. L. *Tulipifera. L. W. II.* 1254. *Decand. Syst. I.* 461. *G. O. H.* 34. *t.* 29. Tulipifera arbor Virginiana. *Herm. Lugd. b.* 612. *t.* 613.

Virginischer T. — In den gemäſsigten Ländern des nördlichen Amerika. ♄, der die Höhe unsrer groſsen Waldbäume bey uns erreichen kann, und der sich durch seine dreylappigen, abgestutzten Blätter, wenn man auch nicht auf die tulpenartigen Blumen sieht, sehr auszeichnet. Bl. gelb, hin und wieder ins Rothe fallend, 6—8. Fr. 10—11.

110. Magnolia. *Magnolie.*

1. M. *grandiflora:* die Blätter ausdauernd, lederartig, umgekehrt-eyrund, oval-länglich und länglich-lanzettförmig, oberhalb glänzend, unterhalb grün, zuweilen rostbraun; die Blumen aufrecht, neun- bis zwölfblättrig, mit ausgebreiteten Kronenblättern. *L. W. II.* 1255. *De Cand. Syst I.* 450.

   α. obovata: mit umgekehrt-eyrunden Blättern. *Ait.* 2. *III* 329.

   β. elliptica: mit oval-länglichen Blättern. *Ait. a. a. O.*

   γ. lanceolata: mit länglich-lanzettförmigen Blättern. *Ait. a. a. O.*

   Grofsblumige M. — In Florida und Carolina. ♄, einer der schönsten, 60—80′ im Vaterlande, bey uns etwas über 20′. Bl. weifs, aufserordentlich grofs, 6—10. Fr. 9, 10. ⌓.

2. M. *glauca:* die Blätter oval und länglich, unterhalb schimmelgrün; die Blumen neun- bis zwölfblättrig, mit gegeneinandergeneigten, eyrunden, vertieften Kronenblättern. *L. W. II.* 1256. *De Cand. Syst. I.* 452.

   α. latifolia: mit ovalen, stumpfen, abfallenden Blättern.

   β. longifolia: mit ovalen, spitzigen, ausdauernden Blättern.

   γ. argentea: mit länglichen, unterhalb seidenartigen, weifs-schimmelgrünen, abfallenden Blättern.

   Graue M. — In Nordamerika: *α.* in Neu-Jersey und Carolina, *β.* in Georgien und Florida. ♄ 5—6′, aber auch ♄ 20—30, ja 40′ im Vaterlande. Bl. weifs, 6—9. Fr. 8—11. ⌓.

3. M. *tripetala:* die Blätter abfallend, oval und lanzettförmig, ausgebreitet-abwärtsstehend, die ältern kahl, die jüngern weichhaarig; die Blumen neun- bis zwölfblättrig, mit länglichen Kronenblättern, von denen die äufsern hangend sind. *L. W. II.* 1258 *G. O. H.* 20. *t.* 18. M. Umbrella. *De Cand. Syst. I.* 452. M. frondosa. *Salisb. prodr.* 379.

   Dreyblättrige M. — In Pensylvanien, Carolina, Georgien und Virginien. ♄, der in seinem Vaterlande 20 — 30, höchstens 35′ hoch wird; die hiesigen Stämme sind ungefähr 10′. Bl. weifs, sehr grofs, 5 — 7 im Vaterlande, hier 7. Fr. kommt selten zur Reife. ⌓.

4. M. *acuminata*: die Blätter abfallend, oval, zugespitzt, unterhalb weichhaarig; die Blumen sechs- bis neunblättrig. *L. W. II* 1257. *G. O. H.* 18. *t.* 17.

Zugespitzte M. — In Nordamerika von dem Flusse Niagara längs dem Gebirge Alleghanys bis Georgien, ferner auf dem Gebirge Cumberland, und von Pensylvanien bis Carolina. ♄ 60—80′ im Vaterlande, unsre Stämme haben nur 10—20′. Bl. grün, ins Gelbe und zugleich auch ins Graugrüne sich ziehend, 5—7 im Vaterlande, bey uns 7. Fr. kommt hier selten zur Reife. ⌓.

5. M. *auriculata*: die Blätter abfallend, kahl, unterhalb fast ins Schimmelgrüne fallend, spatelförmig-umgekehrt-eyrund, an der Basis herzförmig, mit stumpfen, genäherten Öhrchen; der Kelch dreyblättrig; die Blumenkrone neunblättrig mit länglichen Kronenblättern. *Lamarck Encycl. III.* 645. *W. II.* 1253. *De Cand. Syst. I.* 454.

Geohrte M. — In Nordamerika auf dem Gebirge Alleghanys längs den Bächen, den Abhängen und an dem Anfange der Flüsse in Kentucky, Tennassee, Carolina und Georgien. ♄ 40—45′ im Vaterlande, hier nur erst 8′. Bl. weifs, 4, 5 im Vaterlande, hier 5—7. Fr. 7—10. ⌓.

6. M. *pyramidata*: die Blätter abfallend, kahl, auf beiden Flächen gleichfarbig, spatelförmig-umgekehrt-eyrund, an der Basis herzförmig mit ausgespreiteten Öhrchen; drey abwärtsstehende Kelchblättchen; neun lanzettförmige, zugespitzte Kronenblätter. *Bartram's Reis.* 390. *Pursh II.* 381. *De Cand. I* 454. M. auriculata. *Michaux I.* 318.

Pyramidenförmige M. — In den westlichen Theilen von Carolina und Georgien. ♄, der mit dem vorhergehenden verwechselt worden ist, sich aber aufser den angezeigten Unterscheidungszeichen auch durch einen mehr aufrechten und pyramidalischen Wuchs unterscheidet, hier erst 3′. Bl. 4—5. Fr. 6—7. ⌓.

7. M. *macrophylla*: die Blätter abfallend, sehr grofs, länglich-umgekehrt-eyrund, fast keilförmig, an der Basis herzförmig; der Kelch dreyblättrig mit abwärtsstehenden Blättchen; die Blumenkrone sechs- bis neunblättrig mit lanzettförmigen zugespitzten Kronenblättern. *Michaux I.* 327. *De Cand Syst. I.* 454.

Grofsblättrige M. — In Nordamerika in waldigen Thälern bey Lincollon in Ober-Carolina und in den westlichen über dem Flusse Tennassee liegenden Gegenden. ♄, sehr schön, 30—35′ im Vaterlande, hier erst 4—5′. Bl. mit weissen, innerhalb an der Basis rothfleckigen Kronenblättern, 5—7 im Vaterlande, hier noch nicht. ⌓.

8. M. *cordata*: die Blätter eyrund-herzförmig, spitzig, unterhalb fast filzig; sechs bis neun längliche Kronenblätter. *Michaux I.* 328, *Pursh II.* 382, *De Cand. I* 455.

Herzblättrige M. — In Ober-Carolina und Georgien auf Sonnenhügeln. ♄ 40—50′ im Vaterlande, hier erst 3′, Bl. 4 im Vaterlande, hier 6—7. Fr. 8—9.

111. Asimina. *Flaschenbaum.*

1. A. *parviflora*: die Blätter keilförmig-umgekehrteyrund, stachelspitzig, unterhalb, so wie die Ästchen, fuchsbraun-weichhaarig; die Blumen sitzend; die äufsern Kronenblätter kaum doppelt so lang wie der Kelch. *Dunal monogr.* 82 *t.* 9. *De Cand. Syst. I.* 478. Orchidocarpum parviflorum. *Michaux I.* 329. Porcelia parviflora. *Pers. Syn II.* 85. *Pursh. II.* 383.

Kleinblumiger F. — In Nordamerika von Virginien bis Georgien in schattigen Wäldern längs den Flüssen und Seen und in Carolina. ♄ 2′, im Vaterlande 4. Bl. mit fuchsbraun-weichhaarigen Blumen, 4, 5. Fr. reift hier nicht. ⌓.

2. A. *triloba*: die Blätter länglich, zugespitzt, so wie die Ästchen, kahl; die Blumen kurzgestielt; die äufsern Kronenblätter viermal länger als der Kelch, rundlich-eyrund. *Dunal monogr.* 83. *De Cand. I.* 479. Anona triloba. *L. W. II.* 1267. Porcelia triloba. *Pers. Syn. II.* 95. *Pursh II.* 383.

Dreylappiger F. — In Virginien, Carolina, von Pensylvanien bis Florida in Pfützen und an den Ufern der Flüsse. ♄ oder ♄, nur klein, 4—5′. Bl. dunkelbraun, 4, 5 im Vaterlande, hier 6—7. Fr kommt hier nicht zur Reife. ⌓.

112. Atragene. *Atragene.*

1. A. *alpina*: der Stengel kletternd; die Blätter doppelt-dreyzählig, mit eyrund-lanzettförmigen,

zugespitzten, sägenartigen Blättchen; die Blumenstiele einblumig, länger als das Blatt; die Kronenblätter fast spatelförmig, stumpf. *L. W. II.* 1285. *G. W. H.* 152. *t.* 112. Clematis alpina. *De Cand. Syst. I.* 165.

α. coerulea: mit blauer Blumenkrone.

β. alba: mit weifser Blumenkrone.

Alpen-A. — In Östreich, der Schweiz und in mehreren Gegenden des südlichen Europens auf den höchsten Bergen. ♄, der kletternd 4—6' sich erhebt. Bl. 4—7. Fr. 9—10. ⌓.

2. A. *sibirica*: der Stengel kletternd; die Blätter doppelt-dreyzählig, mit länglich-lanzettförmigen, zugespitzten, sägenartigen Blättchen; die Blumenstiele einblumig, fast so lang wie das Blatt; die Kronenblätter ausgerandet. *L.* 1. 543. (*mit Ausschl. der Beschreib. d. Blum.*) Clematis sibirica. *De Cand. Syst I.* 166.

Sibirische A. — In Sibirien. ♄, der ebenfalls 4—6' klettert und dem vorhergehenden sehr ähnlich ist. Bl. gelblichweifs, 6—7. Fr. 9—10. ⌓.

113. Clematis. *Waldrebe.*

* *Mit zottig-federartig-geschwänzten Früchten.*

1. C. *Flammula*: der Stengel kletternd; die Blätter gefiedert mit kahlen, ganzen und dreylappigen, rundlichen, ovalen, länglichen und fast linienförmigen, spitzigen Blättchen; die Kronenblätter auf beiden Flächen kahl. *De Cand. I.* 134.

α. rotundifolia: mit rundlichen Blättchen. — C. fragrans. *Tenore Fl. Neap. I. t.* 48.

β. vulgaris: mit ovalen oder länglichen Blättchen. — C. flammula. *L. W. II.* 1293. C. suaveolens. *Salisb. prodr.* 371.

γ. maritima: mit fast linienförmigen Blättchen. — C. maritima. *Lamarck Encycl. II.* 42.

δ. rubella: mit ovalen, meist ausgerandeten Blättchen, und aufserhalb röthlichen Kronenblättern. *Pers Syn. II.* 100.

Scharfe W. — Im südlichen Europa. ♄ nicht viel über 2' kletternd. Bl. weifs, 7—10. Fr. kommt bey uns nicht zur Reife. ⌓.

2. C. *orientalis*: der Stengel kletternd; die Blätter doppelt-zusammengesetzt-gefiedert-dreyzählig,

mit kahlen, schimmelgrünen, keilförmigen, dreylappigen Blättchen, deren Lappen gezähnt und zugespitzt sind; die Kronenblätter innerhalb zottig. *L. W. II.* 1289. C. flava. *Mönch Meth.* 296.

Orientalische W. — Im Orient und am Caucasus. ♄, der wie die vorhergehenden klettert. Bl. hellgrünlich-gelb, 7—10. Fr. reift selten.

3. C. *glauca*: der Stengel rankend; die Blätter doppelt-zusammengesetzt-gefiedert-dreyzählig, mit kahlen, schimmelgrünen, eyrunden, zuweilen lappigen, stachelspitzigen Blättchen, deren Lappen ganz, fast stumpf sind; die Blumenstiele dreyspaltig; die Kronenbläter am Rande filzig. *W. II.* 1290. *De Cand. Syst. I.* 136.

Meergrüne W. — Im südlichen Sibirien. ♄, welcher, dem vorigen ähnlich, bis 12′ klettert. Bl. schmutzig-blafsgelb, 7—9. Fr. 8—10.

4. C. *Vitalba*: der Stengel kletternd; die Blätter gefiedert mit meist eyrunden, herzförmigen, gegen die Spitze meist eingeschnittnen, zugespitzten Blättchen; die Kronenblätter auf beiden Flächen filzig. *L. W. II.* 1292. *G. W. H.* 113. *t.* 153.

Gemeine W. — In Europa in Wäldern und an Zäunen. ♄, dessen Höhe von den Gegenständen abhangt, die er beklettert. Bl. weifs, 7, 8. Fr. 10.

5. C. *virginiana*: der Stengel kletternd; die Blätter dreyzählig, mit eyrund-herzförmigen, fast lappig-eingeschnittnen, zugespitzten Blättchen; die Blumen zweyhäusig; die Kronenblätter aufserhalb weichhaarig. *L. W. II.* 1290.

Virginische W. — In Nordamerika. ♄, der an andern Gegenständen 20′ und darüber hinanklettert. Bl. weifs, 7—9. Fr. wegen des Getrenntseyns der Geschlechter selten vollkommen.

6. C. *Viorna*: der Stengel kletternd; die Blätter doppelt-zusammengesetzt-gefiedert-dreyzählig, mit eyrunden, spitzigen, ganzen und dreyspaltigen Blättchen; die Blumen einzeln, überhangend; die Blumenkronen glockenförmig mit lederartigen, zugespitzten, am Rande filzigen Kronenblättern. *L. W. II.* 1288.

Glockenblüthige W. — In Virginien und Carolina. ♄, der wie die vorhergehenden kletternd bis auf 6—7′ in die Höhe steigt. Bl. blau, 6—9. Fr. reift selten.

7. C. *cylindrica:* der Stengel kletternd; die Blätter doppelt-zusammengesetzt-gefiedert-dreyzählig, mit eyrunden und länglichen, ganzen Blättchen; die Blumen einzeln, überhangend; die Blumenkronen walzenförmig, mit hautartigen, zugespitzten, am Rande wellenförmigen Kronenblättern. *Sims in Bot. Mag. t.* 1160. *De Cand. I.* 156. C. divaricata. *Jacq. ecl. I.* 51. *t.* 33. C. Viorna. *Andrews Rep t.* 71. C. crispa. *Lamarck Encycl. II.* 44.

Walzenblüthige W. — In Pensylvanien, Carolina und Virginien. ♄, dem vorigen sehr ähnlich 3—4′ kletternd. Bl. blau, 7—9. Fr. reift selten.

** *Mit kahl-geschwänzten Früchten.*

8. C. *florida:* der Stengel kletternd; die Blätter doppelt-zusammengesetzt-dreyzählig, mit verlängert-eyrunden, spitzigen, ganzrandigen Blättchen; die Blumenstiele einblumig, länger als das Blatt; die Kronenblätter oval, zugespitzt. *Thunb. Fl. Jap.* 240. *W. II.* 1287.

†. *plena:* mit gefüllter Blume.

Grofsblüthige W. — In Japan. ♄, ebenfalls kletternd 6—10′. Bl. weifs, 7—10, doch haben wir ihn nur mit gefüllter Blume, und die Fr. entsteht daher nicht. ⌓.

9. C. *Viticella:* der Stengel kletternd; die Blätter doppelt-zusammengesetzt-gefiedert-dreyzählig, mit eyrunden, ganzen und lappigen, ganzrandigen, stachelspitzigen Blättchen; die Blumenstiele einblumig, länger als das Blatt; die Kronenblätter umgekehrt-eyrund, abwärtsstehend. *L. W. II.* 1288.

Italiänische W. — In Italien, Spanien und Krain. ♄, der 10—15′ hoch klettert. Bl. blau, 6—9. Fr. 8—10.

10. C. *crispa:* der Stengel kletternd; die Blätter einfach und dreyzählig mit ganzen und dreylappigen Blättchen; die Blumenstiele einblumig, kürzer als das Blatt; die Kronenblätter an der Basis gegeneinandergeneigt, an der Spitze abwärtsstehend-zurückgebogen. *L. W. II.* 1289.

Krausblättrige W. — In Virginien und Carolina ♄, der hier 4′ in der Höhe klettert. Bl. hell-violett, 7, 8. Fr. reift in warmen Sommern. ⌓.

DIDYNAMIA.

GYMNOSPERMIA.

114. Teucrium. *Gamander.*

1. T. *montanum*: die Blätter lanzettförmig, ganzrandig, am Rande zurückgekrümmt, unterhalb filzig; die Blumen in gipfelständigen Doldentrauben; die Zähne des Kelches spitzig ohne Stachelspitze. *L. W. III.* 31.

Berg-G. — In Deutschland, der Schweiz und Frankreich an trocknen Orten. ♄, der nur klein, auf dem Boden liegend, sich ¼—⅓′ erhebt. Die Blätter ändern sehr ab, so, daſs sie schmaler und breiter, spitzig und stumpf, ganzrandig, aber auch gezähnt vorkommen, weshalb auch *Schreber* ihn mit dem folgenden vereiniget. Bl. gelblichweiſs, 7, 8. Fr. 9, 10.

2. T. *supinum*: die Blätter linienförmig, ganzrandig, am Rande zurückgekrümmt, unterhalb filzig; die Blumen in gipfelständigen Doldentrauben; die Zähne des Kelches spitzig, stachelspitzig. *L. W. III.* 32.

Niedriger G. — In Östreich auf Bergen und Sonnenhügeln. ♄, dem vorhergehenden sehr ähnlich. Bl. gelblichweiſs, 7, 8. Fr. 9, 10.

115. Satureja. *Pfefferkraut.*

1. S. *montana*; die Blätter linien-lanzettförmig, ganzrandig, stachelspitzig; die Blumen in gestielten, blattachselständigen, fast einseitswendigen Afterdolden; die Kelchzähne zugespitzt, stachelspitzig. *L. W. III.* 43.

Berg-P. — In Krain, Kärnthen, Italien und dem südlichen Frankreich. ♄, der mit seinen fadenförmigen Ästen niederliegt, und sich 1 bis höchstens 1½′ erhebt. Bl. blaſs violett, 6, 8. Fr. 9, 10.

2. S. *rupestris*: die Blätter rundlich-eyrund, an der Basis verschmälert, gezähnt, etwas stumpf, die Blumen in gestielten, blattachselständigen, einseitswendigen Afterdolden; die Kelchzähne stumpf,

ohne Stachelspitze. *Wulfen* in *Jacq. Collect. II.* 130. *Jacq. ic. rar. III. t.* 494. *W. III.* 44.

Felsen-P. — In Krain auf Felsen. ♄, der nur ½' sich erhebt, Bl. blafs violett, 7—9. Fr. 9, 10.

116. Hyssopus. *Isop.*

1. H. *officinalis*: die Blätter lanzettförmig; die Blumen in blattachselständigen, wenigblumigen, fast Quirle bildenden, einseitswendigen Doldentrauben; die Kelchzähne aufrecht, fast gleich; der mittlere Zipfel der Unterlippe der Blumenkrone zweylappig; ganzrandig. *L. W. III.* 47.

Gemeiner I. — Im südlichen Europa, in verschiedenen Gegenden Deutschlands und in Sibirien. ♄ 1—1½', dessen Stengel aber nur ½' hoch verholzt. Bl. blau, roth und weifs, 6—9. Fr. 8—10.

2. H. *orientalis*: die Blätter linien-lanzettförmig; die Blumen in blattachselständigen, wenigblumigen, fast Quirle bildenden, einseitswendigen Doldentrauben; die Kelchzähne etwas abwärtsstehend, ungleich, der mittlere Zipfel der Unterlippe der Blumenkrone zweylappig, ganzrandig, *W. Enum.* 599.

Orientalischer I. — Am Caucasus. ♄ wie der vorhergehende 1—1½', dem er auch übrigens sehr ähnlich ist. Bl. blau, 7—9. Fr. 8—10. Gegen unsre harten Winter viel empfindlicher, als der vorhergehende.

117. Lavandula. *Lavendel.*

1. L. *angustifolia*: die Blätter sitzend, alle linien-lanzettförmig, am Rande zurückgerollt; die Blumen blattlos-quirlständig, kaum eine unterbrochne Ähre bildend; die Nebenblätter lang zugespitzt, das unterste dreyspitzig, die obern deltaartig-rautenförmig; der Griffel kürzer als der Kelch. *Ehrh. Beitr. VII* 147 L. Spica. *W. Enum.* 604. L. Spica α. angustifolia. *L. W. III.* 60.

Schmalblättriger L. — In Spanien, im südlichen Frankreich, in Italien, der Schweiz und in Kärnthen. ♄, der sich selbst überlassen 2—4' hoch wird. Bl. violett, 7—9. Fr. 9, 10.

2. L. *latifolia*: die Blätter sitzend, die ältern umgekehrt-eyrund-lanzettförmig, am Rande ziemlich

eben, die jüngern lanzett-linienförmig, am Rande zurückgerollt; die Blumen blattlos-quirlständig, eine unterbrochne Ähre bildend; die Nebenblätter langzugespitzt, alle einspitzig, das untere fast rautenartig-eyrund, die obern eyrund-rautenförmig, der Griffel länger als der Kelch. *Ehrh. Beitr. VII.* 148. *W. Enum.* 604. L. Spica β. latifolia. *L. W. III.* 60.

Breitblättriger L. — Im südlichen Europa. ♄, der lange Zeit übersehen und mit jenem für gleich, oder doch nur als Varietät betrachtet worden ist, 2—3'. Bl. violett, aber etwas mehr röthelnd als jener, 8, 9. Fr. 10.

118. Thymus. *Thymian.*

1. T. *Serpillum:* die Stengel aufwärtsgebogen, niederliegend und auch kriechend, meist stielrund; die Äste vierseitig, mehr oder weniger kurz- oder weichhaarig; die Blätter oval, länglich u. linienlanzettförmig, stumpf, kahl, an der Basis mehr oder weniger wimperig; die Blumen in meist zusammenstoſsenden, kopfständigen Quirlen; die Blumenstiele kürzer als der Kelch. *L. W. III.* 138.

Feld-T. — In ganz Europa an trocknen Orten, auf Hügeln und in Wäldern ♄, dessen Stengel ⅓—½' lang auf dem Boden liegt, oder auch aufwärtsgebogen sich zeigt. Er erscheint in mehreren Gestalten, die von den verschiedenen Beobachtern auch verschieden benannt worden sind, und so auch von dem Einen für wahre Arten, von dem Andern nur für Abarten gehalten werden. Sie erfordern noch genauere Beobachtung, ehe man sich für die eine oder die andere Meinung bestimmen kann. Bl. violett, auch weiſs, 6—9. Fr. 7—10.

2. T. *glabrescens:* der Stengel niederliegend; die Äste vierseitig, kurzhaarig; die Blätter lanzettförmig, stumpf, kahl, an der Basis etwas wimperig; die Blumen in zusammenstoſsenden, kopfständigen Quirlen; die Blumenstiele meist länger als der Kelch. *W. Baumz.* 507.

Glattblättriger T. — In Ungarn. ♄, dem vorhergehenden sehr ähnlich, ebenfalls nur einen Stengel von ⅓—½' Länge. Bl. dunkel violett, 6—9. Fr. 7—10.

3. T. *lanuginosus*: der Stengel kriechend; die Äste vierseitig, kurzhaarig; die Blätter rundlich-elliptisch, an der Basis verschmälert, stumpf, wimperig, oberhalb zottig-kurzhaarig, unterhalb meist kahl; die Blumen in zusammenstoſsenden, kopfständigen Quirlen. *Schkuhr Handb. II.* 167. *t.* 164. *W. III.* 138. T. Serpillum δ. *L.*

Wolliger T. — In Deutschland und Frankreich auf Felsen und Höhen. ♄, der früher nur als eine Varietät von T. *Serpillum* betrachtet wurde, mit dem er auch von gleicher Gröſse ist. Bl. lilapurpurroth, 6—8. Fr. 8, 9.

4. T. *pannonicus:* der Stengel aufwärtsgebogen; die Äste schwach-vierseitig, kurzhaarig; die Blätter länglich, stumpf, auf beiden Flächen zottig-kurzhaarig; die Blumen in zusammenstoſsenden, kopfständigen Quirlen. *W. Baumz.* 508. (*mit Ausschluſs des Synonyms von Allioni.*)

Pannonischer T. — In der Schweiz, Savoyen und Ungarn auf Gebirgen. ♄ mit aufwärtsgebogenem Stengel ½′. Bl. 6—9. Fr. 8—10.

5. T. *montanus:* der Stengel aufwärtsgebogen, die Äste vierseitig, an den Kanten kurzhaarig; die Blätter eyrund, stumpf, kahl, an der Basis fast wimperig; die Blumen in zusammenstoſsenden, ährichttraubenständigen Quirlen. *Waldst. et Kitaib. Pl. rar. Hung. I.* 70. *t.* 71. *W. III.* 143.

Berg-T. — In Ungarn auf Hügeln, Bergen und hohen Gebirgen. ♄, der mancher der erwähnten Formen von T. *Serpillum* sehr nahe kommt, in der Jugend aufrecht ist, dann aber an der Basis sich legt, und aufwärtsbeugt, ½′. Bl. blaſs violett, 6—10. Fr. 8—10.

6. T. *Marschallianus:* der Stengel aufrecht oder niederliegend, mit aufwärtsgebogenen Ästen; die Blätter flach, lang-elliptisch, schwach weichhaarig, auf beiden Flächen getüpfelt, an der Basis wimperig; die Blumen in zusammenstoſsenden, ährichttraubenständigen Quirlen; die Oberlippe des Kelches fast viereckig, mit pfriemförmigen, fast gleichen, an der Basis wimperigen Zähnen. *W. III.* 141. T. Zygis. *Pall. Nov. Act. Petr. X.* 313.

Marschallscher T. — In Taurien. ♄, der dem Wuchse nach unserm T. *Serpillum* nahe kommt, doch ist der Stengel mehr aufrecht, die Blätter sind weichhaarig und die Quirle stehen in Trauben. Bl. 6—8. Fr. 8—10.

7. T. *nummularius*: der Stengel neben sehr langen Ranken kurzhaarig; die Blätter rundlich-eyrund, die untern fast herzförmig, an der Basis etwas haarig; die Blumen in kopfständigen Quirlen. *Bieberst. Fl. Taurico-Cauc. II.* 58. *III.* 403.

Pfennigkrautblättriger T. — Auf den Caucasischen Alpen. ♄, ungefähr viermal so groſs wie T. *Serpillum*, durch die Gestalt seiner Blätter sehr ausgezeichnet. Bl. 6—9. Fr. 8—10.

8. T. *lucidus*: der Stengel aufrecht, ästig; die Blätter oval, etwas spitzig, kahl, oberhalb glänzend; die Blumen in zusammenstoſsenden traubenständigen Quirlen. *Ehrh. Beitr. VII.* 150. *W. Enum.* 625.

Glänzender T. — Das Vaterland ist nicht bekannt. ♄, durch gröſsere Blumen von den vorhergehenden sich auszeichnend, 1—1½'. Bl. 7, 8. Fr. 9, 10. ⌂.

9. T. *vulgaris*: der Stengel aufrecht, ästig; die Blätter eyrund, am Rande zurückgerollt, kahl, meist siebenfachnervig; die Blumen in zusammenstoſsenden, fast traubenständigen Quirlen. *L. W. III.* 139.

Gemeiner T. — In felsigen Gegenden in Frankreich, Spanien und Sibirien. ♄ ¼—1'. Bl. 5—9. Fr. 7—10.

ANGIOSPERMIA.

119. Verbena. *Eisenhart.*

1. V. *triphylla*: der Stengel strauchartig; die Blätter dreyfach, lanzettförmig, ganzrandig, scharf; die Blumen in rispenständigen Ähren. *L'Herit Stirp. I.* 21. *t.* 11. *W. I.* 118.

Dreyblättriger E. — In Buenos Ayres und Chili. ♄ 5—6'. Bl. weiſs und wohlriechend, 7, 8. Fr. 9, 10. ⌂, wo er aber oft noch die Äste verliert; daher besser im kalten Hause.

120. Bignonia. *Trompetenblume.*

1. B. *radicans*: der Stengel an den Gelenken wurzelnd, die Blätter unpaar-gefiedert mit eyründen zu-

gespitzten, sägenartigen Blättchen; die Blumen in gipfelständigen Doldentrauben; die Röhre der Blumenkrone dreymal so lang wie der Kelch. *L.! W. III.* 301.

Wurzelnde T. — In Nordamerika. ♄, der durch Wurzeln, die er aus den Gelenken treibt, an andre Gegenstände sich fest hält, und ziemlich hoch sich erhebt. Bl. roth, 9. Fr. kommt nicht zur Reife. ⌓.

121. Linnaea. *Linnea.*

1. L. *borealis. L. W. III.* 654. *Fl. Suec.* 562. *t.* 1.

Nordische L. — In der Mark Brandenburg, und zwar bey Berlin an einigen Orten, in Pommern, bey Wittenberg, auf den Gebirgen in Schlesien, bey Dresden und in der Schweiz, in Schweden, Rufsland, Sibirien und Canada. ♄ mit fadenförmigem, zuweilen 2' langem Stengel, der auf dem Moose liegt, und auch Wurzeln in die Erde schlägt. Er ist immergrün, mit gestielten, gegenüberstehenden, rundlichen, an jeder Seite mit zwey Zähnen versehenen Blättern. Die langen, an den sehr kurzen Ästen gipfelständigen Blumenstiele sind zweyblumig. Bl. weifs oder röthlichweifs, innerhalb roth, mit überhangenden Blumen, 5—6, zuweilen auch noch 8. Fr. 9, 10.

122. Vitex. *Müllen.*

1. V. *Agnus castus*: die Blätter fünfzählig, mit linien- oder eyrund-lanzettförmigen, fast ganzrandigen, unterhalb weifs-filzigen Blättchen; die Blumen in gipfelständigen, zusammengesetzten, ährenartigen, gequirlten, unterbrochnen Trauben. *L. W. III.* 391.

α. angustifolius: mit linien-lanzettförmigen Blättchen.

β. latifolius: mit eyrund-lanzettförmigen Blättchen.

Europäische M. oder Keuschbaum. — In Krain, Italien und Sicilien. ♄ 8—10'. Bl. violett, 9, 10. Fr. bey uns nicht reifend. Hier findet sich nur die Varietät *α*.

TETRADYNAMIA.

SILICULOSA.

123. Iberis. *Bauernsenf.*

1. I. *semperflorens:* staudenstrauchig; die Blätter spatelförmig, stumpf, ganzrandig, kahl; die Blumen in Doldentrauben; die Schötchen an der Spitze abgestutzt, fast ausgerandet mit undeutlichen Läppchen. *L. W. III.* 452. *De Cand. II.* 394.

Immerblühender B. — In Sicilien und Persien. ♄ 1' und darüber. Bl. weifs und wohlriechend, 5—10. Fr. 7—10.

2. I. *saxatilis:* staudenstrauchig; die Blätter fast fleischig, linienförmig, meist spitzig, kahl, wimperig; die Blumen in Doldentrauben. *L. W. III.* 453. *De Cand. Syst. II.* 395.

α. *thymbraefolia:* mit spitzigen, wimperigen Blättern. *De Cand. a. a. O.*

β. *corifolia:* mit stumpfen, kahlen Blättern. *De Cand a. a. O. Sims Bot. Mag. t.* 1642.

γ. *vermiculata:* mit fast stumpfen, fast wimperigen Blättern. *De Cand. a. a. O.* I. saxatilis. *Pall. ind. Taur. in Nov. Act Petr. X.* 314. I. vermiculata. *W. Enum.* 669. *Baumz.* 188. *Bieberst. Fl. Taurico-Cauc. II.* 101. *III.* 431.

Stein-B. — Im südlichen Europa und in Taurien auf Bergen. — ♄, der niederliegt und mit den Ästen nur 3—4'' aufwärts steigt. Bl. weifs, 4, 5. Fr. 6, 7.

3. I. *sempervirens:* staudenstrauchig; die Blätter lanzettförmig und lanzett-linienförmig, stumpf, an der Basis verschmälert, ganzrandig, kahl; die Blumen in doldentraubichten, endlich verlängerten Trauben; die Schötchen durch eine schmale Bucht ausgerandet. *L. W. III.* 452 *De Cand. Syst. II.* 397.

Immergrüner B. — Auf der Insel Candia in Felsenspalten. ♄ 1' und darüber. Bl. weifs, 4—8. Fr, 6—10.

123. Alys-

124. Alyssum. *Steinkraut.*

1. A. *maritimum*: die Stengel an der Basis staudenstrauchig, die Blätter linien-lanzettförmig, spitzig, fast greisgrau; die Schötchen oval, kahl, mit dem kurzen Griffel gespitzt. *W. III* 459 *De Cand. II* 318. Lepidium fragans. *W. in Ust. bot. Mag. IV. B.* 11. *St.* 37.

Meerstrand-S. — Im südlichen Europa. ♄ 1½', nur unten holzig. Bl. weifs und wohlriechend, 6—9 Fr. 8—10.

2. A. *halimifolium*: die Stengel staudenstrauchig, aufwärts gebogen; die Blätter keil-lanzettförmig, stumpf, durch schülfrig-sternförmige Haare greisgrau; die Schötchen fast kreisrund, kahl, doppelt so lang wie der Griffel. *W. III.* 460. *De Cand. II.* 320.

Immergrünes S. — Im südlichen Europa ♄ ½', kaum höher, ästig, die Äste gedreht, mit schülfrig-sternförmigen Haaren überzogen. Bl. weifs, 7. Fr. 9. ⌂.

3. A. *spinosum*: die Stengel staudenstrauchig; die Äste und ältern Blumenstiele dornig, die Blätter linien-lanzettförmig, stumpf, silbericht-schülferig; die Schötchen fast kreisrund, kahl, mit dem kurzen Griffel gespitzt. *L. W. III.* 459. *De Cand. II.* 320.

Dorniges S. — In Spanien und dem südlichen Frankreich auf schroffen Felsen. ♄, höchstens ½', ästig, die Äste gedreht, silbericht-schülferig. Bl. 5, 6. Fr. 7—8. Verlangt sandigen Boden.

SILIQUOSA.

125. Cheiranthus. *Levcoje.*

1. C. *fruticulosus*: der Stengel staudenstrauchig mit eckigen Ästen; die Blätter lanzettförmig, spitzig, unterhalb greisgrau, durch sehr einfache angedrückte Haare. *L. Mant.* 94. *W III.* 516. C. Cheiri. *μ.* fruticulosus. *De Cand. Syst. II* 180.

Strauchartige L. — In Spanien und England. ♄ 1½'. Bl. gelb, ähnlich dem goldnen Lack, *Cheiranthus Cheiri*, aber kleiner, 4—7. Fr. 6, 9.

MONADELPHIA.

POLYANDRIA.

126. Hibiscus. *Ketmie.*

1. H. *syriacus*: strauchartig; die Blätter rautenähnlich, fast dreylappig, ungleich eingeschnitten-sägenartig; der äufsere Kelch achtblättrig; die Kapsel zottig. *L. W. III.* 817.

Syrische K. — In Krain und in der Levante. ♄ 6—7'. Bl. sehr schön und grofs, von verschiedener Farbe, als weifs im Grunde roth, schönroth, violett und bunt, 8, 9. Fr. 10—11. ⌂.

DIADELPHIA.

OCTANDRIA.

127. Polygala. *Polygala.*

1. P. *Chamaebuxus*: der Stengel staudenstrauchig; die Blätter oval-länglich, spitzig, ganzrandig, am Rande zurückgekrümmt; die Blumenstiele gipfel- und blattachselständig, meist zweyblumig; die Blumen unbärtig. *L. W. III.* 890.

Östreichsche P. — In Franken, Baiern, Östreich, der Schweiz und Elsas in felsigen Gegenden. ♄, niedergedrückt zur Erde, $\frac{1}{2}$—$\frac{2}{3}$' lang. Bl. mit weifsem Kelche und gelber Blumenkrone, 4—7. Fr. 6—9.

DECANDRIA.

128. Spartium. *Pfriemen.*

* *Mit einfachen Blättern.*

1. S. *junceum*: die Äste gegenüberstehend, stielrund, an der Spitze blumenbringend; die Blätter lanzettförmig. *L. W. III.* 926.

†. *plenum:* mit gefüllter Blume.

Binsenartige P. — In Spanien, im südlichen Frankreich und in Italien. ♄ 3—4'. Bl. gelb u. wohlriechend, 7, 9. Fr. 9—11. ⌂.

** *Mit dreyzähligen Blättern.*

2. S. *multiflorum:* die Äste straff, gestreift, überall blumentragend; die Blätter dreyzählig und einfach, schwach seidenartig. *L'Herit. Stirp. I. t.* 87. *W. III.* 930. S. dispermum. *W. im bot. Mag. IV.* 35. *t.* 2.

Vielblumige P. — In Portugal. ♄ 3—4'. Bl. weifs, sehr voll an den langen Zweigen, 5. Fr. 7—8. ⌂.

3. S. *scoparium:* die Äste eckig; die Blätter dreyzählig und einfach, länglich; die Blumen blattachselständig; die Hülsen am Rande haarig. *L. W. III.* 933. *G. W. H.* 156. *t.* 116.

Gemeine P. — In ganz Europa bis zum 54. Grad nördlicher Breite. ♄ 2—5'. Bl. gelb, 7, 8. Fr. 9.

4. S. *radiatum:* die Äste gegenüberstehend, dichtstehend, eckig; die Blätter dreyzählig, mit linienförmigen Blättchen; die Blattstiele erweitert, bleibend; die Blumen in gipfelständigen, kopfartigen Trauben. *L. W. III.* 934. *G. W. H.* 155. *t.* 116.

Gestrahlte P. — In Östreich, Krain und Italien in steinigen Wäldern. ♄ 1—2'. Bl. gelb, 6, 7. Fr. 9, 10. ⌂.

129. Genista. *Ginster.*

* *Unbewaffnete.*

1. G. *candicans:* die Äste eckig; die Blätter dreyzählig, mit umgekehrt-eyrunden, fast seidenartig-weichhaarigen Blättchen; die Blumenstiele an den kurzen Ästchen gipfelständig, vielblumig *L. Amoen. IV.* 284. *W. III.* 937.

Weifslicher G. — In Italien und dem südlichen Frankreich. ♄ 4—6'. Bl. gelb, 5. Fr. mit weifsen Haaren bedeckt, 7—8. ⌂.

2. G. *sagittalis:* der Stengel gestreckt, die Äste zweyschneidig, aufwärtsgebogen; die Blätter lanzettförmig-eyrund, haarig; die Hülsen zottig. *L. W. III.* 938. *G. W. H.* 158. *t.* 117.

Geflügelter G. — In Deutschland, Frankreich und Italien in sandigen Wäldern. ♄, der mit dem holzigen Stengel niederliegt und die krautartigen Äste ½' erhebt. Bl gelb, 6, 7. Fr. 9.

3. G. *triangularis*: der Stengel gestreckt; die Äste dreykantig, aufwartsgebogen; die Blätter lanzettförmig, stachelspitzig, kahl; die Hülsen kahl. *Waldst.* et *Kitaib. pl. rar. Hung.* *W.* 939.

Dreyeckiger G. — Im Banat. ♄ ⅔—1'. Bl. gelb, 7. Fr. 9—10.

4. G. *tinctoria*: der Stengel aufrecht; die Äste aufrecht, stielrund, gestreift, kahl; die Blätter lanzettförmig, kahl; die Hülsen kahl. *L.* *W. III* 939. *G. W. H.* 159 *t.* 118.

Färbender G. — Im gröſsten Theil von Europa. ♄ 1—2'. Bl. 7, 8. Fr. 10.

5. G. *virgata*: der Stengel aufrecht, ruthenförmig; die Äste gefurcht, kahl; die Blätter kahl, lanzettförmig, die obersten linien-lanzettförmig; die Hülsen kahl *W. Baumz* 159.

Ruthenförmiger G. — In Ungarn u. im Orient. ♄ 4—6', unten am Stamm zuweilen 3'' im Durchmesser; übrigens aber die gröſste Ahnlichkeit mit dem vorhergehenden. Bl. gelb, 7, 8. Fr. 10.

6. G. *ovata*: der Stengel aufwärtsgebogen; die Äste stielrund, gestreift; die Blätter eyrund-länglich, haarig; die Hülsen haarig. *Waldst.* et *Kitaib. pl. rar. Hung.* *W. III.* 940

Eyrunder G. — In Slavonien und im Banat auf Hügeln ♄ ½—1', den beiden vorhergehenden ähnlich. Bl. gelb, 6, 7. Fr 10.

7. G. *procumbens*: der Stengel gestreckt, die Äste stielrund, gestreift; die Blätter lanzettförmig, spitzig, am Rande und unterhalb seidenartig-weichhaarig; die Blumenstiele blattachselstandig, meist dreyfach, fast von der Länge des Blattes; die Blumenkronen kahl; die Hülsen etwas zottig. *Waldst* et *Kitaib. pl. rar. Hung.* *W. III.* 940. *G. W. H* 160 *t.* 119.

Liegender G. — In Mähren und Ungarn. ♄, dessen holziger Stengel 1½—2' auf dem Boden liegen und der mit den krautartigen Ästen nur 2—3'' sich erhebt Bl. gelb, 6, 7. Fr 10.

8. G. *pilosa*: der Stengel gestreckt; die Äste höckeriggenarbt; die Blätter oval, meist stumpf; die Blu-

menstiele blattachselständig, meist einzeln, sehr kurz; die Blumenkronen haarig; die Hülsen durch anliegende kurze Haare etwas scharf. *L. W. III.* 941. *G W. H.* 161. *t.* 120.

Haariger G. — Meist in ganz Europa in trocknen Wäldern. ♄, dessen gestreckter Stengel etwa ½′ lang wird Bl gelb, 5, 6, zuweilen auch noch einmal 8, 9. Fr. von der ersten Blühezeit 8, 9.

*** Dornige.*

9. G. *anglica*: die Äste mit meist einfachen Dornen; die blumentragenden Ästchen unbewaffnet; die Blätter lanzettförmig, spitzig, stachelspitzig, kahl; die Hülsen kahl. *L. W. III.* 943. *G. W. H.* 162. *t* 121.

Englischer G. — In England, Holstein und Westphalen, auf Triften, Feldern, Heiden und in Wäldern. ♄ 1—1½′. Bl. gelb, 5, 6. Fr. 8.

10. G *germanica*: die Äste mit zusammengesetzten Dornen; die blumentragenden Ästchen unbewaffnet; die Blätter lanzettförmig, spitzig, haarig; die Hülsen haarig. *L. W. III.* 944. *G. W. H.* 163. *t.* 122.

Deutscher G. — In Deutschland und Frankreich an schattigen Orten und in Wäldern. ♄, dem vorhergehenden ähnlich, 1—1½′. Bl. gelb, 6, 7. Fr. 8, 9.

130. Ulex. *Hecksame.*

1. U. *europaeus*; die Äste mit dichtstehenden, zusammengesetzten Dornen, die ältern kahl, die jüngern zottig; die Ästchen abwärtsstehend; die Blätter lanzett-linienförmig; die Nebenblätter eyrund, schlaff; die Kelchzähne undeutlich, gegeneinandergeneigt. *L. W. III.* 969. *G. W. H.* 164. *t.* 123.

Europäischer H. — In Deutschland, Frankreich, Spanien und Italien. ♄ 3—5′, der in einem trocknen Boden, vor Nord- und Ostwinden geschützt, durch Wurzel und Samen nachtheilig für andere Gewächse sich vermehrt, freystehend aber bey uns durchaus erfriert. Bl. gelb, 5, 6. Fr. 8. ⌂.

131. Amorpha. *Unform.*

1. A. *elata:* der Stengel strauchig; die Blätter unpaar-gefiedert, kahl mit durchscheinend-getüpfelten Blättchen; die Kelche drüsig, kahl mit vier stumpfen Zähnen und einem zugespitzten; die Staubfäden an der Basis bis zur Länge des Kelches verwachsen. — A. perforata. *Schkuhr bot. Handb. II.* 333. A. fruticosa *α*. *Pursh II.* 466.

Erhabene U. — In Carolina und Florida. ♄ 10—12′. Bl. braun-violett, 7, 8. Fr. 10. (Schon *Schkuhr* hat diese Art von der folgenden unterschieden, aber er hat die Blumen und Blätter von beiden Arten mit einander verwechselt, daher seine Abbildung eine Verbindung von beiden ist. Der von ihm gegebene Name *A. perforata* ist nicht bezeichnend, da die übrigen Arten ebenfalls diesen Namen verdienen; und daher habe ich hier den Namen *A. elata*, unter dem ich jetzt diese Art von Herrn *Carl Bouché*, einem äuſserst genauen Beobachter, erhielt, aufgenommen. Von eben demselben sind auch die Charaktere beider Arten, die ich auch durch Exemplare, welche ich vor mehreren Jahren in Hamburg sammelte, bestätigt finde.)

2. A. *fruticosa:* der Stengel kleinstrauchig; die Blätter unpaar-gefiedert, weichhaarig mit sparsam durchscheinend-getüpfelten Blättchen; der Kelch drüsig, weichhaarig mit vier stumpfen Zähnen und einem zugespitzten; die Staubfäden an der Basis nur wenig verwachsen. *L. W. III.* 970. A. nonperforata. *Schkuhr bot. Handb. II.* 333.

Strauchartige U. — In Nordamerika. ♄ 3—3½′. Bl. braun-violett, 6, 7. Fr. 9—10.

3. A. *pubescens:* der Stengel staudenstrauchig (bey uns nur staudig); die Blätter unpaar-gefiedert mit weichhaarigen Blättchen; der Kelch weichhaarig, mit Zähnen, die alle zugespitzt sind. *W. III.* 970. *Pursh II.* 467. A. herbacea. *Walt. Carol.* 179. A. pumila. *Michaux II.* 64.

Haarige U. — In Carolina und Georgien. ♄ nach *Pursh*, hier nur ♃ von 3′, die *Willdenow* noch zum ♄ macht. Bl. wie der vorhergehende, aber mit kleinern Blumen, 9—10, und kann daher noch spät zur Verzierung der Anlagen benutzt werden. Fr. reift nicht bey uns.

132. Ononis. *Hauhechel.*

1. O. *spinosa:* die Äste dornig und dornenspitzig, zottig; die untern Blätter dreyzählig mit eyrund-lanzettförmig-sägenartigen Blättchen; die Blumen blattachselständig, meist gepaart. *W. III* 989. *G. W H.* 166. *t.* 124. O. spinosa *β*. *L.* 1006.

Dornige H. — In ganz Europa auf Äckern, Triften und an Wegen. ♄, dessen Stengel nur ein paar Zoll über die Erde holzig hervortritt, so wie auch das ganze Gewächs sich nur 1—$1\frac{1}{2}$' über den Boden hinstreckt. Bl. hell-purpurroth oder weifs, 6—8. Fr. 9, 10.

2. O. *hircina:* die Äste unbewaffnet, zottig-schmierig; die untern Blätter dreyzählig, mit elliptischen, sägenartigen, weichhaarigen Blättchen; die Blumen blattachselständig, meist gepaart. *Jacq. hort. Windob. I* 40. *t.* 93. *W. III.* 989. O. foetens. *Allion. Fl. Pedem. I. n.* 1164. *t.* 41. *fig.* 1. O. altissima. *Lamarck Encycl. I.* 500. O. arvensis. *Retz Obs. II.* 21 *Roth Fl. Germ. I.* 304. *II.* 2. 167. O. spinosa *α*. mitis. *L.* 1006.

Stinkende H. — In Schweden, Deutschland, Ungarn und Italien. ♄ 2—3' aufrecht, aber noch weniger als der vorhergehende sich verholzend. Bl. hell-purpurroth, 5—8. Fr. 8—10.

3. O. *Natrix:* die Äste weichhaarig-zottig, unbewaffnet; die untern Blätter weichhaarig-schmierig, dreyzählig mit umgekehrt-eyrund-lanzettförmigen, gegen die Spitze sägenartig-gezähnten Blättchen; die Afterblätter länglich-lanzettförmig; die Blumenstiele blattachselständig, gegrannt, einblumig, einzeln, länger als die Blätter. *L. W. III.* 1007. *G. W. H.* 168. *t.* 125.

Gelbe H. — In Krain, der Schweiz, Frankreich und Italien unter den Saaten. ♄ $1\frac{1}{2}$—2', aber nur wenig verholzend. Bl. gelb, 6, 7. Fr. 10.

4. O. *fruticosa:* staudenstrauchig; die Äste unbewaffnet, weichhaarig; die Blätter sitzend, dreyzählig mit lanzettförmigen Blättchen; die Afterblätter scheidenartig; die Blumenstiele meist dreyblumig. *L. W. III.* 1010.

Strauchartige H. ♄ 1—$1\frac{1}{2}$'. Bl. hell-purpurroth, 5, 6. Fr. 8, 9. In der Jugend ⌂.

5. O. *rotundifolia:* staudentrauchig; die Äste unbewaffnet, weichhaarig-schmierig; die Blätter

dreyzählig, mit eyrund-rundlichen, ungleichgezahnten Blättchen; die Afterblätter eyrund; die Blumenstiele dreyblumig; die Kelche von drey Nebenblättern unterstützt. *L. W.* 1011. *G. W. H.* 168. *t.* 126.

Rundblättrige H. — In der Schweiz, im südlichen Frankreich, in Kärnthen, Spanien und Italien. ♄ mit niederliegenden Ästen, nicht viel über 1' hoch. Bl. purpurroth, 6—9. Fr. 9—11.

133. Apios. *Erdbirne.*

1. A. *tuberosa*: der Stengel windend; die Blätter unpaar-gefiedert mit fünf oder sieben eyrund-lanzettförmigen, kahlen Blättchen; die Blumen in gepaarten, blattachselständigen Trauben, welche kürzer sind, als das Blatt. *Pursh II.* 473. Glycine Apios *W.* 1067.

Knollige E. — In Virginien. ♃—♄ mit knolliger Wurzel und windendem Stengel, der bis 10' hoch klettert, unten verholzt, aber dennoch in kalten Wintern bis auf die Wurzel abfriert. Bl. kirschroth und wohlriechend, 8, 9. Fr. 10—11.

2. A. *frutescens*: der Stengel windend; die Blätter unpaar-gefiedert, mit neun eyrunden, weichhaarigen Blättchen; die Blumen in einzelnen, gipfelständigen, nebenblättrigen Trauben. *Pursh II.* 474. Glycine frutescens, *L. W. III.* 1067.

Strauchartige E. — In Virginien und Carolina. ♄, der wie der vorhergehende auf 9—10' sich windet. Bl. violett, 8, 9. Fr. 11.

134. Cytisus. *Bohnenbaum.*

1. C. *Laburnum*: die Blätter dreyzählig, mit ovalen, wimperigen, oberhalb kahlen, unterhalb weichhaarigen Blättchen; die Blumen in einfachen, hangenden Trauben; der Kelch weichhaarig, mit einem linienförmigen Nebenblatte unterstützt; die Hülsen mit anliegenden kleinen Haaren besetzt, am Rande verdickt. *L. W. III.* 1113. *G. W. H.* 170. *t.* 217.

Gemeiner B. oder goldner Regen. — In gebirgigen Gegenden des südlichen Europens. ♄ 15—20'. Bl. gelb, 5—6. Fr. 8—9. , damit er nicht zu früh austreibt.

2. C. *alpinus*: die Blätter dreyzählig, mit lanzettförmigen oder oval-lanzettförmigen, auf beiden Flächen kahlen, im jugendlichen Zustande wimperigen Blättchen; die Blumen in einfachen, hangenden Trauben; der Kelch weichhaarig, ohne Nebenblatt; die Hülsen kahl, am obern Rande fast geflügelt. *W. Enum.* 767. *G. W. H.* 171. *t.* 128. C. Laburnum *β*. *Ait. III.* 49.

Alpen-B. — In Schottland, Savoyen und Ungarn. ♄ 20—40′, ja nach *Miller* soll er so stark werden, daſs er als Bauholz gefällt werden kann. Bl. 6, wenn der vorhergehende verblühet hat. Fr. 8, 9.

3. C. *nigricans*: die Blätter dreyzählig, mit umgekehrt-eyrunden, oberhalb kahlen, unterhalb meist weichhaarigen Blättchen; die Blumen in gipfelständigen, aufrechten, einfachen Trauben; der Kelch weichhaarig, mit einem linienförmigen Nebenblatte unterstützt; die Hülsen zusammengedrückt, mit anliegenden, kleinen Haaren besetzt. *L. W. III.* 1118. *G. W. H.* 172. *t.* 129.

α. *vulgaris*: mit 6′ langem Stengel und stachelspizzigen Blättchen.

β. *elongatus*: mit 2′ langem Stengel, stumpfen Blättchen und verlängerten Trauben.

Schwärzlicher B. — In Schlesien, Böhmen, Östreich, Ungarn, der Schweiz, Italien und den übrigen Ländern des südlichen Europens in gebirgigen Gegenden. ♄, dessen Äste und Blätter beym Trocknen schwärzlich werden: *α*. 6′, *β*. 2′. Bl. gelb: *α*. 6, 7, *β*. 6—9. Fr. 8—10.

4. C. *sessilifolius*: die Blätter dreyzählig, die untern gestielt, die blüthenständigen sitzend; die Blumen in gipfelständigen, aufrechten, einfachen Trauben; der Kelch von einem dreyfachen Nebenblatte unterstüzt; die Hülsen zusammengedrückt, kahl. *L. W. III.* 1120.

Italienischer B. — In Italien und dem südlichen Frankreich. ♄ 4—5′. Bl. gelb, 5, 6. Fr. 7, 8.

5. C. *capitatus*: die Ästchen zottig, mit abwärtsstehend-ausgebreiteten Haaren; die Blätter dreyzählig mit umgekehrt-eyrunden, wimperigen, auf beiden Flächen fast zottigen Blättchen; die Blumen in gipfelständigen, kopfförmigen Dolden; der Kelch zottig mit einem linienförmigen

Nebenblatte unterstützt; die Hülsen zusammengedrückt, zottig. *Jacq. Austr. I.* 16. *t.* 20. *Ait. III.* 51. *W. III.* 1123. *G. W. H.* 174. *t.* 130. C. supinus. *L.* 1042. C. hirsutus. *Crantz Stirp. Austr.* 338. Viborgia capitata. *Mönch.*

Kopfförmiger B. — Im südlichen Deutschland. ♄ $1\frac{1}{2}$—2'. Bl. gelb, 6—9; mit einzelnen Blumen in den Astachseln auch schon 4—5. Fr. 9, 10.

6. C. *austriacus*: die Ästchen zottig, mit aufrecht-abwärtsstehenden Haaren; die Blätter dreyzählig mit umgekehrt-eyrund-lanzettförmigen, fast angedrückt-wimperigen, auf beiden Flächen gestriegelt-weichhaarigen Blättchen; die Blumen in gipfelständigen, kopfförmigen Dolden; der Kelch mit fast angedrückten Haaren besetzt und mit einem lanzettförmigen Nebenblatte unterstützt; die Hülsen zusammengedrückt mit zerstreuten Haaren. *L. W. III.* 1123. *G. W. H.* 175. *t.* 131. Viborgia austriaca. *Mönch.*

Östreichischer B. — In Östreich, Bayern, Schlesien, Ungarn, Italien und Sibirien. ♄ $1\frac{1}{2}$—2', dem vorhergehenden äusserst ähnlich. Bl. gelb, 6—9 Fr. 9, 10.

7. C. *leucanthus*: die Ästchen sehr schwach weichhaarig; die Blätter dreyzählig mit länglichen, fast kahlen Blättchen; die Blumen in gipfelständigen, kopfförmigen Dolden; die Kelche weichhaarig. *Waldst. et Kitaib. pl. rar. Hung. W. III.* 1124.

Weißblumiger B. — Im Banat in Wäldern. ♄ $1\frac{1}{2}$—2'. Bl. gelblichweiß, 6, 7. Fr. 9—10.

8. C. *purpureus*: die Stengel gestreckt; die Ästchen kahl; die Blätter dreyzählig, umgekehrt-eyrund-länglich, kahl; die Blumen blattachselständig, gestielt, meist einzeln; der Kelch röhrenartig, kahl; die Hülsen kahl. *Scop. Fl. Carn. n.* 905. *t.* 43. *Jacq. Austr.* 5. *app. t.* 48. *W. III.* 1124. Viborgia purpurea. *Mönch.*

Rother B. — In Kärnthen, Friaul und Croatien. ♄ $\frac{3}{4}$—1'. Bl. purpurroth, 6. Fr. 9. ⌓ und kalkartiger Boden.

9. C. *elongatus*: der Stengel aufrecht; die Ästchen verlängert, weichhaarig mit angedrückten Haaren; die Blätter dreyzählig mit umgekehrt-eyrunden, zottig-weichhaarigen Blättchen; die Blumen

blattachselständig, gestielt, meist vierzählig; der Kelch röhrenartig, zottig-weichhaarig; die Hülsen etwas zottig mit angedrückten Haaren. *Waldst.* et *Kitaib. pl. rar. Hung. II.* 200. *t.* 183. *W. Enum.* 768.

Verlängerter B. — Im Banat in Waldungen. ♄ 4—5′ mit langen, überall blumentragenden Ästchen. Bl. gelb, 5, 6. Fr. 8, 9.

10. C. *falcatus:* der Stengel niedergebogen; die Ästchen zottig mit abwärtsstehenden Haaren; die Blätter dreyzählig mit umgekehrt-eyrunden, zottig-wimperigen, weichhaarig-zottigen Blättchen; die Blumen blattachselständig, gestielt, meist dreyzählig; der Kelch fast bauchig, weichhaarig-zottig; die Hülsen etwas sichelförmig, zottig. *Waldst. et Kitaib. pl. rar. Hung. III.* 264. *t.* 238. *W. Enum.* 768.

Sichelförmiger B. — In Croatien und im Banat auf waldigen Kalkhügeln. ♄ 2—3′. Bl. gelb, 5. Fr. 8.

11. C. *supinus:* der Stengel niederliegend; die Ästchen sehr schwach-weichhaarig mit ausgebreiteten Haaren; die Blätter dreyzählig mit umgekehrt-eyrund-länglichen, weichhaarig-wimperigen, unterhalb weichhaarigen Blättchen; die Blumen blattachselständig, gestielt, meist gepaart; der Kelch fast bauchig, schwach-weichhaarig; die Hülsen etwas weichhaarig. *Jacq. Austr. I.* 15. *t.* 20. *W. III.* 1125. *G. W. H.* 176. *t.* 132. C. hirsutus. *Lamarck Encycl. I.* 248. Viborgia supina. *Mönch.*

Niedriger B. — Im südlichen Europa und Sibirien ♄ $1\frac{1}{2}$—2′. Bl. gelb, 5—7. Fr. 8—10.

12. C. *biflorus:* der Stengel sparrig, die Ästchen aufwärtsgekrümmt, weichhaarig mit angedrückten Haaren; die Blätter dreyzählig mit länglich-lanzettförmigen, unterhalb fast seidenartigen Blättchen; die Blumen blattachselständig, gestielt, meist gepaart; der Kelch fast bauchig, weichhaarig; die Hülse etwas weichhaarig. *L'Herit. Stirp.* 184. *W. III.* 1125.

Zweyblumiger B. — Vielleicht im südlichen Europa. ♄ 2—3′. Bl. gelb, 5, 6, Fr. 8, 9.

13. C. *argenteus:* die Ästchen seidenartig; die Blätter dreyzählig mit länglich-lanzettförmigen, seidenartigen Blättchen; die Blumen gipfelständig,

meist dreyzählig; der Kelch tief-dreytheilig, seidenartig; die Hülsen zottig. *L. W. III.* 1128.

Silberfarbiger B. — In Krain und dem südlichen Frankreich. ♄ $\frac{1}{2}$—$\frac{2}{3}$' mit niederliegenden Ästen. Bl. gelb, 7. Fr. 10. ⌓, in lehmigem und kalkhaltigem Boden.

14. C. *nanus:* die Ästchen weichhaarig mit angedrückten Haaren; die Blätter dreyzählig mit umgekehrt-eyrunden, unterhalb gestriegelt-weichhaarigen Blättchen; die Blumen in gipfelständigen, meist vierblumigen, einseitswendigen Trauben; der Kelch tief-dreytheilig, weichhaarig. *W. Enum.* 769. C. calycinus. *Bieberst. Fl. Taur. Cauc. II.* 166.

Kleiner B. — In der Levante. ♄ $\frac{1}{2}$—$\frac{2}{3}$'. Bl. blafsgelb, 7. Fr. 10. ⌓.

15. C. *wolgaricus:* die Blätter unpaar-gefiedert mit rundlich-elliptischen, greisgrau-weichhaarigen Blättchen; die Blumen in blattachsel- und gipfelständigen, einseitswendigen Trauben. *L. Suppl. W. III.* 1120. C. pinnatus. *Pall. Ross. I.* 37. *t.* 47. C. nigricans. *Pall. it. II.* 754. *t. G. g. fig.* 3.

Wolgarischer B. — Auf dürren Hügeln am Ufer der Wolga. ♄ 1—2', sparrig. Bl. gelb, 6. Fr. 8. 9.

135. Robinia. *Robinie.*

1. R. *Pseudacacia:* die Ästchen nackt und kahl; die Blätter unpaar-gefiedert; die Afterblätter dornicht; die Blumen in blattachselständigen Trauben mit einblumigen Blumenstielchen; die Hülsen nackt. *L. W. III.* 1131.

Gemeine R. oder unechte Acacie. — In Nordamerika. ♄ von ansehnlicher Gröfse. Bl. weifs, wohlriechend, 6. Fr. 10.

2. R. *viscosa:* die Ästchen drüsig-schmierig; die Blätter unpaar-gefiedert; die Blumen in blattachselständigen Trauben mit einblumigen Blumenstielchen; die Hülsen drüsig-schmierig. *Ventenat descr. pl. nov.* 4. *t.* 4. *W. III.* 1131.

Klebrige R. — Im südlichen Carolina auf dem Gebirge Alleghanis bey den Quellen des Savannhaflusses. Dort und auch hier ♄ 40—50' Bl. röthlich, geruchlos, 6, und dann wieder 8. Fr. 10—11.

3. R. *hispida:* die Ästchen unbewaffnet, steifhaarig; die Blätter unpaar-gefiedert; die Blumen in blattachselständigen Trauben mit einblumigen Blumenstielchen. *L. Mant.* 101. *W. III.* 132.

Borstige R. oder rothe Acacie. — In Florida, Carolina, Virginien und Pensylvanien. ♄ 20—25' im Vaterlande; hier wird sie gewöhnlich auf die R. Pseudacacia gepfropft und als ♄ gezogen. Bl. rosenroth, geruchlos, 5—9. Fr. reift nicht bey uns.

4. R. *Caragana:* die Blätter paarig-gefiedert, meist vierpaarig; die Afterblätter unbewaffnet, abfallend; die Blumen blattachselständig, gestielt, gehäuft; die Hülsen walzenförmig. *L. W. III.* 1135. R. Altagana. *Pall. Ross.* 68. *t.* 42. *die mittlere Figur.*

Sibirische R. — In Sibirien. ♄ 10—12' baumartig. Bl. gelb, 4, 5. Fr 7, 8.

5. R. *Altagana:* die Blätter paarig-gefiedert, sechs- bis neunpaarig; die Afterblätter dornenspitzig; die Blumen blattachselständig, gestielt, einzeln; die Hülsen zusammengedrückt. *L'Herit. Stirp.* 159. *t.* 76 *W. III.* 1135. R. Altagana *β. Pall. Ross.* 69. *t.* 42. *die seitenständigen Figuren.*

Sand-R. — In Daurien an sandigen Orten. ♄ 6—7'. Bl. gelb, 5. Fr. 7—8.

6. R. *jubata:* die Ästchen zottig, durch die bleibenden, zurückgeschlagenen Blattstiele des vorigen Jahres dornig; die Blätter paarig-gefiedert, vielpaarig, mit lanzettförmigen, weichhaarigen Blättchen; die Blattstiele fadenförmig, dornspitzig, bleibend; die Blumen blattachselständig, gestielt, einzeln; die Hülsen stielrund. *Pall. Nov. Act. Petr. X.* 370. t. 6. *W. III.* 1136.

Mähnenartige R. — In Sibirien am Baicalsee. ♄ $1\frac{1}{2}$—2'. Bl. 4—6. Fr. 6—8.

7. R. *spinosa:* die Ästchen kahl, durch die bleibenden, ausgebreiteten Blattstiele des vorigen Jahres dornig; die Blätter paarig-gefiedert, vierpaarig mit umgekehrt-eyrund-lanzettförmigen, gegen die Basis keilförmigen, kahlen Blättchen; die Blattstiele und Afterblätter dornenspitzig, bleibend; die Blumen blattachselständig, gestielt, meist einzeln; die Hülsen stielrund. *L. Mant.* 269. *W. III.* 1136. R. spinosissima. *Laxm. Nov. Act. Petr. XV.* 558. *t.* 30. *f.* 4.

Dornige R. — In Sibirien auf sehr dürren, sandigen Bergen. ♄ 5—6′ im Vaterlande; hier 2—3′. Bl. gelb, 4, 5. Fr. 6, 8.

8. R. *Halodendron*: die Ästchen durch die bleibenden Blattstiele des vorigen Jahres dornig; die Blätter zweypaarig gefiedert mit seidenartigen Blättchen; die Blattstiele dornspitzig, bleibend; die Blumenstiele blattachselständig, dreyblumig; die Hülsen aufgeblasen. *L. Suppl. W. III.* 37.

Graue R. — In Sibirien in den salzigen Steppen. ♄ 5—6′ im Vaterlande; hier ist er noch nicht so hoch. Bl. blaſsviolett, 6, 7. Fr. 9, 10.

9. R. *Chamlagu*: die Ästchen durch die bleibenden Blattstiele des vorigen Jahres dornig; die Blätter zweypaarig-gefiedert, mit umgekehrt-eyrunden, kahlen Blättchen; die Blattstiele und Afterblätter dornspitzig, bleibend; die Blumen blattachselständig, gestielt, einzeln. *L'Herit. Stirp.* 161. *t.* 77. *W. III.* 1138. *G. O. H.* 30. *t.* 36.

Glänzende R. — In China. ♄ 2—3′ mit sparrigen Ästen. Bl. schmutzig-gelb, endlich etwas röthlich, 5, 6. Fr. reift nicht bey uns.

10. R. *frutescens*: die Ästchen durch die bleibenden Blattstiele des vorigen Jahres dornig; die Blätter kurz gestielt, vierzählig, mit umgekehrt-eyrunden, stachelspitzigen Blättchen; die Blattstiele dornspitzig; die Blumen blattachselständig, gestielt, einzeln; die Hülsen stielrund und, so wie die Blumenstiele und Kelche, kahl. *L. W. III.* 1138.

Strauchartige R. — In Sibirien. ♄ 5—6′; im Vaterlande an Gröſse sehr verschieden, und so denn auch ♄ $\frac{1}{3}$′. Bl. gelb, 5. Fr. 8.

11. R. *mollis*: die Ästchen durch die bleibenden Blattstiele des vorigen Jahres dornig; die Blätter kurzgestielt, vierzahlig, kahl mit umgekehrt-eyrunden, stachelspitzigen Blättchen; die Blattstiele dornspitzig; die Blumen blattachselständig, gestielt, einzeln; die Hülsen stielrund und, so wie die Blumenstiele und Kelche, kahl. *Bieberst. Fl. Taur. Cauc. III.* 477.

Weiche R. — Auf dem nördlichen Vorgebirge des Caucasus, häufiger in Bessarabien und auch im südlichen Polen. ♄ oder nur ♄ von 2′, dem vorhergehenden äuſserst ähnlich, aber durch den haarigen Überzug verschieden, so wie auch die Nägel der Kronenblätter auffallend länger sind als der Kelch, da sie bey jenem hingegen den Kelch kaum an Länge übertreffen. Bl. 5. Fr. 8.

12. R. *pygmaea:* die Ästchen durch die bleibenden Blattstiele des vorigen Jahres dornig: die Blätter fast sitzend, meist vierzählig mit linien-keilförmigen, zugerundeten, stachelspitzigen Blättchen; die Blattstiele äusserst kurz, dornspitzig, bleibend; die Blumen blattachselständig, gestielt, einzeln; die Hülsen stielrund. *L.* *W. III* 1138.

Niedrige R. — In Sibirien. ♄ 2', kaum etwas höher, dem vorigen sehr ähnlich. Bl. gelb, 6. Fr. 8.

136. Colutea. *Blasenstrauch.*

1. C. *arborescens:* der Stengel baumartig; die Blätter unpaar-gefiedert mit umgekehrt-eyrunden, zurückgedrückten Blättchen; die Blumenstiele meist sechsblumig; die Hülsen an der Spitze geschlossen. *L.* *W. III.* 1139. *G. W. H.* 177. *t* 133.

Baumartiger B. — Im südlichen Europa, als in Italien, Frankreich, der Schweiz, Östreich und einigen Gegenden Deutschlands. ♄ 14—15'. Bl. gelb, 6—8. Fr. 7—10.

2. C. *media:* der Stengel baumartig; die Blätter unpaar-gefiedert mit umgekehrt-herzförmigen, etwas schimmelgrünen Blättchen; die Blumenstiele meist sechsblumig; die Hülsen an der Spitze geschlossen. *W. Enum.* 771.

Bastard-B. — Das Vaterland ist unbekannt; vermuthlich ein Bastard des vorhergehenden und folgenden Strauches. ♄ 4—6'. Bl. hell-orangegelb, 5—7. Fr. 7—9.

3. C. *cruenta:* der Stengel strauchig; die Blätter unpaar-gefiedert mit umgekehrt-lanzettförmig-rundlichen, an der Spitze fast abgestutzten, schimmelgrünen Blättchen; die Blumenstiele meist dreyblumig; die Hülsen an der Spitze aufspringend. *Ait. III.* 55. *W. III.* 1139. C. orientalis. *Du Roi* 1. 239. C. humilis. *Scop. insub. II.* 33. *t.* 12. C. sanguinea. *Pall. Ross. II.* 174.

Rother B. — In einigen Gegenden Deutschlands, in Italien, der Krimm und überhaupt im Orient. ♄ 3—5'. Bl. schmutzig-roth, 5—7. Fr. 7—9. ⌂.

4. C. *Pocockii:* der Stengel kleinstrauchig; die Blätter unpaar-gefiedert mit elliptisch-rundlichen, stachelspitzigen Blättchen; die Blumenstiele meist dreyblumig; die Hülsen an der Spitze geschlossen. *Ait. III.* 55. *W. III.* 1140. C. halepica. *Lamarck Encycl. I.* 349. C. istria. *Mill. Dict. t.* 100.

Aleppischer B. — In Natolien. ♄ $1\frac{1}{2}$—2'. Bl. gelb, kleiner als die vorhergehenden Arten, 6—8. Fr. 7—10.

137. Coronilla. *Peltschen.*

1. C. *Emerus:* strauchig; die Äste eckig; die Blätter gefiedert; die Blumenstiele meist dreyblumig; die Nägel der Kronenblätter dreymal so lang wie der Kelch. *L. W. III.* 1149. *G. W. H.* 178. *t.* 134.

Scorpions-P. — Im südlichen Dentschland, in Frankreich, der Schweiz und Italien. ♄ 4—5' im Schutze; hingegen frey niedriger. Bl. gelb, 4—7. Fr. 6—9.

138. Astragalus. *Traganth.*

1. A. *virgatus:* stengeltreibend, aufrecht, staudenstrauchig; die Blätter unpaar-gefiedert, meist sechspaarig, mit linien-lanzettförmigen, weichhaarig-grauen Blättchen; die Blumen in verlängerten, ährenartigen Trauben; die Hülsen länglich, dreykantig. *Pall. Astrag.* 20. *t.* 18. *W. III.* 1267. A. varius. *Lamarck Encycl. I.* 310.

Ruthenförmiger T. — Am Caspischen Meere und in Ungarn. ♄, dessen holziger Stengel nur $\frac{1}{4}$' sich erhebt, und alljährig krautartige, $1\frac{1}{2}$' lange Äste treibt. Bl. violett, 7. Fr. 9—10. In kalten Wintern friert er bis auf die Wurzel ab.

139. Lotus. *Schotenklee.*

1. L. *hirsutus:* der Stengel aufrecht, kurzhaarig, mit stielrunden Ästen; die Blätter dreyzählig mit ovalen, zottigen Blättchen; die Blumen in rundlichen Köpfen; die Hülsen eyförmig, kahl. *L. W. III.* 1392.

Zottiger S. — Im südlichen Frankreich, in Italien und im Orient. ♄ 1—$1\frac{1}{2}$'. Bl. röthlich, 6—9. Fr. 10.

2. L.

2. L. *rectus*: der Stengel aufrecht, stielrund, kahl mit undeutlich vierseitigen, etwas kurzhaarigen Ästen; die Blätter dreyzählig mit keilförmigen, zottigen Blättchen; die Blumen in fast kugelrunden Köpfen; die Hülsen stielrund, gerade, kahl. *L. W. III.* 1393.

Gerader S. — In Italien, dem südlichen Frankreich und Spanien. ♄, dessen holziger Stengel im Freyen nur $\frac{3}{4}$' hoch wird, der alljährig neue Äste treibt. Im kalten Hause durchwintert, erreicht er eine Höhe von 3—4'. Bl. röthlich, 6—8. Fr. 9—10. ⌓. Friert zuweilen ab, jedoch nur bis auf die Wurzel.

140. Dorycnium. *Dorycnium.*

1. D. *monspeliense*: der Stengel staudenstrauchig; die Blätter fünfzählig, mit linien-lanzettförmigen, spitzigen Blättchen; die Kelchzähne eyrund. *L. W. III.* 1396.

Strauchartiges D. — In Italien, im südlichen Frankreich und in Spanien. ♄ $1\frac{1}{2}$–2'. Bl. weifs, 7—9. Fr. 9—11. ⌓, jedoch sonnig, in thonigem, mit Kalk gemengtem Boden. Friert in kalten Wintern fast bis auf die Wurzel ab.

2. D. *herbaceum*: der Stengel meist krautartig, ganz unten holzig; die Blätter fünfzählig mit umgekehrt-eyrunden, stumpfen Blättchen; die Kelchzähne eyrund. *Vill. Delph. III.* 417. *t.* 41. *W. III.* 1397.

Krautartiges D. — In Östreich, Ungarn, Piemont, Savoyen und dem südlichen Frankreich auf kalkigen Hügeln. ♄, dessen Stengel nur 1—$1\frac{1}{2}$'' über dem Boden holzig ist, aus dem er $1\frac{1}{2}$' lange Äste treibt, die niederliegen. Bl. weifs, 7—10. Fr. 9—11. ⌓, jedoch sonnig.

141. Medicago. *Schneckenklee.*

1. M. *cretacea*: der Stengel staudenstrauchig, sparrig; die Blätter dreyzählig mit rautenförmig-rundlichen, stachelspitzigen, undeutlich feinzähnigen Blättchen; die Blumenstiele vielblumig, traubicht; die Hülsen nierenförmig, einsamig. *W. Enum.* 800.

Kreide-S. — In Taurien auf dürren Kalkfelsen. ♄ 1', mit ausgebreiteten, liegenden Ästen. Bl. gelb, 7. Fr. reift selten.

POLYADELPHIA.

POLYANDRIA.

142. Hypericum. *Hartheu.*

1. H. *calycinum*: der Stengel staudenstrauchig: die Ästchen vierseitig; die Blätter eyrund-oval und oval-länglich, stumpf oder zugerundet, durchscheinend-getüpfelt; die Blumen gipfelständig, einzeln, fünfweibig; die Kelchzipfel rundlich-umgekehrt-eyrund, zugerundet. *L. Mant.* 106. *W. III.* 1442.

Grofsblühendes H. — In Griechenland. ♄ 1—$1\frac{1}{2}$' mit niederliegenden, an der Spitze aufwärtssteigenden Ästen Bl. gelb, sehr grofs, 7—10. Fr. nicht recht vollkommen, daher die Vermehrung durch die Wurzel.

2. H. *Androsaemum*: der Stengel strauchig; die Ästchen zweyschneidig; die Blätter eyrund, stumpf, stachelspitzig, äufserst fein durchscheinend-getüpfelt; die Blumen dreyweibig, in gipfelständigen, vier- bis sechsstrahligen Dolden; die Kelchzipfel eyrund, stumpf; die Früchte beerenartig. *L. W.* 1446.

Beerentragendes H. — In England, dem südlichen Frankreich und Italien an feuchten Orten. ♄ 2—3'. Bl gelb, 7—9. Fr. 9—11.

3. H. *elatum*: der Stengel strauchig; die Ästchen fast zweyschneidig, unter den Gelenken fast vierseitig; die Blätter länglich-eyrund, spitzig, äufserst fein durchscheinend-getüpfelt; die Blumen dreyweibig in gipfel- und blattachselständigen, wenigblumigen Doldentrauben; die Kelchzipfel lanzettförmig-eyrund, spitzig; die Staub-

gefäfse länger als die Blumenkrone. *Ait. III.* 104. *W. III.* 1448.

Hohes H. — In Nordamerika. ♄ 3—4'. Bl. gelb, 7, 8. Fr. 9, 10. .

4. H. *hircinum*: der Stengel staudenstrauchig, fast stielrund; die Ästchen zweyschneidig, unter den Gelenken fast vierseitig; die Blätter länglich, etwas spitzig, äufserst fein durchscheinend-getüpfelt; die Blumen dreyweibig in gipfel- und blattachselständigen, wenigblumigen Doldentrauben; die Kelchzipfel lanzettförmig, spitzig; die Staubgefäfse länger als die Blumenkrone. *L. W. III.* 1449.

Stinkendes H. — Im südlichen Europa. ♄ 2—3'. Bl. gelb, 7, 9. Fr. 9, 10.

5. H. *prolificum*: der Stengel strauchig; die Ästchen zweyschneidig; die Blätter linien-lanzettförmig, sehr kurz zugespitzt, fein durchscheinend-getüpfelt; die Blumen dreyweibig, in gipfel- und blattachselständigen, dichten, flachen, wenigblumigen Doldentrauben, deren mittlere Blume sehr kurz gestielt ist. *L. Mant.* 106. *W. III.* 1453.

Sprossendes H. — In Nordamerika. ♄ 3—4'. Bl. gelb, 7—9. Fr. 9, 10.

SYNGENESIA.

AEQUALIS.

143. Hieracium. *Habichtskraut.*

1. H. *fruticosum*: der Stengel strauchig, ästig; die Blätter gestielt, länglich, gezähnt; die Blumenstiele doldentraubicht; die Hülle filzig *W. III* 1591.

Strauchartiges H. — In Madera. ♄ ½—1'. Bl. gelb, 7, 8. Fr. 9. .

144. Mikania. *Mikanie.*

1. M. *scandens*: der Stengel kletternd, kahl; die Blätter piekenförmig, ausgeschweift-gezähnt, zugespitzt; die Blumen doldentraubenständig. *W. III.* 1743. Eupatorium scandens. *L. II.* 1171.

Kletternde M. — In Virginien an feuchten Orten. ♄, der 3—4' hoch klettert. Bl. roth, 8, 9. ⌂.

145. Santolina. *Heiligenpflanze.*

1. S. *Chamaecyparissus*: die Äste filzig; die Blätter vierzeilig-gezähnt mit stumpfen Zähnen; die Blumen gipfelständig, einzeln; die Hülle weichhaarig. *L. II.* 1179.

α. *glauca*: die jüngern Blätter schimmelgrün, die Spreublättchen an der Spitze wimperig. S Chamae-Cyparissus *W. Enum.* 857.

β. *virens*: die Blätter alle grün, die Spreublättchen überall kahl.

Cypressenartige H. — Im südlichen Frankreich, in Spanien, Italien und der Schweiz ♄ 2—3', immergrün. Bl blafsgelb, 7, 8. Fr. 8, 9. ⌂. Friert gewöhnlich ab.

2. S. *squarrosa*: die Äste filzig; die Blätter vierzeilig-gezähnt, mit abwärtsstehenden, pfriemförmigen Zähnen; die Blumen gipfelständig, einzeln; die Hülle kahl. *W. III.* 1798. S. rosmarinifolia ʒ. *L. II.* 1180.

Sparrigblättrige H. — In Spanien. ♄ 2—3', immergrün. Bl. blafsgelb, 8, 9. Fr. 9, 10. ⌂. Friert ab.

3. S. *viridis*: die Äste kahl; die Blätter vierzeilig-gezähnt, kahl, mit geraden, pfriemförmigen Zähnen; die Blumen gipfelständig, einzeln; die Hülle kahl. *W III.* 1798.

Grüne H. — In Spanien ♄ 2—3', immergrün. Bl. blafsgelb, 8, 9. Fr. 9, 10. ⌂. Friert ab.

SUPERFLUA.

146. Artemisia. *Beyfufs.*

1. A. *Abrotonum*: strauchig; der Stengel straff; die untern Blätter doppelt-gefiedert, die obern ein-

fach-gefiedert; die Fiedern und Fiederchen fadenartig-linienförmig; die Hülle halbkugelrund, weichhaarig. *L. W. III* 1818.

Stabwurz-B. — In Krain, Italien und der Levante. ♄ 2—3′ Bl mit grünen Blumen von der Gröſse eines Hirsekorns, 9, 10. Fr. wird nicht reif.

2. A. *procera*: strauchig; der Stengel abwärtsstehend-ästig; die Blätter alle doppelt-gefiedert, die Fiedern und Fiederchen fadenartig-linienförmig; die Hülle halbkugelrund, kahl. *W. III.* 1818. A. paniculata. *Lamarck Encycl. I.* 263.

Hoher B. — Im südlichen Frankreich und in Iberien. ♄ 5—6′. Bl mit etwas gröſsern Blumen als der vorhergehende, 9, 10. Fr. 10, 11.

3. A. *palmata*: strauchig; der Stengel kahl; die Blätter fast greisgrau, die untersten gefiedert mit linienförmigen, zwey- oder dreytheiligen, stumpfen Blättchen, die obern gefiedert mit genäherten Blättchen, die obersten linienförmig, ungetheilt, stumpf; die Hülle sitzend, länglich, meist dreyblumig. *Lamarck Encycl. I.* 266. *W. III.* 1833.

Schlitzblättriger B. — In Spanien und Catalonien am Meerstrande. ♄, dessen Stamm im Freyen nur 1′ verholzt, so daſs er aus diesem alljährlich neue Äste treiben muſs; im kalten Hause wird er $2\frac{1}{2}$—3′. Bl. mit kleinen, länglichen, braunen Blumen, 9, 10. Fr. selten vollkommen. ⌓.

147. Gnaphalium. *Ruhrkraut.*

1. G. *Stoechas*: strauchig; die Blätter linienförmig, am Rande zurückgerollt, filzig; die Doldentraube gedrängt; die Hülle eyförmig. *L. W. III.* 1863.

Buschiges R. — Im südlichen Europa. ♄ $1\frac{1}{2}$—2′. Bl. gelb, 7—9. Fr. 9, 10. ⌓, in lehmigem, kalkhaltigem Boden.

2. G. *italicum*: strauchig; die Blätter linien-fadenförmig, am Rande zurückgerollt, unterhalb filzig; die Doldentraube ausgebreitet; die Hülle walzenförmig. *Roth Catalect. I.* 115. *W. Baumz.* 168.

Italiänisches R. — In Italien. ♄ $\frac{1}{2}$—2′, der dem vorhergehenden ähnlich ist, und sich von diesem, aufser den angezeigten Merkmalen, auch noch durch den Geruch nach grünem Schweizerkäse, unterscheidet. Bl. gelb, 7—9. Fr. 9, 10. ⌓, in lehmigem, kalkhaltigem Boden.

148 Baccharis. *Bacharis.*

1. B. *halimifolia:* die Blätter rautenförmig, von der Mitte bis zur Spitze grob-gezahnt, kahl; die Blumen in blattachselständigen Trauben. *L. W. III.* 1915.

Meldenblättrige B. — In Virginien und Carolina. ♄ 8—9'. Bl. gelb, 9, 10. Fr. 10, 11. ⌓, am besten in der Nähe von Wasser.

NECESSARIA.

149. Iva. *Iva.*

1. I. *frutescens:* der Stengel strauchig; die Blätter lanzettförmig, tief-sägenartig, getüpfelt-scharf; die Blumenstiele blattachselständig, meist einblumig. *L. W. III.* 2387.

Strauchartige I. — In Neu-England, Virginien, Carolina, Florida und Peru. ♄ 5—6'. Bl. gelblich, 8, 9. Fr. reift nicht. ⌓.

GYNANDRIA.

HEXANDRIA.

150. Aristolochia. *Osterluzey.*

1. A. *Sipho:* der Stengel windend; die Blätter herzförmig, spitzig, ganzrandig, kahl; die Blumenstiele einblumig mit einem eyrunden Nebenblatte; die Blumenkronen aufwärtsgebogen, mit dreyspaltigem, gleichem Rande. *Ait. III.* 311. *W. IV.* 156. A. macrophylla. *Lamarck Encycl. I.* 252. A. frutescens. *Marshal* 24.

Grofsblättrige O. — In Virginien. ♄, der sich windend 18—20′ erhebt und wegen seiner Blätter, die gleichsam mit Nähten bezeichnet sind, merkwürdig ist. Bl. gelblich-grün und rothbraun geadert mit innerhalb rothbraunem Rande, 6, 7. Fr. nur in warmen Sommern vollkommen.

MONOECIA.

TRIANDRIA.

151. Comptonia. *Comptonie.*

1. C. *asplenifolia. Ait. III* 334. *W. IV.* 320. Liquidambar peregrinum *L. Syst. ed Reich IV.* 171. Liquidambar asplenifolium. *L.* 1418.

Streifenfarrnblättrige C. — In Nordamerika. ♄ 2—3′, der wegen der besondern Gestalt seiner Blätter, die einige Ähnlichkeit mit dem Wedel des Ceterach officinarum haben, merkwürdig ist. Bl. 5. Fr. nicht beobachtet.

TETRANDRIA.

152. Aucuba. *Aucuba.*

1. A. *japonica. Kaempf. amoen.* 775. *Thunb. Jap.* 64. *t.* 12. *W. IV.* 328.

Japanische A. — In Japan ♄ von mäfsiger Höhe nach Thunberg; bey uns ♄ 5′ mit gegenüberstehenden, gestielten, länglichen, sagenartigen, glänzenden, gelbgefleckten Blättern. Bl. braun in kleinen Doldentrauben, 3, 4, bey uns nur weiblich.

153. Alnus. *Else.*

1. A. *glutinosa:* die Blätter klebrig, unterhalb an den Astachseln der Rippen zottig, theils keilförmig-rundlich, ausgerandet, theils länglich, fiederspaltig, theils

gebuchtet. *W.IV.*334. *G. W.H.*180. Betula Alnus. *L.* 1394.

α. emarginata: mit keilförmig-rundlichen, ausgerandeten Blättern. *G. W.H.t.*135.

β. laciniata: mit länglichen, fiederspaltigen Blättern, deren Zipfel spitzig sind.

γ. quercifolia: mit gebuchteten Blättern, deren Zipfel stumpf sind.

Gemeine E. oder Eller. — In ganz Europa, im nördlichen Asien, Amerika und auch im nördlichen Afrika. ♄ 50—70'. Bl. 2—3. Fr. 11.

2. A. *oblongata*: die Blätter oval, etwas stumpf, klebrig, unterhalb an den Astachseln der Rippen kahl. *Ait.III* 338. *W.III.*335.

Längliche E. — In der Türkey. ♄, der baumartig, hier aber nur erst 5—6' hoch ist. Bl. 2—3. Fr. 11.

3. A. *incana*: die Blätter rundlich-oval und oval-eyrund, spitzig, unterhalb weichhaarig, an den Astachseln der Rippen kahl; die Afterblätter lanzettförmig. *L.Suppl.* 417. *W.IV.* 335. *G. W.H.* 182. *t.* 136. Betula incana. *Ait. III.* 339. Betula Alnus. *β. L.* 1394.

Graue E. — In Lappland, Schweden, Preufsen, auf leichtem, sandigem Boden und in Östreich, Kärnthen, Krain, Tyrol und der Schweiz auf Gebirgen, und auch in Nordamerika. ♄, der an Höhe fast die gemeine Else übertrifft. Bl. 2—3. Fr. 11.

4. A. *undulata*: die Blätter länglich und eyrund-länglich, an der Basis zugerundet, unterhalb an den Rippen haarig, an den Astachseln der Rippen ohne Zotte; die Blattstiele haarig; die Afterblätter länglich. *W.IV.* 336. Betula crispa. *Ait. III.* 339. Betula Alnus crispa. *Michaux II.* 181.

Wellenblättrige E. — In Canada. ♄ 3—4'. Bl. 3—4. Fr. 11.

5. A. *serrulata*: die Blätter umgekehrt-eyrund, zugespitzt, unterhalb an den Adern und den Astachseln der Adern haarig; die Afterblätter elliptisch, stumpf. *W. IV.* 336. Betula serrulata. *Ait. III.* 338. Betula Alnus serrulata. *Michaux II.* 181. Betula rugosa. *Ehrh. III.* 21. *Du Roi* 1. 176.

Hasel-E. — In Nordamerika von Pensylvanien bis Carolina. ♄ 6—10'. Bl. 3—4. Fr. 11.

6. A. *cordata*: die Blätter herzförmig, zugespitzt, kahl. *Tenore Prodr.* 54.

Herzblättrige E. — In Calabrien und Neapel in Wäldern. ♄ wie unsre Else. Bl. 3—4. Fr. 11.

154. Buxus. *Buchsbaum.*

1. B. *suffruticosa*: die Blätter fast hautartig, eyrundlänglich, oberhalb glänzend, an beiden Seiten vertieft, unterhalb leuchtend; die Blattstiele wimperig; die Staubkölbchen eyrund-pfeilförmig. *Lamarck Encycl.* I 505. B. sempervirens β. suffruticosa. *L.* 1395. *G. W. H.* 183. B. sempervirens γ. suffruticosa. *W.* IV. 337.

Staudenartiger B. — Im südlichen Europa und im gemäſsigten Asien. ♄, immergrün, 1—2′. Bl. gelb, 5. Fr. nicht bemerkt.

2. B. *arborescens*: die Blätter lederartig, eyrund-länglich, oberhalb leuchtend, an beiden Seiten gewölbt, unterhalb matt; die Blattstiele wimperig; die Staubkölbchen eyrund-pfeilförmig *Lamarck Encycl.* I. 505. B. sempervirens α. arborescens. *L.* 1395. *G. W. H.* 183.

α. *latifolia*: mit breitern, meist ausgerandeten Blättern. — B. arborescens. *Mill. Dict.* n. 1. B. sempervirens α. arborescens. *W.* IV. 337. *G. W. H.* t. 137.

β. *angustifolia*: mit schmalern und meist stumpfen Blättern. — B. angustifolia. *Mill Dict.* n. 2. B. sempervirens β. angustifolia. *W. a. a. O.*

Baumartiger B — Im südlichen Europa und im gemäſsigten Asien. ♄, immergrün, 8—15′, oft ½′ im Querdurchmesser des Stammes. Bl. gelb, 5. Fr. 8—9. (Schon *Lamarck* hat diese und die vorhergehende Art unterschieden, aber ohne auszeichnende Charaktere. Die hier von den beiden Seiten oder Hälften der Blatter hergenommnen verdanke ich dem Herrn *Carl Bouché*, der auch überdies noch bemerkt hat, daſs in der männlichen Blume die Anlage zum Griffel, die zwar bey beiden Arten vierseitig ist, bey *B. arborescens* an allen vier Seiten vertieft, bey *B. suffruticosa* hingegen nur an zwey entgegengesetzten vertieft, an den beiden andern eben erscheint. — (Die Varietät β. ist zweyhäusig, verdient daher noch mehr beobachtet zu werden.)

3. B. *balearica*: die Blätter lederartig, länglich-eyrund; die Blattstiele kahl; die Staubkölbchen pfeilartig-linienformig. *W. IV.* 337.

Balearischer B. — Auf den Balearischen Inseln. ♄, immergrün, von pyramidenförmigem Wuchse und ansehnlicher Höhe. Bl. gelb, 4, 5. Fr. 9—10. ⌓.

155. Urtica. *Nessel.*

1. U. *nivea*: die Blätter wechselsweisstehend, langgestielt, eyrund-rundlich, zugespitzt, grobsägenartig, an der Basis keilförmig, dreynervigaderig, unterhalb weifs-filzig. *L. W. IV.* 366.

Weifse N. — In Indien, China und Japan. ♄ 4—6', etwas zärtlich. Bl. bey uns selten. Fr. kommt nicht zur Vollkommenheit. ⌓.

156. Morus. *Maulbeere.*

1. M. *alba*: die Blätter eyrund, an der Basis schiefherzförmig, ganz und lappig, ungleich-sägenartig, kahl, ziemlich glatt. *L. W. IV.* 368.

Weifse M. — In Syrien, Persien und China. ♄ 20—30'. Bl. einhäusig, 5—6. Fr. weifs, jedoch auch röthlich und schwarz, als besondere Spielarten, 8, 9.

2. M. *tatarica*: die Blätter herzförmig, an der Basis gleich, eyrund, ganz und lappig, gleich-sägenartig, kahl, glatt. *L. W. IV.* 369.

Tatarische M. — An der Wolga. ♄ von mäfsiger Höhe, der oft von der Kälte leidet. Bl. einhäusig, 5. Fr. weifs, 8.

3. M. *nigra*: die Blätter herzförmig, eyrund, ganz und lappig, oft fünflappig, ungleich-sägenartig, oberhalb scharf, unterhalb kurzhaarig, etwas scharf. *L. W. IV.* 369.

Schwarze M. — In Italien, der Tartarey und Persien. ♄ von mäfsiger Gröfse. Bl. einhäusig, 5. Fr. röthlichschwarz, 8 ⌓.

4. M. *scabra*: die Blätter herzförmig, tief-fünflappig, auf beiden Flächen scharf, mit zugespitzten, an der Basis verschmälerten, gleich-sägenartigen Lappen. *W. Enum.* 967. M. canadensis. *Lamarck Encycl. IV.* 352?

Scharfblättrige M. — In Nordamerika. ♄, bey uns aber noch ♄ 4—5'. Bl. noch nicht.

5. M *rubra*: die Blätter herzförmig, zugespitzt, und dreylappig, gleich-sägenartig, scharf, unterhalb weichhaarig-weich; die weiblichen Kätzchen walzenförmig. *L. W. IV.* 369.

Rothe M — In Nordamerika. ♄, der eine ansehnliche Höhe erreichen soll. Bl. ein- und zweyhäusig, 5. Fr. 8.

POLYANDRIA.

157. Quercus. *Eiche.*

* *Mit ganzen und ganzrandigen Blättern.*

1. Q. *Phellos*: die Blätter abfallend, linien-lanzettförmig, stachelspitzig, ganzrandig, kahl; die Nufs rundlich. *L. W. IV.* 423. *Wangenh. Amer.* 77. *t.* 5. *f.* 11. Q Phellos sylvatica. *Michaux Hist. d. Chênes n.* 7. *t.* 12.

Weiden-E. — In Nordamerika. ♄ 40—50', aber von langsamem Wuchse. Bl. mit dem Ausbruch der Blatter, 5. Fr. erst im folgenden Jahre reif.

2. Q. *imbricaria*: die Blätter oval-länglich und oval-lanzettförmig, spitzig, stachelspitzig, ganzrandig, unterhalb weichhaarig; die Nufs rundlich. *Michaux Hist. d. Chênes n.* 9. *t.* 15. 16. *W. IV.* 428.

Schuppenfrüchtige E. — In Nordamerika auf dem Gebirge Alleghanis. ♄, der 40' erreichen soll. Bl. mit dem Ausbruche der Blätter, 5. Fr. reift im folgenden Jahre.

** *Mit gezähnten Blättern.*

3. Q. *infectoria*: die Blätter länglich, stachelspitzig-gezähnt, an der Basis zugerundet, etwas schimmelgrün, auf beiden Flächen kahl. *Olivier. W. IV.* 436.

Färber-E. — Im Orient. ♄, der gegen unsre Winterkälte etwas empfindlich ist, hier erst 10'. Bl. mit dem Ausbruche der Blatter, 5. Fr. reift nicht bey uns. ⌓.

4. Q. *Turneri*: die Blatter länglich, stachelspitzig-gezähnt, an der Basis fast keilförmig, auf beiden Flächen kahl. *W. Enum.* 975.

Turnersche E. — Auf den Gebirgen von Tibet. ♄, immergrün, hier erst ♄ 2'. Bl. noch nicht

5. Q. *Prinus*: die Blatter umgekehrt-eyrund, spitzig, grobsägenartig-gekerbt, mit an der Spitze schwie-

ligen Kerbzähnen, unterhalb weichhaarig, grün; der Kelch der Frucht fast halbkugelrund; die Nufs eyförmig. *L. W. IV.* 439. Q. Prinus palustris. *Michaux Hist. d. Chên. n.* 5. *t* 6.

Kastanienblättrige E. — In Nordamerika. ♄ von 70—90' im Vaterlande, hier sind die Stämme nur erst 8', Bl. 5. Fr. 10 im Vaterlande, hier noch nicht.

6. Q. *montana*: die Blätter fast rautenförmig-oval, spitzig, grobsägenartig-gekerbt mit fast gleichen, an der Spitze schwieligen Kerbzähnen, unterhalb weifs-filzig; der Kelch der Frucht an der Basis verengt; die Nufs eyförmig. *W. IV.* 440. Q. Prinus monticola. *Michaux Hist. d. Chên. n.* 5 *t.* 7.

Berg-E. — In Virginien und Carolina auf hohen Bergen. ♄ 40—50' im Vaterlande. Bl. 5. Fr. 10 im Vaterlande. (Zwischen dieser und der vorhergehenden Art hat *Willdenow* die Gestalt des Kelches der Frucht verwechselt.)

7. Q. *Castanea*: die Blätter oval-länglich und länglich-lanzettförmig, zugespitzt, grob-gezähnt mit fast gleichen, erweiterten, an der Spitze schwieligen Zähnen; der Kelch der Frucht halbkugelrund; die Nufs eyförmig. *W. IV.* 441. Q. Prinus acuminata. *Michaux Hist. d Chên. n.* 5. *t.* 8.

Kastanien-E. — In Nordamerika auf dem Gebirge Alleghanis. ♄ 70—80' im Vaterlande. Bl. 5. Fr. 10, soll geniefsbar seyn.

*** *Mit an der Spitze lappigen Blättern.*

8. Q. *triloba*: die Blätter keilförmig, an der Spitze kurz-dreylappig mit stachelspitzig-gezähnten Lappen, von denen der mittlere länger ist, unterhalb weifslich-filzig; der Kelch der Frucht niedergedrückt-halbkugelrund; die Nufs rundlich. *Michaux Hist. d. Chên. n.* 14. *t.* 26. *W. IV.* 443.

Dreylappige E. — In Nordamerika von Neu-England bis Georgien. ♄ 50—60' im Vaterlande. Bl. 5. Fr. reift erst im künftigen Jahre.

**** *Mit gebuchteten Blättern, deren Lappen borstenspitzig sind.*

9. Q. *tinctoria*: die Blätter umgekehrt-eyrund, schwach-gebuchtet mit kurzen, breiten, stumpfen, borstig-stachelspitzigen, hin und wieder stachelspitzig-gezähnten Lappen, unterhalb schwach-weich-

haarig, endlich fast kahl; der Kelch der Frucht niedergedrückt-halbkugelrund; die Nuſs rundlich. *W. IV.* 444. Q. tinctoria angulosa. *Michaux Hist. d. Chên n* 13, *t* 24. Q velutina. *Lamarck Encycl. I* 713. Q nigra. *Du Roi* 1. *II.* 272, *t.* 6. *f.* 1. Q. rubra *Walt. Carol* 234.

Quercitronen-E. — In Pensylvanien und auf hohen Bergen in Carolina und Georgien. ♄ 60—80′ im Vaterlande. Bl. 5. Fr. reift erst im künftigen Jahre.

10. Q *discolor*: die Blätter länglich-umgekehrt-eyrund, gebuchtet mit kurzen, borstig-stachelspitzig-gezähnten Lappen, unterhalb weichhaarig, endlich kahl; der Kelch der Frucht becherförmig, an der Basis verengt; die Nuſs eyförmig. *Ait. III.* 358. *W IV.* 445. Q. tinctoria sinuosa. *Michaux Hist. d. Chên. n.* 13, *t.* 25.

Behaarte E. — In Virginien und Carolina. ♄ von ansehnlicher Höhe im Vaterlande. Bl. 5. Fr. reift erst im künftigen Jahre.

11. Q. *rubra*: die Blätter länglich, tief-gebuchtet mit länglichen, abwärtsstehenden, spitzigen, borstig-stachelspitzig-grobgezähnten Lappen, auf beiden Flächen kahl, unterhalb in den Astachseln der Rippen abfallend-bärtig; der Kelch der Frucht niedergedrückt-rundlich-kreiselförmig; die Nuſs rundlich-eyförmig. *L. W. IV.* 445. *Wangenh. Amer.* 14. *t.* 3. *f.* 7. *Michaux Hist. d. Chên. n.* 20. *t.* 35. 36.

Rothe E. — In Nordamerika. ♄ 75—100′ im Vaterlande; auch hier schon ansehnlich hoch. Bl 5. Fr. bleibt bis ins folgende Jahr, um zu reifen.

12. Q. *coccinea*: die Blätter eyrund und rundlich-eyrund, sehr tief gebuchtet mit länglichen, ausgebreitet-abwärtsstehenden, zugespitzten, borstig-stachelspitzig-grobgezähnten Lappen, auf beiden Flächen kahl, unterhalb in den Astachseln der Rippen abfallend-bärtig, der Kelch der Frucht rundlich-kreiselförmig; die Nuſs rundlich-eyförmig. *Wangenh. Amer.* 44. *t.* 4. *f.* 9. *Michaux Hist. des Chênes n* 18. *t.* 31 32. *W. IV.* 445.

Scharlach-E. — In Virginien und Carolina. ♄ 70—80′ im Vaterlande; auch hier schon von ansehnlicher Höhe. Bl. 5. Fr. bis ins künftige Jahr zur Reife bleibend.

13. Q. *palustris:* die Blätter oval und rundlich-oval, sehr tief gebuchtet mit länglichen, abwärtsstehend-ausgebreiteten, spitzigen, borstig-stachelspitzig-grobgezähnten Lappen, auf beiden Flächen kahl, unterhalb in den Astachseln der Rippen bleibend bärtig; der Kelch der Frucht rundlich-niedergedrückt-kreiselförmig; die Nuſs rundlich. *Du Roi* 1. *II.* 268. *t.* 5. *f.* 4 *Wangenh. Amer.* 76. *t* 5. *f.* 10. *Michaux Hist des Chênes n.* 19. *t.* 33. 34. *W. IV.* 446.

Sumpf-E. — In Neu-England, Pensylvanien und Virginien in Sümpfen. ♄ 30—40'. Bl. 5. Fr. reiſt erst im künftigen Jahre. (Diese Art hat viel Ähnlichkeit mit der vorhergehenden; sie unterscheidet sich aber durch die Richtung der Lappen der Blätter und durch das Bärtige in den Astachseln der Rippen, was auch im Herbste noch zu finden ist, wenn jene Art es schon längst verloren hat. Auch die Gestalt des Kelches der Frucht ist verschieden.)

14. Q *ilicifolia*: die Blätter umgekehrt-eyrund-keilförmig, meist gebuchtet-fünflappig mit borstig-stachelspitzigen Lappen, unterhalb filzig; der Kelch der Frucht anfangs niedergedrückt-kreiselförmig, endlich fast halbkugelrund; die Nuſs fast kugelrund. *Wangenh. Amer* 79. *t.* 6. *f* 17. *W. IV.* 447. Q. Banisteri. *Michaux Hist des Chênes. n.* 15. *t.* 27.

Hülsenartige E. — In Nordamerika an sandigen Orten. ♄ 3—6', im Vaterlande bis 9'. Bl. 5. Fr. erst im künftigen Jahre reifend.

***** *Mit gebuchteten Blättern, deren Lappen nicht borstenspitzig sind.*

15. Q. *alba*: die Blätter umgekehrt-eyrund, fiederspaltig-gebuchtet — oder schwach- oder nur ausgeschweift-gebuchtet — mit linien-lanzettförmigen, stumpfen, ganzrandigen Lappen, unterhalb weichhaarig, oder auf beiden Flächen kahl; der Kelch der Frucht niedergedrückt-halbkugelrund, höckerig, an der Basis flach, die Nuſs eyförmig. *L. W. IV.* 448.

α. *pinnatifido-sinuata:* mit fiederspaltig-buchtigen, unterhalb weichhaarigen Blättern. — Q. alba. *Wangenh. Amer.* 12. *t.* 3. *f.* 6. *Michaux Hist. des Chênes. n.* 4. *t.* 5. *f.* 1.

β. sinuata: mit schwach-gebuchteten, unterhalb weichhaarigen Blättern. — Q. alba, γ. pubescens. *W. a. a. O.*

γ repanda: mit ausgeschweift-gebuchteten, auf beiden Flächen kahlen Blättern. — Q. alba. β. pubescens. *W. a. a. O. Michaux a. a. O.*

Weiſse E. — In Nordamerika: α. von Neu-England bis Carolina; β. in Pensylvanien und Carolina. ♄ 60' im Vaterlande, wo er unter allen übrigen der Gattung am häufigsten vorkommt u. benutzt wird. Er nähert sich unsern Eichen, und in Rücksicht seines Holzes gleicht er diesen unter allen übrigen der amerikanischen — die den unsrigen hierin weit nachstehen — auch am meisten. Bl. 5. Fr. 10. im Vaterlande. (Bey uns kommt nur die Varietät β. vor.)

16. Q. *Robur*: die Blätter länglich, gebuchtet, an der Basis zugerundet oder fast herzförmig-keilförmig, mit zugerundeten Lappen, die jüngern unterhalb weichhaarig, die ältern kahl; die Früchte sitzend; der Kelch der Frucht fast halb-kugelrund, warzig-schuppig, kahl; die Nuſs bauchig-länglich. *L. W. IV.* 347. *G. W. H.* 187. *t.* 139. Q. sessilis. *Ehrh. Frut. n.* 87.

Stein-E. — In ganz Europa. ♄, der unter allen deutschen das höchste Alter erlangt. In 200 bis 250 Jahren erreicht er erst seine möglichst gröſste Höhe von 100—120'; dann aber, wenn der Boden nicht vorzüglich gut ist, fängt sein Stamm an hohl zu werden. Dessen ungeachtet aber ist der Tod noch sehr fern von ihm; denn dieser kommt oft nicht eher, als bis sein Alter sich auf 400 — 600 Jahre und darüber beläuft. Sein Stamm bekommt alsdann einen Umfang von 15—21', und wird — jedoch nur in auſserordentlichen Fällen — auch wohl noch etwas dicker. Bl. 5. Fr. 10 — 11. (Ich muſs hier einer Eiche erwähnen, die in einem hiesigen Forste, der Grunewald genannt, vorkommt, und von welcher ich bis jetzt noch nicht sagen kann, ob sie eine eigene Art ist, oder nur als Varietät zur Stein-Eiche gerechnet werden kann. Ihr Stamm ist schlank und macht erst in ziemlicher Höhe über der Erde Äste, die einen dichten Wipfel bilden. Die Blätter sind umgekehrt-eyrund-länglich, etwas wogicht, schwach ungleich-fiederspaltig-gebuchtet, gegen die Basis keilförmig, auf beiden Flächen kahl, mit länglichen, spitzigen, ganzrandigen Lappen. Blumen und Früchte habe ich noch nicht gesehen. Sie scheint *Bechstein's Q rosea* sehr nahe zu kommen; aber diese soll tiefer ausgeschnittene Blätter haben, und, nach seinem Dafürhalten, ein Bastard von *Q. pedunculata* und *Robur* seyn. Er führt sie als Varietät von *Q. pedunculata* auf, wohin unsre aber wohl nicht zu rechnen seyn möchte, da die einjährigen Ästchen im Querdurchschnitte, wie dies gewöhnlich bey der *Q. Robur* der Fall ist, den Holzkörper als ein Fünfeck zeigen. — Auf der beygefügten Kupfertafel ist unter Fig. A. ein Blatt in natürlicher Gröfse von dieser Eiche abgebildet.)

17. *Q. pedunculata:* die Blätter länglich, tief gebuchtet, an der Basis zurückgeschlagen-herzförmig, mit zugerundeten Lappen, die jüngern und ältern kahl; die Früchte gestielt; der Kelch der Frucht fast halbkugelrund, warzig-schuppig, kahl; die Nufs walzenförmig-länglich. *Ehrh. Frut. n.* 77. *W. IV.* 450. *G. W. H* 188 *t.* 140. Q racemosa. *Lamarck Encycl. I.* 708. Q foemina. *Du Roi.* 1. *II.* 240. Stiel-E. — In ganz Europa. ♄, der zwar nicht ein so hohes Alter wie der vorhergehende erreicht, indem er nur 200 — 400 Jahr alt wird; aber er übertrifft diesen in Rücksicht der Höhe und Dicke. Man findet ihn in einem Alter von ungefähr 200 Jahren 100—180′ hoch, und 18—25′ im Umfange des Stammes. In äufserst seltnen Fällen wird dieser aber auch noch viel dicker. So sah der Herr Staatsrath *Hartig* in einem Würtenbergischen Dorfe eine Eiche dieser Art, deren hohler Stamm 45 im Umfange hatte. Nur an Lebensdauer der *Q Robur* nachstehend, tritt sie durch Wuchs, Stärke und Dauer vor allen Bäumen deutscher Waldungen hervor, so, dafs sie von *Bechstein* mit Recht die Königinn deutscher Bäume genannt wird. Sehr wahrscheinlich ist sie es auch von den bey uns vorkommenden beiden Arten, unter welcher die alten Deutschen, als an heiliger Stätte, ihre religiösen und andern wichtigen Handlungen verrichteten, wodurch sie denn auch ein Sinnbild des Starken, Kraftvollen, Grofsen, Erhabenen und Ehrwürdigen wurde. Bl 5 Fr. 10. (Ein Kennzeichen, wodurch sich diese Art von der vorhergehenden unterscheiden läfst,

läſst, ist auch noch im Querdurchschnitte der einjährigen Ästchen zu finden, wo bey dieser der Holzkörper als runde Scheibe, bey jener als Fünfeck sich zeigt. Doch muſs ich bemerken, daſs ich dieses Unterscheidungszeichen nicht immer sicher gefunden habe. Auch die Länge des Blattstiels dient nicht bestimmt als Unterschied.)

18. Q. *pubescens*: die Blätter länglich-umgekehrt-eyrund, gebuchtet, an der Basis meist herzförmig, mit zugerundeten Lappen, die jüngern und ältern unterhalb weichhaarig; die Früchte fast sizzend; der Kelch der Frucht fast halbkugelrund, feinschuppig, weichhaarig; die Nuſs eyförmiglänglich. *W. IV.* 450. *G. W. H.* 190. *t.* 140. Q. sessiliflora. *Smith Fl. Brit. III.* 1027. Q. Robur lanuginosa. *Lamarck Encycl I.* 709.

Weichhaarige E. — In England, Frankreich, Östreich, Ungarn und Taurien. ♄, der in Rücksicht seiner Lebensdauer und Höhe fast den beiden vorhergehenden ähnlich ist. Bl. 5 Fr. 10. (Diese Art kommt der *Q. Robur* ziemlich nahe, sie unterscheidet sich aber dadurch, daſs die Blätter in der Jugend weiſs behaart, und auch im ältern Zustande unterhalb noch weichhaarig sind. Auch sind die Blätter viel kleiner und der Fruchtkelch weichhaarig.

19. Q. *stellata*: die Blätter umgekehrt-eyrund, gebuchtet-fünflappig, mit ausgebreiteten Lappen, von denen die beiden obern Seitenlappen erweitert und zurückgedrückt sind, unterhalb weichhaarig; der Kelch der Frucht halbkugelrund; die Nuſs rundlich-eyförmig. *Wangenh. Amer.* 78 *t* 6. *f* 15. *W. IV.* 452. Q. obtusiloba. *Michaux Hist. des Chênes* 1 *t.* 1.

Sternblattrige E. — In Nordamerika von Canada bis Florida. ♄ 50' im Vaterlande. Bl. 5. Fr. 10. im Vaterlande.

20. Q. *macrocarpa*: die Blätter umgekehrt-eyrund-länglich, tief gebuchtet, mit abwärtsstehend-ausgebreiteten, stumpfen Lappen, von denen die obern breiter und eckig sind, unterhalb weichhaarig; der Kelch der Frucht halbkugelrund, schuppig, am Rande borstig; die Nuſs rundlich-eyrund. *Michaux Hist. des Chênes* 2. *t.* 2. 3. *W. IV.* 453.

Grofsfrüchtige E. — In Nordamerika auf Gebürgen. ♄ 60—80′ im Vaterlande. Bl. 5. Fr. über 2″ im Längendurchmesser, 10 im Vaterlande G.

21. Q. *Cerris*: die Blätter umgekehrt-eyrund-länglich, gleich-fiederspaltig-gebuchtet, an der Basis verschmälert, fast zugerundet, mit länglich lanzettförmigen, gezähnten Lappen, unterhalb kurzhaarig; der Kelch der Frucht halbkugelrund, igelborstig; die Nufs walzenartig-länglich. *Mill Dict. n.* 5. *Du Roi* 1. *II* 259. *t.* 5. *f.* 1. *L. Syst. pl ed. Reich. IV.* 164. *W. IV.* 454.

Burgundische E. — In Frankreich, Spanien und Italien. ♄, der fast unsern Eichen an Gröfse gleicht. Bl. 5. Fr. nicht bey uns.

22. Q. *austriaca*: die Blätter länglich, sehr schwach gebuchtet, an der Basis verschmälert, mit sehr kurzen, umgekehrt-eyrunden, etwas spitzigen, ganzrandigen Lappen, unterhalb weichhaarig; der Kelch der Frucht halbkugelrund, igelstachlig; die Nufs eyförmig. *W. IV.* 454. Q Cerris. *Host Synops.* 520. Cerrus. *Clus. hist. I* 20. *mit treuer Abbild.*

Östreichsche E. — In Östreich, Ungarn und Krain. ♄ 50′ im Vaterlande. Bl. 5. Fr 10.

Über die Eichen ist noch im Allgemeinen zu bemerken, dafs sie sich sehr schwer bestimmen lassen; denn das Unterscheidende der Arten beruhet gröfstentheils auf der Gestalt der Blätter, die aber bey dem jugendlichen Stamme oft sehr verschieden von der bey dem erwachsenen ist, so, dafs sich bey unsern beiden Eichenarten *Q. Robur* und *pedunculata* die Blätter kaum eher von bestimmter Gestalt zeigen, als bis der Stamm zum Blühen herangewachsen ist.

158. Juglans. *Wallnufs.*

* *Mit einfachen männlichen Kätzchen und vielmännigen Blumen.*

1. J. *regia*: die Blätter zunehmend - unpaar - gefiedert, die Blättchen mit fünf bis neun ovalen, mehr oder weniger zugespitzten, meist ganzrandigen, oder fast sägenartigen, kahlen Blättchen; die Früchte kugelrund, getüpfelt, glatt. *L. W. IV.* 445.

Gemeine W. — In Persien. ♄ von raschem Wuchse; in einem Alter von 60 Jahren 60—80', und wohl 2' im Querdurchmesser des Stammes; ein Alter von 100 Jahren und darüber erreichend. Bl. 5. Fr. 9—10. — In Rücksicht der in der Steinfrucht enthaltenen Nuſs giebt es mehrere Varietäten, so wie auch eine spät blühende und eine zweymal im Jahre tragende.

2. J. *nigra*: die Blätter abnehmend-unpaar-gefiedert, mit vielen (15—23), länglich-lanzettförmigen, sägenartigen, unterhalb weichhaarigen, lang zugespitzten Blättchen; die Früchte kugelrund, getüpfelt-scharf *L. W. IV.* 456. *Wangenh. Amer* 20. *t.* 8. *f.* 4.

Schwarze W. — In Nordamerika. ♄ 40—50'. von rascherem Wuchse als die gemeine Wallnuſs. Bl. 5. Fr. mit schmackhaftem Kern, 10.

3. J. *cinerea*: die Blätter unpaar-gefiedert, mit mehreren (11—17), länglich-eyrunden, langzugespitzten, sägenartigen, unterhalb weichhaarig weichen Blättchen; die Blattstiele schmierig; die Früchte länglich-eyförmig. *L. W. IV.* 456. *Wangenh. Amer.* 21. *t.* 9. *f.* 21

Graue W. — In Nordamerika. ♄ 50—60', von noch rascherem Wuchse als der vorhergehende. Bl. 5. Fr. 10.

4. J *fraxinifolia*: die Blätter unpaar-gefiedert, mit neun oder eilf eyrund-länglichen, zugespitzten, sägenartigen, kahlen, oberhalb an der Mittelrippe und unterhalb an den Adern weichhaarigen, an der Basis ungleichen Blättchen. *Lamarck Encycl. IV.* 70. *W. Enum.* 979.

Eschenblättrige W. — In Louisiana. ♄, der beym ersten Anblick der gemeinen Esche ähnlich sieht, hier nur ♄ 5— ', weil er gewöhnlich abfriert. Bl. daher auch nicht.

** *Mit zusammengesetzten männlichen Kätzchen und viermännigen Blumen.*

5. J. *olivaeformis*: die Blätter unpaar-gefiedert, mit mehreren (11—17), lanzettförmigen, zugespitzten, feinsägenartigen, kahlen, fast sitzenden Blättchen, von denen das unpaare umgekehrt-eyrund und lang gestielt ist; die Früchte länglich, vierseitig. *Michaux II.* 192. *W. IV* 457 J. angustifolia. *Ait. III.* 361. J. Pecan. *Mühlenb. in den neuen Schr. d.*

G. nat. Fr. z. Berl. III. 392. J. rubra. *Gärtner de fr. et sem. II.* 51. *t.* 89.

Pecan-W. — In Nordamerika bey den Illenois. ♄ von ansehnlicher Höhe, hier nur erst 12'. Bl. noch nicht.

6. J. *compressa*: die Blätter zunehmend-unpaar-gefiedert, mit fünf- oder sieben länglichen, zugespitzten, sägenartigen, unterhalb weichhaarig-weichen Blättchen, von denen das unpaare sehr kurz gestielt ist; die Blattstiele weichhaarig; die Früchte eyrund mit schiefer, zusammengedrückter Nufs. *Gärtn. de fr. et sem. II.* 51. *t.* 89. *Mühlenb. in d. neuen Schr. der Ges nat. Fr. z. Berl III.* 390 J. alba. *Michaux II.* 193.

Zusammengedrückte W. — In Pensylvanien, Virginien und Carolina. ♄ von mäfsiger Höhe; hier nur erst junge Stämme. Bl. noch nicht.

7. J. *pubescens*: die Blätter zunehmend-unpaar-gefiedert, mit sieben oval-länglichen, stumpf-zugespitzten, von der Mitte bis zur Spitze sägenartigen, unterhalb weichhaarig-weichen Blättchen, von denen das unpaare gestielt ist; die Blattstiele weichhaarig. *W Baumz.* 196.

Behaarte W. — In Nordamerika. ♄, der hier von *Willdenow* unterschieden worden, und der wenig untersucht ist. Er hat hier noch nicht geblühet und daher läfst sich denn auch die Frucht nicht beschreiben.

8. J. *glabra*: die Blätter unpaar gefiedert, mit sieben eyrunden, zugespitzten, kahlen, unterhalb harzig-getüpfelten, in den Astachseln der Rippen hautartigen Blättchen, von denen das unpaare fast sitzend ist; die Früchte länglich mit einer länglichen Nufs. *Mühlenb. in d. neuen Schr. der Ges. nat. Fr z. Berl III.* 391. *W. IV.* 458.

Glatte W — In Pensylvanien. ♄, von dem wir nur erst junge Stämme besitzen, die bis jetzt noch nicht geblühet haben.

159. Fagus, *Buche.*

1. F. *sylvatica*: die Blätter schief-eyrund-oval, spitzig undeutlich gezahnt, kahl, am Rande wimperig. *L. W. IV.* 459 *G. W H* 192.

α. *vulgaris*: mit grünen Blättern. *G. W. H. t.* 143.

β. *purpurea*: mit schwarzrothen Blättern. *Du Roi* 1. *I*. 370.

Gemeine B. — In ganz Europa. ♄ 50—60', der ein Alter von 200 Jahren und darüber erreicht. Bl. 5. Fr. 10.

2. F. *ferruginea*: die Blätter etwas schief-oval-eyrund, zugespitzt, gezähnt, unterhalb weichhaarig, am Rande wimperig. *Ait. III*. 362. *W. IV*. 460. F. americana latifolia. *Du Roi* 1. *I*. 370 *Wangenh*. 80. *t*. 29. *f*. 55. F. sylvatica atro-punicea. *Marshal*. 81. F. sylvatica. *Walt. Carol*. 233.

Rostfarbige B. — In Nordamerika. ♄ 40—50' im Vaterlande Bl. 5 Fr. 10 im Vaterlande; hier noch nicht zum Blühen.

160. Castanea. *Kastanie*.

1. C. *vesca*: die Blätter länglich-lanzettförmig, meist schwach herzförmig, zugespitzt, sägenartig-gezähnt mit stachelspitzigen Zähnen, unterhalb kahl. *Gärtn. de fr. et sem. I*. 181. *t*. 37. *f*. 1. *Michaux II*. 193. *Pursh II*. 624. *W. IV*. 460. *G. W. H*. 193. *t*. 144 Fagus Castanea. *L*. *Du Roi* 1. *I*. 270.

Echte K. — Im südlichen Europa und nördlichen Amerika. ♄, der in 60 Jahren eine Höhe von 50—60' und einen Stamm von 2' im Querdurchmesser bekommt. Bl. 7, 8 Fr. 11, wenn der Herbst günstig ist (Die amerikanische ist von der europäischen nicht verschieden.)

2. C. *pumila*: die Blätter oval-lanzettförmig, zugespitzt, sägenartig-gezähnt mit stachelspitzigen Zähnen, unterhalb graufilzig. *Michaux II*. 193. *Pursh II*. 623. *W. IV*. 461. Fagus pumila. *L*. *Du Roi*. 1. *I*. 275. *Wangenh. Amer*. 57. *t*. 19. *f*. 44.

Zwerg-K. — In Nordamerika von Maryland bis Florida. ♄ von mafsiger Gröfse. Bl. 7, 8. Fr. 11, nur bey günstigem Herbste. ⌂; leidet in strengen Wintern (Nach *Michaux* ändert sie mit zugerundet-stumpfen Blättern ab.)

161. Betula. *Birke*.

1. B. *alba*: die Blätter deltaähnlich, zugespitzt, doppelt-sägenartig, kahl; die Blattstiele kahl, länger als der Blumenstiel; die Schuppen des Zapfens mit zugerundeten Seitenlappen. *L*. *W. IV*. 462. *G. W. H*. 195.

α. *vulgaris*: mit abwärtsstehenden Ästen und scharfen Blättern. *G W H. t.* 145.

β. *pendula*: mit hangenden Ästen und glatten Blättern.

γ. *macrocarpa*: mit hangenden Ästen, glatten Blättern und doppelt so grofsen Zapfen.

Weifse B. — Im nördlichen Europa, Asien und Amerika. ♄ 60—80'. Bl. 4—5. Fr. 8—9.

2. B. *pubescens*: die Blätter fast deltaähnlich-schwachherzförmig, zugespitzt, doppelt-sägenartig, auf beiden Flächen, besonders unterhalb, so wie die Ästchen, weichhaarig, die jüngern sammtartig; die Blattstiele weichhaarig; die Schuppen des Zapfens mit zugerundeten Seitenlappen. *Ehrh. Beitr VI.* 98. *W IV.* 462 *G W. H.* 198. *t.* 146. B. pumila brockembergensis. *Thal hercyn.* 20. *Du Roi I* 92. B. odorata. *Bechst Forstb.* 282. 436.

Weichhaarige B. — In feuchten, torfigen Gegenden Deutschlands Bl. 4—5. Fr. 8—9.

3. B. *populifolia*: die Blätter deltaähnlich, lang-zugespitzt, doppelt-sägenartig, kahl; die Blattstiele kahl; die Schuppen des Zapfens mit fast zugerundeten Seitenlappen. *Ait. III.* 336. *W. IV.* 463. *Baumz* 56. *t.* 1 *f.* 5. B. acuminata *Ehrh Beitr. VI.* 98. B lenta. *Du Roi* 1. *I.* 92. *Wangenh. Amer.* 45. *t.* 29. *f* 38.

Pappel-B. — In den nördlichen Gegenden von Nordamerika. ♄, der nach *Wangenheim's* und *Willdenow's* Erfahrungen von weit rascherem Wuchse ist, als unsre weifse Birke. Bl. 4—5. Fr. 8—9.

4. B. *nigra*: die Blätter fast rautenförmig-eyrund, zugespitzt, doppelt-sägenartig, oberhalb kahl, unterhalb an den Rippen weichhaarig; die Blattstiele weichhaarig. *L. W. IV.* 464. *Baumz.* 56. *t.* 1. *f.* 6.

Schwarze B. — In Virginien und Canada. ♄ von ansehnlicher Höhe. Bl. 5. Fr. 9.

5. B. *davurica*: die Blätter rautenförmig-oval und breiteyrund, zugespitzt, ungleich-sägenartig, an der Basis ganzrandig, oberhalb kahl; die Blattstiele kahl; die Schuppen der Zapfen wimperig mit zugerundeten Seitenlappen. *Pall. Ross. I.* 60. *t.* 39. *W. IV.* 463. B. excelsa canadensis. *Wangenh. Amer.* 86.

α. *grandifolia*: die Blätter unterhalb in den Astachseln der etwas weichhaarigen Rippen bärtig. *W. Baumz.* 57. *t.* 1. *f.* 3.

β. *parvifolia*: die Blätter überall kahl. *W. Baumz.* 57 *t.* 1. *f.* 4.

Davurische B. — In Sibirien bis an die Chinesische Gränze, und im nördlichen Amerika. ♄, der der weifsen Birke ähnlich sieht, und auch wohl dieselbe Höhe erreicht. Bl. 5. Fr. 9.

6. B. *papyracea*: die Blätter eyrund, zugespitzt, doppelt-sägenartig, unterhalb an den Rippen etwas weichhaarig; die Blattstiele meist kahl. *Ait* *III.* 337 *W. IV.* 464. *Baumz* 58 *t.* 1. *f.* 1. B papyrifera. *Marsh* 36. B. lanceolata *der meisten Gartenverzeichnisse*

Papier-B. — In Nordamerika. — ♄ von rascherem Wuchse als die weifse Birke, mit der er, die braunen Aste abgerechnet, einige Ähnlichkeit hat Bl. 4—5. Fr. 8—9.

7. B. *lenta*: die Blätter herzförmig-länglich-eyrund, zugespitzt, scharf-doppelt-sägenartig, oberhalb fast kahl, unterhalb, vorzüglich an den Rippen, weichhaarig; die Blattstiele haarig; die Schuppen der Zapfen mit gleichen, stumpfen, erhabengeaderten Seitenlappen. *L.* *W. IV.* 464 B. nigra. *Du Roi* 1 *I* 93. *Wangenh. Amer.* 35. *t.* 15. *f* 34.

Zähe B. — In Nordamerika. ♄, der auf dem Stamme der Birke gleichsam die Blätter der Haynbuche trägt. Bl. 4—5. Fr. 8—9.

8. B. *carpinifolia*: die Blätter herzförmig-länglich-eyrund, zugespitzt, scharf-doppelt-sägenartig, kahl; die Blattstiele kahl; die Schuppen des Zapfens mit gleichen, stumpfen, aderlosen, kahlen Seitenlappen *Ehrh. Beitr. VI* 99. *W. Enum.* 981.

Haynbuchenblättrige B. — In Nordamerika. ♄, der dem vorhergehenden äufserst ähnlich, aber kleiner und zarter in allen seinen Theilen. Bl 4—5 Fr. 8—9.

9. B. *excelsa*: die Blätter schief-eyrund, lang zugespitzt, doppelt-sägenartig, an der Basis meist schwach herzförmig, oberhalb fast kahl, unterhalb, vorzüglich an den Rippen, weichhaarig; die Blattstiele weichhaarig, kürzer als der Blumenstiel; die Schuppen der Zapfen mit zugerundeten Seitenlappen. *Ait III* 337. *W. IV.* 463. *Baumz.* 60. *t.* 1. *f.* 2. B. nigra. *Du Roi* 1. *I.* 148?

Hohe B. — In Nordamerika. ♄, der sehr rasch wachsen und eine ansehnliche Höhe erreichen soll. Bl. 4—5 Fr. 8—9.

10. B. *nana*: die Blätter fast kreisrund, gekerbt, kahl, unterhalb netzförmig-aderig; die weiblichen Kätzchen walzenförmig. *L. W. IV.* 465. *G. W. H.* 200. *t.* 148.

Zwerg-B. — Auf den höchsten Bergen in Europa, in Lappland, Schweden und Rufsland in Morästen. ♄, der auf dem Boden liegend sich höchstens 1—2′ erhebt. Bl. 4—5. Fr. 8—9.

11. B. *fruticosa*: die Blätter rundlich-eyrund, ungleich-sägenartig, kahl, unterhalb netzförmig-aderig; die weiblichen Kätzchen bauchig-stielrund. *Pall. Ross. I* 62. *t.* 40. *W. IV.* 466. *G. W. H.* 201. *t.* 149. B. humilis. *Schrank Bavar. I. n.* 305. B. quebeccensis. *Schr. d. Ges. naturf. Fr. z. Berl. V.* 196.

Strauchartige B. — Auf feuchten Gebirgen in Canada und Sibirien, ferner in Bayern u. Mecklenburg. ♄, der in Sibirien 5—6′ hoch wird. Bl. 4—5. Fr. 8—9.

162. Carpinus. *Haynbuche.*

1. C. *Betulus*: die Blätter oval-länglich, zugespitzt, doppelt-sägenartig, nahe-gerippt-geadert; die Schuppen des Zapfens dreytheilig mit sägenartigen Zipfeln, von denen der mittlere verlängert, lanzett-linienförmig ist. *L. W. IV.* 467. *G. W. H* 202.

α. *vulgaris*: mit ganzen, doppelt sägenartigen Blättern. *G. W. H. t.* 150.

β. *incisa*: mit fiederspaltig-eingeschnittnen, ungleich-sägenartigen Blättern.

†. *variegata*: mit weifsbunten Blättern.

Gemeine H. — In Europa, mit Ausnahme der kältern Länder. ♄, der in 100—150 Jahren nur 30—40′ hoch wird, dafür aber auch ein sehr dichtes, festes Holz bekommt. Bl. 4—5. Fr. 10.

2. C. *americana*: die Blätter eyrund, zugespitzt, doppelt-sägenartig, entfernt-gerippt-geadert; die Schuppen des Zapfens dreytheilig, der mittlere Zipfel schief, eyrund-lanzettförmig, an einer Seite ein- oder zweyzähnig. *Michaux II.* 201. *W. IV.* 468.

Amerikanische H. — In Nordamerika, von Canada bis Florida. ♄, der unsrer gemeinen Haynbuche sehr ähnlich ist. Bl. 4—5. Fr. 10.

3. C. *orientalis:* die Blätter länglich-eyrund, etwas spitzig, doppelt-sägenartig, nahe-gerippt-geadert; die Schuppen des Zapfens eyrund, an der Basis schief, ungetheilt, fast eckig ungleich-sägenartig. *Lamarck Encycl. I.* 780. *W. IV.* 468. C. duinensis. *Scopol. Carn. n* 1190. *t.* 60.

Orientalische H — In Krain, Syrmien, Sclavonien, im Banat und in Armenien. ♄ von der Höhe der erstern Art; bey uns noch junger Stamm. Bl. bey uns noch nicht.

163. Ostria. *Hopfenbuche.*

1. O *vulgaris:* die Blätter eyrund, spitzig, ungleich-sägenartig, gerippt-geadert: die Zapfen eyförmig hangend; die Knospen stumpf *W IV.* 469. O. carpinifolia. *Scop Carn. n.* 1191. Carpinus Ostria. *L. Du Roi* 1. *I.* 27

Gemeine H — Im südlichen Europa. ♄ 30—40', der gemeinen Haynbuche ähnlich. Bl. 5. Fr. 10.

2. O *virginica:* die Blätter länglich-eyrund, zugespitzt, doppelt-sägenartig, gerippt-geadert; die Zapfen länglich-eyrund, aufrecht; die Knospen spitzig. *W. IV* 469. Carpinus virginiana. *Ait. III.* 363. C. Ostria. *Wangenh. Amer.* 48.

Virginische H. — In Pensylvanien, Virginien und Carolina. ♄ von der Gröſse des vorhergehenden, und demselben auch sehr ähnlich. Bl. 5. Fr. 10.

164. Corylus. *Haselnuſs.*

1. C *Avellana:* die Blatter rundlich; schwach herzförmig, zugespitzt; die Afterblätter länglich, stumpf; der Kelch der Frucht glockenförmig, an der Spitze etwas abwärtsstehend, zerschlitzt, gezähnt. *L. W. IV.* 470. *G. W. H.* 204.

α. *sylvestris:* mit Kelchen, deren Zipfel zugespitzt und länger sind, als die walzenförmige Nuſs.

β. *ovata:* mit Kelchen, deren Zipfel zugespitzt und kürzer sind, als die eyförmige Nuſs.

γ *maxima:* mit Kelchen, die abwärtsstehend-ausgebreitet, eingeschnitten-gezähnt und kaum länger sind, als die rundlich-eyförmige Nuſs. *G. W. H. t.* 151.

Gemeine H. — In ganz Europa und dem nördlichen Asien. ♄ 10—20'. Bl. 2—3. Fr. 10.

2. C. *tubulosa*: die Blätter rundlich, schwach herzförmig, zugespitzt: die Afterblätter länglich, stumpf; der Kelch der Frucht röhricht-walzenförmig, gegen die Spitze zusammengezogen, eingeschnitten-gezähnt. *W. IV.* 470. *G. W. H.* 206 *t.* 152. C. maxima *Du Roi I.* 176.

Lamberts-H. — Im südlichen Europa. ♄ 10—20'. Bl. 2—3 Fr. 10.

3 C. *americana*: die Blätter länglich-eyrund, zugespitzt; die Afterblätter linien-lanzettförmig; der Kelch der Frucht glockenförmig-röhricht, drüsighaarig, gröfser als die Nufs, zweytheilig mit wellenförmigen, eingeschnitten-gezähnten Zipfeln. *Michaux II* 01. *W. IV.* 471.

Amerikanische H. — In Nordamerika, von Canada bis Florida. ♄ 5—6'. Bl. 2—3. Fr. 10.

4. C. *rostrata*: die Blätter länglich-eyrund, zugespitzt; die Afterblätter lanzettförmig; der Kelch der Frucht drüsenlos-haarig, fast kugelrund, röhricht-geschnabelt, am Rande eingeschnitten-gezähnt, doppelt so lang wie die Nufs *Ait III.* 364. *W. IV.* 471 (*aber nicht die Diagnose*) C. cornuta *der Handelsgärtner.*

Gehörnte H. — In Nordamerika, von Canada bis Florida. ♄ 5—6'. Bl. 2—3 Fr. 10.

5. C. *Colurna*: die Blätter rundlich-eyrund, herzförmig; die Afterblätter lanzettförmig, zugespitzt; der Kelch der Frucht doppelt, der äufsere vieltheilig, der innere dreytheilig, mit handförmig-vielspaltigen Zipfeln, dreymal so lang wie die Nufs *L. W IV.* 472.

Byzantinische H. — In der Türkey und im Orient. ♄ von ziemlicher Höhe, der durch korkartige Rinde sich auszeichnet. Bl. 2—3. Fr 10.

165. Ginkgo. *Ginkgo.*

1. G. *biloba. L. Mant.* 313. *Thunb. Jap.* 358. *W. Baumz.* 1. *Aufl* 131. Salisburia adiantifolia. *Smith Transact. of the Linn. Soc. III.* 330. *W. IV.* 472. Salisburia Ginkgo. *Richard.*

Zweylappiger G. — In Japan. ♄, der in seinem Vaterlande eine ansehnliche Höhe erlangt. Er zeichnet sich durch seine keilförmigen zweylappigen Blätter aus, deren Oberfläche, da sie gestrichelt ist, sie den Blättchen des Wedels mancher Farrnkräuter ähnlich macht. Bl. bey uns noch nicht. In England, wo er seit 1758 cultivirt wurde, blühete er zuerst im Frühjahr 1794. — Man vermehrt ihn durch Stecklinge.

166. Platanus. *Platanus.*

1. P. *orientalis:* die Blätter fünflappig-handförmig, an der Basis keilförmig, mit lanzettförmigen, buchtigen Lappen; die Afterblätter fast ganzrandig. *L. W. IV* 473. P. orientalis elongata. *Ait. III.* 364.
Orientalischer P — Im Orient ♄ von ansehnlicher Gröſse; bey uns, wo er gegen die Kälte unsrer Winter sehr empfindlich ist, nur ♄. Bl. nicht bey uns.

2. P. *cuneata:* die Blätter drey- und fünflappig, an der Basis keilförmig, ziemlich kahl; die Afterblätter gezähnt. *W. IV.* 473. P. orientalis undulata. *Ait III.* 364.
Keilblättriger P. — Im Orient. ♄, der aber bey uns sehr oft abfriert, und daher nur als ♄ erscheint Bl. nicht bey uns. Er läſst durch Wurzelbrut sich vermehren.

3. P. *acerifolia:* die Blätter herzförmig, fünflappig, weitläufig gezähnt, an der Basis abgestutzt, die jüngern unterhalb weichhaarig; die Afterblätter gezähnt. *W. IV.* 474. P. orientalis acerifolia. *Ait. III.* 364.
Ahornblättriger P. — Im Orient. ♄ 50—60', der bey uns nicht selten in Alleeen vorkommt. Bl 5. Fr. 10—11.

4. P. *occidentalis:* die Blätter fünfeckig, schwach lappig, gezähnt, an der Basis keilförmig, die jüngern unterhalb weichhaarig; die Afterblätter gezähnt. *L. W. IV.* 474.
Abendländischer P. — In Nordamerika ♄, der in 24 Jahren nach *Bechstein's* Beobachtung 60—70' hoch wird, und im Stamme einen Durchmesser von 2' bekommt. Man hat Stämme von 8—10' — ja nach *Pursh* 16' — im Durchmesser bey einer Höhe von 80' und darüber gefunden. Bl. 5—6. Fr. 10—11, bleibt aber bis ins Frühjahr, ehe sie ausfällt.

167. Liquidambar. *Amberbaum.*

1. L. *Styraciflua:* die Blätter handförmig-gelappt, unterhalb in den Winkeln der Basis der Nerven zottig. *L. W. IV.* 475. *Wangenh. Amer.* 49. *t.* 16. *f.* 40.

Fliefsender A. — In Virginien, Carolina Mexico. ♄ mit gefurchten Ästchen, der im Vaterlande an Stärke und Gröfse unsern Eichen gleicht. Bl 5, jedoch bey uns noch nicht. ⌂.

2. L. *imberbe*: die Blätter handförmig-gelappt, unterhalb in den Winkeln der Basis der Nerven kahl. *Ait. III.* 365. *W. IV.* 475.

Orientalischer A. — Im Orient. ♄ mit stielrunden Ästchen, und, eben so wie der vorhergehende, in Rücksicht der Blattform, dem Feld-Ahorn sehr ähnlich. Bl. noch nicht bey uns. ⌂.

MONADELPHIA.

168. Pinus *Fichte.*

* Föhren (Pini): *mit bestimmter Zahl der Blätter eines Scheidchens.*

\+ *Mit gepaarten Blättern.*

1. P. *sylvestris*: die Blätter gepaart, steif; die Zapfen meist gepaart, eyrund-kegelförmig, an der Basis zugerundet, von der Länge der Blätter. *L. W. IV* 494. *G. W. H.* 107.

α. vulgaris: mit anderthalb Zoll langen, grünen Blättern. *G. W. H t.* 153.

β. rubra: mit einen Zoll langen, schimmelgrünen Blättern und kürzern Zapfen. *W. a. a. O.* P. rubra. *Mill. Dict. n* 3. *Du Roi* 1. *II.* 29

Gemeine F. oder Kiefer. — Im nördlichen Europa in dürren sandigen Gegenden. ♄ 80 100, ja 120′. Bl. 5—6. Fr ein Zapfen, der erst im Herbste des folgenden Jahres reift und die in ihm enthaltenen Nüsse erst in dem darauf folgenden Frühjahr ausstreuet.

2. P. *Laricio*: die Blätter gepaart, sehr lang, ungleichförmig; die Zapfen eyförmig, mit Schuppen, die an der Basis verschmälert, an der Spitze sehr dick und ohne Ecken sind. *Lamarck Encycl. V.* 339. *W. Enum. Suppl.* 64.

Corsische F. — Auf der Insel Corsica auf Bergen. ♄ 15—20′. Bl. 4—5. Fr. wie bey dem vorhergehenden.

3. P. *Pinaster*: die Blätter gepaart; die Zapfen länglich-kegelförmig, kürzer als die Blätter, an der Basis zugerundet, mit gedornten Schuppen. *Ait. III.* 367. *W. IV.* 496. P. sylvestris γ. *L.* 1418.

Italiänische F. — Im südlichen Europa. ♄ von ansehnlicher Höhe; hier erst 4'. Bl noch nicht.

4. P. *inops:* die Blatter gepaart; die Zapfen einzeln, länglich-kegelförmig, von der Länge der Blätter, an der Basis zugerundet, mit gestachelten Schuppen. *Ait. III* 367. *W. IV.* 496. P. virginiana. *Du Roi.* 1. *II.* 35. *Wangenh Amer.* 74.

Jersey-F. — In Virginien. ♄ 30—40' von knorrigem Wuchse mit ausgebreiteten Ästen und 1½—2" langen Blättern. Bl. 5. Fr. wie bey der ersten Art.

5. P. *maritima:* die Blätter gepaart, sehr fein; die Zapfen einzeln, eyrund-kegelförmig, sehr glatt, gestielt. *Mill. Dict. n.* 7 *W. IV.* 497. P. tenuifolius, julo purpurascente. *C. Bauh. pin.* 492.

Meerstrands-F. — Im südlichen Europa am Meerstrande. ♄ von der Gröſse der ersten Art. Bl. 5—6. Fr. wie bey der ersten Art.

6. P. *resinosa:* die Blätter gepaart; die Zapfen einzeln, eyrund-kegelförmig, an der Basis zugerundet, halb so lang wie die Blätter, mit unbewaffneten Schuppen. *Ait. III.* 367. *W. IV.* 496.

Harzige F. — In Canada und den westlichen Theilen von Neu-York. ♄ 30—40'. Bl. 5. Fr. wie bey der ersten Art.

7. P. *halepensis:* die Blätter gepaart, sehr lang; die Zapfen einzeln, eyrund-kegelförmig, an der Basis zugerundet, fast kürzer als die Blatter, mit stumpfen, glatten Schuppen. *Ait. III.* 367. *W. IV.* 498.

Aleppo-F. — In der Barbarey, in Taurien und Natolien. ♄ von der Höhe und Stärke der gemeinen Fichte, aber mit längern, einen weiten Wipfel bildenden Ästen. Bl. 5. Fr. wie bey der ersten Art. ⌓, erfriert aber in sehr strengen Wintern.

8. P. *Pinea:* die Blätter gepaart, die erstern wimperig; die Zapfen eyförmig, stumpf, fast unbewaffnet, länger als die Blätter, mit harten Nüssen. *L. W. IV.* 497.

Genieſsbare F. — In Krain, Italien, Spanien und im südlichen Frankreich. ♄ von mäſsiger Gröſse mit glatter Rinde und 2½" langen Blättern. Bl. 5. Fr ein Zapfen von 3½" Länge und an der Basis 3—4" im Querdurchmesser. ⌓, erfriert aber sehr leicht, daher besser im kalten Hause.

++ *Mit dreyfachen Blättern.*

9. P. *rigida*: die Blätter dreyfach; das Scheidchen abgekürzt; die Zapfen eyförmig, dicht, die Dornen der Schuppen zurückgebogen *Mill. Dict. n.* 10. *Du Roi* 1. *II.* 46. *W. IV.* 498.

Steife F. — In Nordamerika, von Neu-England bis Virginien. ♄ von raschem Wuchse, gleich dem der gemeinen Fichte, aber mit glattern Ästen. Die Blätter 1½". Bl. 5. Fr. ein Zapfen von 3" Länge.

10. P. *Taeda*: die Blätter dreyfach, verlängert; das Scheidchen verlängert; die Zapfen niedergebogen mit eingebogenen Dornen. *L. W. IV.* 498.

Dreynadlige F. — In Nordamerika, von Virginien bis Florida. ♄ von der Höhe des vorhergehenden, mit 3—5" langen Blättern. Bl 4—5. Fr. ein Zapfen von 4" Länge

11. P. *palustris*: die Blätter dreyfach, sehr lang; die Ausschlagsschuppen fiederspaltig, bleibend, afterblattartig; die Zapfen walzenartig mit kurzdornigen Schuppen. *Mill. Dict. n.* 14. *Du Roi* 1. *II.* 49. *W. IV* 499.

Sumpf-F. — In Carolina, Neu-Georgien und Pensylvanien in Morästen und Sümpfen ♄ 40—50' im Vaterlande, mit Blättern von 12—15" Länge und Zapfen von 9" Bl. 4 im Vaterlande. Fr. wie bey der ersten Art. ⌓. Hier hat man, da nur wenige kleine Stämmchen vorhanden sind, noch nicht gewagt, ihn im Freyen durchzuwintern

+++ *Mit fünffachen Blättern.*

12. P. *Cembra*: die Ästchen dicht und stark genarbt, schwach filzig; die Blätter fünffach; die Zapfen eyförmig, stumpf, mit angedrückten Schuppen und harten Nüssen. *L. W. IV.* 500. *Pall. Ross. I.* 3 *t.* 2.

Zirbel-F. — In der Schweiz, in Tyrol und Sibirien auf hohen Gebirgen. ♄ mit mehr als 2" langen Blättern, von langsamen Wuchse, jedoch ansehnlicher Gröſse, 1 o' hoch und 3' unten im Querdurchmesser des Stammes. Hier findet er sich von 30' und darüber. Bl. 4—5 Fr ein Zapfen von 3½" Länge und 2½" im Querdurchmesser, flügellose Nüsse mit wohlschmeckendem Samen enthaltend, reift wie bey der ersten Art.

13. P. *Strobus*: die Ästchen weitläufig und schwach gekerbt, kahl; die Blätter fünffach; die Zapfen walzenartig, an der Spitze verdünnt, schlaff, länger als die Blätter. *L. W. IV.* 501. *Wangenh. Amer.* 1. *t.* 1. *f.* 1.

Weymouths-F. — In den kalten Ländern von Nordamerika. ♄ von beträchtlicher Höhe, die nach *Wangenheim* zuweilen 200′ betragen, und wobey der Querdurchmesser des Stammes 5′ halten soll. Bl. 4—5. Fr. ein Zapfen von 5—6″, reift wie bey der ersten Art.

** Lärchenbäume (Larices): *mit büschelständigen Blättern.*

14. P. *Cedrus*: die Blätter büschelständig, steif, ausdauernd; die Zapfen länglich-rundlich, mit abgestutzten, angedrückten Schuppen. *L. W. IV* 501.

Ceder-F. oder Ceder von Libanon. — In Syrien auf dem Berge Libanon und in mehreren Gegenden des gemäfsigten Asiens. ♄ von den frühesten Zeiten her bekannt, findet sich jetzt nicht mehr so häufig auf dem Libanon als ehemals. Nach *Billiardiere* giebt es dort nur noch einen Haufen von ungefähr 100, unter welchen 7, ihrer Grofse wegen, zu bewundern sind, und worunter der stärkste 9′ im Querdurchmesser des Stammes halten soll. Bl. dort 5 Fr. ein Zapfen von $3\frac{1}{2}$″ Länge. Die hiesigen Stämme sind noch klein. ⌒, leidet aber sehr leicht in strengen Wintern.

15. P. *microcarpa*: die Blätter büschelständig, abfallend; die Zapfen rundlich-länglich, wenigschuppig, mit zurückgebogenen Schuppen und ovalen, stumpf-zugespitzten Nebenblättchen. *Lambert. monogr. W. IV* 502. P. laricina. *Du Roi* 1 *II*, 83. *Wangenh. Amer.* 42. *t.* 16. *f.* 37. P. Larix nigra. *Marshal* 185. P. pendula. *W. Baumz.* 1. 215. Larix americana. *Michaux II.* 203.

Kleinfrüchtige F. oder schwarzer Lärchenbaum. — In den kaltern Gegenden und Gebirgen von Nordamerika. ♄ von ansehnlicher Höhe mit dünnen, niederhangenden Ästen. Bl. 4—5. Fr. ein Zapfen von $\frac{1}{2}$″ Länge, reift 11.

16. P. *Larix*: die Blätter büschelständig, abfallend; die Zapfen eyförmig-länglich, mit Schuppen, die am Rande zurückgebogen und zerschlitzt

sind, und geigenförmigen Nebenblättchen. *L. W. IV.* 503. *G. W. H.* 211. *t.* 154.

Lärchen - F., gemeiner oder weifser Lärchenbaum. — In Schlesien, Böhmen, Krain, Kärnthen, Steyermark, Tyrol, Salzburg, der Schweiz, auf den Carpathen und in Sibirien auf hohen Gebirgen. ♄ 60—80, ja 100' mit einem Stamme von 3—4' im Querdurchmesser. Bl. 4—5. Fr. ein Zapfen von 1" Länge, reift 10—11, bleibt aber bis in den künftigen Frühling, wo er erst die Nüsse ausstreut.

*** Tannen (Piceae): *mit einzelnen, flachen, zweyzeilig-gewendeten Blättern.*

17. P. *Picea:* die Blätter einzeln, flach, ganzrandig, ausgerandet, zweyzeilig-gewendet; die Schuppen der Zapfen sehr stumpf, angedrückt. *L. W. IV.* 504. *Bechst. Forstb.* 286. 784. *G. W. H.* 213. *t.* 156. P. Abies. *Du Roi* 1. *II* 85. *Reiter* u. *Abel Abbild. t* 98.

Edel-F., Edel-Tanne oder Weifstanne. — Auf Gebirgen in der Schweiz, Tyrol, Bayern, Schwaben, Franken, Sachsen, Thüringen, Mähren, Böhmen, Schottland und in Sibirien. ♄ 150—160', ja zu 180' mit einem Stamme von 8' Querdurchmesser hat man ihn gefunden. Bl. 5. Fr. ein länglich-walzenförmiger Zapfen von 6", bey dem sich die Schuppen von der bleibenden Spindel trennen, und mit den Nüssen zugleich abfallen, 9—10

18. P. *balsamea:* die Blätter einzeln, ganzrandig, ausgerandet, zweyzeilig-gewendet, oberhalb fast aufrecht; die Schuppen des blühenden Zapfens zugespitzt, zurückgebogen *L. W. IV.* 504. *Du Roi* 1. *II* 193. Abies balsamifera. *Michaux II* 207.

Balsam-F. od. Tanne. — In Virginien u Canada. ♄ von der Höhe des vorhergehenden. Bl. 5. Fr. ein fast walzenförmiger, an der Spitze verdünnter Zapfen von 2½", der, so wie der vorhergehende, die Schuppen mit den Nüssen zugleich fallen lafst, 10.

19. P *canadensis:* die Blätter einzeln, flach, etwas spitzig, feinsagenartig, fast zweyzeilig-gewendet; die Schuppen des Zapfens zugerundet, gerade. *L. W. IV* 505. P. americana. *Du Roi* 1 *I.* 107. *Wangenh. Amer.* 39. *t* 15. *f* 36. Abies canadensis. *Michaux II* 206.

Hemlocks-F. oder Hemlockstanne, Schierlingstanne, — In Nordamerika von der Hudsonsbay

bay bis Virginien und auf Bergen in Canada. ♄ 80—100'. Bl. 5. Fr. ein rundlich-länglicher Zapfen von ½", reift 10.

**** Fichten (Abietes): *mit einzelnen, vierseitigen, einseitswendigen Blättern.*

20. P. *nigra*: die Ästchen weichhaarig; die Blätter einzeln, vierseitig, fast einseitswendig; die Zapfen eyförmig, mit aufrechten, elliptischen, am Rande wellenförmigen Schuppen *Ait. III.* 370. *W. IV* 506. P. mariana. *Du Roi II.* 107. *Ehrh. Beitr. III.* 24. Abies denticulata *Michaux II.* 206.

Schwarze F. — In Nordamerika von mehrern nördlichen Theilen Canadas bis Carolina. ♄ 30—40'. Bl. 5. Fr. ein Zapfen von 1½", reift 10.

21. P. *Abies*: die Ästchen kahl; die Blätter einzeln, vierseitig, fast zweyzeilig-gewendet; die Zapfen walzenartig, mit rautenförmigen, am Rande ausgeschweift-ausgenagten Schuppen *L. W. IV.* 506. *Bechst Forstb.* 289 767 *G. W H.* 215. *t.* 157. P. Picea *Du Roi* 1. *II.* 110. *Reit* u. *Abel Abbild. t.* 99. Abies Picea. *Mill. Dict. n.* 2.

Tannen-F., Rothtanne. — In gebirgigen Gegenden des kältern Europens und in Asien. ♄ 160—180', wobey man den Querdurchmesser des Stammes bis zu 6' findet. Bl 5—6. Fr. ein Zapfen von 6", der 10 reift, die Nüsse aber erst 5 des künftigen Frühjahres ausstreut.

22. P. *alba*: die Ästchen kahl; die Blätter einzeln, vierseitig, einseitswendig; die Zapfen verlängert-länglich, hangend, mit rundlich-spatelförmigen, ganzrandigen Schuppen. *Ait. III.* 371 *W. IV.* 507. P laxa *Ehrh. Beitr III* 24 P. canadensis. *Du Roi* 1. *II.* 124. *Wangenh. Amer.* 5. *t.* 1. *f.* 2. Abies alba. *Michaux II.* 207.

Weifse F. — In Canada, Neu-Schottland und Neu-England. ♄, der an Höhe in seinem Vaterlande dem vorhergehenden gleich kommen soll. Bl. 5. Fr. ein Zapfen von 3" Länge, reift 10.

169. Thuja. *Lebensbaum.*

1. T. *occidentalis*: die beblätterten Ästchen zusammengedrückt-zweyschneidig; die Blätter vierzeilig-ziegeldachartig, angedrückt, eyrund-rautenförmig, in der Mitte mit einem Höcker; die Zapfen umgekehrt-eyförmig, mit angedrückten Schup-

pen, von denen die innern abgestutzt und unter der Spitze buchtig sind. *L. W. IV* 503. *Wangenh. Amer* 7. *t.* 2. *f.* 3.

Gemeiner L. — In Nordamerika und Sibirien. ♄ 50—60'. Bl. 5 Fr. ein Zapfen von ⅜", reift 10.

2. T. *orientalis*: die beblätterten Ästchen zusammengedrückt-zweyschneidig; die Blätter vierzeilig-ziegeldachartig, angedrückt, eyrund-rautenförmig, in der Mitte mit einer Längsfurche; die Zapfen länglich, mit angedrückten Schuppen, von denen die untern stumpf und unter der Spitze stachelspitzig sind. *L. W. IV.* 509.

Chinesischer L. — In China und Japan. ♄ von ziemlich beträchtlicher Höhe. Bl. 5. Fr. ein Zapfen von ¾', reift 10. ⌂, gegen unsre Winter etwas empfindlich.

170. Cupressus. *Cypresse.*

1. C. *disticha*: die Blätter zweyreihig, abwärtsstehend, linienförmig, abfallend. *L. W. IV.* 512. *Du Roi* 1. *I.* 278. *Wangenh. Amer.* 43.

Virginische C. — In Virginien und Carolina. ♄, der im Vaterlande 60—80' hoch wird, und 6—10' Querdurchmesser im Stamme bekommt. Bl. dort 5. Fr ein rundlicher Zapfen von 1" im Durchmesser, reift 9. Hat bey uns noch nicht geblühet. ⌂ und etwas nasser Boden.

2. C. *thyoides*: die beblätterten Ästchen zusammengedrückt-zweyschneidig; die Blätter vierzeilig-ziegeldachartig, angedrückt, eyrund-rautenförmig, in der Mitte mit einem Buckel. *L W. IV.* 512. *Du Roi* 1. *I.* 273. *Wangenh. Amer.* 8 *t.* 2. *f.* 4.

Weifse C. oder weifse Ceder. — In Nordamerika. ♄ 60—80, ja 100' hoch im Vaterlande, und im Querdurchmesser des Stammes 3—4'. Bey uns ist der gröfste nicht viel über 20'. Bl. 4—5. Fr. ein rundlicher Zapfen von der Gröfse einer Wachholderbeere, deren Farbe er auch vor der Reife hat, nachher aber braun wird, 9—10.

D I O E C I A.

D I A N D R I A.

171. Salix. *Weide.*

* *Mit kahlen, sägenartigen Blättern.*

1. S. *Hoppeana*: die Blätter lanzettförmig, an beiden Enden verschmälert, sägenartig, unterhalb schimmelgrün; die Kätzchen gleichzeitig, dreymännig, vielehig; die Fruchtknoten verlängert länglich; die Narben sitzend. *W. IV.* 654 *G W H* 218. *t.* 158. S. triandra androgyna. *Seringe monogr. des Saul. de la Suisse* 76.

Hoppe'sche W. — Bey Salzburg am Ufer der Salza an der Josephsaue. ♄ 6—8', zuweilen baumartig. Bl. 5 Fr. 6—7.

2. S. *triandra*: die Blätter lanzettförmig, zugespitzt, an der Basis stumpf, sägenartig, unterhalb schimmelgrün; die Kätzchen gleichzeitig, dreymännig; die Fruchtknoten gestielt, länglich, höckerig, kahl; die Narben sitzend. *L. W. IV.* 654. *G W. H.* 219. *t* 159. S. amygdal. *Reit.* u. *Abel Abbild. t.* 26.

Dreymännige W. — In ganz Europa an den Ufern der Flüsse und Bäche. ♄ 8, 12—14', selten baumartig. Bl. 4—5. Fr. 6—7.

3. S. *undulata*: die Blätter lanzettförmig, zugespitzt, an der Basis stumpf, scharf-wellenförmig-sägenartig; die Kätzchen gleichzeitig, dreymännig; die Fruchtknoten gestielt, verlängert länglich, weichhaarig; der Griffel verlängert *Ehrh. Beitr. VI.* 101. *W. IV* 655. *G W. H* 220 *t.* 160.

Wellenförmige W. — In Europa an den Ufern der Flüsse und Bäche. ♄ 12, 15—18'. Bl. 4—5. Fr. 6—7.

4. S. *Russeliana*: die Blätter lanzettförmig, zugespitzt, sägenartig; die Kätzchen gleichzeitig, dreymännig? die Fruchtknoten gestielt, pfriemförmig, glatt; der Griffel verlängert. *Smith Fl Brit. III.* 1045. *W. IV.* 656. S. pendula (S. fragilis L.) *Seringe a. a. O.* 79.

Gerber-W. — In England in sumpfigen Gegenden. ♄ von ziemlich ansehnlicher Höhe, von *S. fragilis* durch die biegsamen Äste verschieden. Bl. 4—5. Fr. 6—7.

5. S. *nigra*: die Blätter lanzettförmig, zugespitzt, sägenartig, kahl; die Blattstiele weichhaarig; die Kätzchen gleichzeitig, viermännig; die Fruchtknoten gestielt, pfriemförmig, kahl. *Marsh.* 293. *W. IV.* 657. S. caroliniana. *Michaux II.* 226. S. pentandra. *Walt. Carolin.* 243. S. flavo-virens. *Hornem. Cat. hort. Hafn. suppl. II.* 11.

Schwarze W. — In Pensylvanien, Carolina und Neu-Georgien an Bächen. ♄ von beträchtlicher Höhe. Bl. 5. Fr. nicht erscheinend, da wir nur ein Geschlecht haben.

6. S. *pentandra*: die Blätter umgekehrt-eyrund, mehr oder weniger zugespitzt, unter der Mitte etwas zusammengezogen, sägenartig, kahl; die Blattstiele oben drüsig; die Kätzchen spät, fünfmännig; die Fruchtknoten stark verlängert länglich, kahl. *L. W. IV.* 658. *G. W. H.* 221. *t.* 161.

Lorbeer-W. — In Europa an den Rändern der Gräben, Bäche, Flüsse, Seeen, Teiche und in Morästen. ♄ 30—40′, oder ♄ 20—30′. Bl. 5—6. Fr. 8—9.

7. S. *Meyeriana*: die Blätter länglich-lanzettförmig, zugespitzt, kahl; die Blattstiele oben drüsig; die Kätzchen spät, dreymännig, mit zurückgebognen Staubgefäſsen; die Fruchtknoten stark verlängert länglich, kahl. *Rostkovius* in *W. Baumz.* 427. *G. W. H.* 222. *t.* 162.

Meyer'sche W. — In Pommern und bey Berlin. ♄ 20—30′. Bl. 5. Fr. 7.

8. S. *nigricans*: die Blätter oval, spitzig, weitläufig-sägenartig, kahl, unterhalb schimmelgrün; die Kätzchen frühzeitig; die Kapseln gestielt, stark verlängert länglich, zugespitzt, seidenartig. *Smith Fl. Brit. III.* 1047. S. phylicifolia β. *L. Sp.* 1442. *Seringe a. a. O.* 42.

Schwärzliche W. — In England und Lappland. ♄ mit schwärzlich-braunen, etwas brüchigen Asten, 5—6′. Bl. 4. Fr. 6.

9. S. *phylicaefolia*: die Blätter länglich, zugespitzt, wellenförmig-sägenartig, kahl, unterhalb schimmelgrün, die jüngern weichhaarig; die Kätz-

chen frühzeitig; die Kapseln gestielt, stark verlängert länglich, zugespitzt, kahl. *L. W. IV.* 659. *Smith Fl. Brit. III.* 1049. *Seringe a. a. O.* 62. S. phylicifolia *α*. *L. Sp.* 1442.

Phylicablättrige W. — In Schweden und Lappland, so wie auf den Gebirgen Schottlands und des südlichen Frankreichs. ♄ mit schwärzlich-braunen Ästen, 4—5'. Bl. 4. Fr. 6.

10\. S. *Wulfeniana*: die Blätter fast elliptisch oder umgekehrt-eyrund-oval, zuweilen kurz zugespitzt, sägenartig, kahl, unterhalb etwas schimmelgrün; die Kätzchen frühzeitig; die Kapseln eyförmig, kurzgestielt, anfangs etwas weichhaarig, nachher kahl. *Host. Synops.* 526. *Wulf.* in *Jacq. collect. II.* 139. *W. IV.* 660. *G. W. H.* 223. *t.* 163.

Wulfen'sche W. — In Kärnthen auf Gebirgen. ♄ mit dunkelbraunen Ästen, 4—5'. Bl. 4. Fr. 6.

11\. S. *silesiaca*: die Blätter oval, spitzig, sägenartig, kahl, gleichfarbig, an dem Mittelnerven, so wie die Blattstiele und jüngern Blättchen, weichhaarig; die Kätzchen frühzeitig; die Fruchtknoten verlängert-eyförmig, gestielt, kahl. *W. IV.* 660. *Baumz.* 430. *t.* 7. *f.* 2. *G. W. H.* 224. *t.* 164. S. stylaris (S. phylicifolia). *Seringe a. a. O.* 62.

Schlesische W. — In Schlesien auf dem Riesengebirge. ♄ mit matt-braunen Ästen, 3—4'. Bl. 4. Fr. 6.

12\. S. *laurina*: die Blätter oval, spitzig, weitläufig-feinsägenartig, kahl, unterhalb schimmelgrün, die jüngern fast seidenartig-weichhaarig; die Fruchtknoten stark verlängert länglich, seidenartig. *Smith Transact. of the Linn. Societ. VII.* 122. *W. IV.* 662.

Lorbeerartige W. — In England, in Wäldern. ♄ mit dunkelbraunen, etwas bruchigen Ästen, 6—8'. Bl. 4. r. 6.

13\. S. *Amaniana*: die Blätter oval, an der Spitze oft etwas zugerundet, sägenartig, kahl, unterhalb schimmelgrün; die Blattstiele lang, weichhaarig; die Afterblätter eyrund, sägenartig, bleibend; die Kätzchen frühzeitig; die Fruchtknoten stark verlängert länglich. *W. IV.* 663. S. hastata. *Hoppe.* S. myrsinites. *Hoffm. Sal. I.* 71. *t.* 17. 18. 19 *et* 24. *f.* 2. S. stylaris. (S. phylicifolia L.) *Seringe a. a. O.* 62.

Aman'sche W. — Auf den Alpen in Salzburg und Kärnthen. ♄ 12—20, oder ♄ 10—12', mit dunkel-braunen Ästen und weichhaarigen Ästchen Bl. 4. Fr. 6.

14. S. *hastata:* die Blätter eyrund, spitzig, an der Basis herzförmig, kahl, unterhalb schimmelgrün; die Blattstiele sehr kurz, kahl; die Afterblätter halbherzförmig, sägenartig, bleibend; die Fruchtknoten stark verlängert länglich, kahl. *L. W. IV.* 664. *Seringe a. a O.* 58.

Spontonförmige W. — In Lappland. ♄ mit dunkel-braunen Ästen und weichhaarigen Ästchen, 5—6'. Bl. 4—5. Fr. 6—7.

15. S. *malifolia:* die Blätter oval-länglich, etwas spitzig, gezähnt, ausgeschweift, trocken, völlig kahl, unterhalb etwas schimmelgrün; die Afterblätter herzförmig, sehr grofs *Smith Fl. Brit. III.* 1053. *W. IV* 676. S. hastata. *Seringe a. a. O.* 58. 59.

Apfelblättrige W. — In England. ♄ mit schwarzbraunen Ästen und haarigen Ästchen, 2—3'. Bl. 4. Fr erscheint nicht, da nur ein Geschlecht hier vorkommt

16. S. *serrulata:* die Blätter eyrund, spitzig, sägenartig, kahl, unterhalb schimmelgrün; die Blattstiele sehr kurz, kahl; die Afterblätter eyrund, sägenartig, bleibend; die Kätzchen gleichzeitig; die Fruchtknoten stark verlängert länglich, fast sitzend. *W. IV.* 664. S. hastata *Fl. Danic. t.* 1238. S hastata. *Seringe a. a O.* 58. 59.

Gesägte W. — In Lappland. ♄ mit dunkelbraunen Ästen, 3'. Bl. 4—5. Fr. 6—7.

17. S. *petiolaris:* die Blätter lanzettförmig, sägenartig, kahl, unterhalb schimmelgrün; die Fruchtknoten gestielt, eyförmig, seidenartig; die Narben sitzend, zweylappig. *Smith Fl. Brit. III.* 1048. *W. IV.* 665.

Langstielige W. — In England an feuchten Orten. ♄ mit schlanken, biegsamen, rothbraunen Ästen, 8—10'. Bl 4. Fr 6.

18. S. *lanceolata:* die Blätter lanzettförmig, zugespitzt, scharf-sägenartig, glänzend, kahl, unterhalb blafsgrün; die Afterblätter halbherzförmig, sägenartig, abfallend. *Engl. Bot. t.* 1436. *W. Baumz.* 433.

Lanzettblättrige W. — In England. ♄ mit braunen Ästen und weichhaarigen jüngern Ästchen, 12—15'. Bl. 4—5. Fr. fehlt wegen Mangel des einen Geschlechts.

19. S. *acutifolia*: die Blätter lanzettförmig, zugespitzt, ungleich-stumpf-sägenartig, kahl, unterhalb etwas schimmelgrün; die Kätzchen frühzeitig; die Äste bereift *W IV* 668. S caspica *der Gärtner.*

Spitzblättrige W — Beym caspischen Meere? ♄ 10—12', baumartig — vielleicht auch ♄ — mit dunkel-rothbraunen, weiſs bereiften Ästen. Bl. 3—4. Fr. 6.

20. S *vitellina*: die Blätter lanzettförmig, zugespitzt, sägenartig, kahl, unterhalb etwas schimmelgrün; die Blattstiele etwas haarig; die Kätzchen gleichzeitig; die Fruchtknoten sitzend, stark verlängert länglich, kahl; die Narben sitzend, zweylappig; die Äste dottergelb, leuchtend *L. W. IV* 668. *G. W H* 226.*t*.166. S. alba vitellina. *Seringe a. a. O.* 83.

Dotter-W. — In ganz Europa an etwas feuchten, sandigen Orten ♄ 40—60'. Bl. 4. Fr. 6.

21. S. *fragilis*: die Blätter lanzettförmig, zugespitzt, drüsig-sägenartig, gleichfarbig, kahl; die Kätzchen gleichzeitig; das Honiggefäſs der männlichen Blume doppelt; die Fruchtknoten fast sizzend, stark verlängert länglich, kahl. *L. W. IV.* 669. *G. W. H.* 227. S. pendula. *Seringe a. a. O.* 79.

α. *vulgaris*: mit zweyhäusigen Kätzchen. *G. W. H. t.* 167.

β. *androgyna*: mit männlich-weiblichen Kätzchen. — S. androgyna. *Roth Fl. Germ II* 2. 523.

Bruch-W. — In ganz Europa an trocknen und feuchten Orten. ♄ mit braunen, leicht zerbrechlichen Ästen, 30—45'. Bl. 4—5 Fr 6

22. S. *praecox*: die Blätter breit-lanzettförmig, zugespitzt, drüsig-sägenartig, kahl, unterhalb schimmelgrün; die Kätzchen frühzeitig; die Fruchtknoten sitzend, eyförmig, kahl; der Griffel verlängert. *Hoppe. W IV.* 670. *Baumz.* 436. *t.* 5. *f.* 2. *Seringe a a O.* 55. *G. W. H.* 228. *t* 168. S bigemmis. *Hoffm Deutschl. Flor* 1. *I.* 343. S. fragilis. *Host Synops.* 527.

Frühe W. — In Östreich, Kärnthen, Krain, Tyrol, Bayern, Salzburg, der Schweiz und im südlichen Frankreich, an den Ufern der Flüsse. ♄ mit dunkel-braunen, zerbrechlichen Ästen von sehr schnellem Wuchse, 40—50'. Bl. 3. Fr. 5—6.

23. S. *babylonica:* die Blätter lanzettförmig, zugespitzt, sägenartig, kahl, unterhalb schimmelgrün; die Kätzchen gleichzeitig, die Fruchtknoten gestielt, eyförmig, kahl; die Äste hangend. *L. W IV.* 671. S propendens. *Seringe a a O.* 73.

Babylonische W. oder Trauerweide, Thränenweide. — In der Levante. ♄ von ansehnlicher Gröfse, dessen Äste oft bis zur Erde herabhangen. Bl 5. Fr. 6—7.

24. S. *purpurea:* einmännig; die Blätter umgekehrt-eyrund-lanzettförmig, sägenartig, kahl; der Griffel sehr kurz: die Narben eyrund. *L. W. IV.* 672. *Smith Fl. Brit. III.* 1039 *G. W. H* 229. *t.* 269. S. monandra. *Seringe a. a O* 5.

Purpur-W. — In Europa an den Ufern der Flüsse, Bäche und Teiche und auf feuchten Wiesen ♄ mit braunrothen Ästen, 6—8'. Bl. kurz vor oder gleich mit dem Ausbruche der Blätter, 5. Fr. 6—7.

25. S. *Helix:* einmännig; die Blätter lanzettförmig, zugespitzt, feinsägenartig, kahl; der Griffel verlängert, fadenförmig; die Narben linienförmig. *L. W IV.* 672. *Smith Fl. Brit. III* 1040. *G. W. H.* 229. *t.* 169. S. monandra. *Hoffm Sal I* 18. *t.* 1. *f.* 1. 3 *t.* 5 *f* 1. *t.* 23. *f.* 1. *Seringe a. a O* 5

Bach-W. — In Europa an den Ufern der Bäche, Flüsse und Teiche ♄ oder wenigstens ein baumartiger ♄ mit glänzenden, aschgrauen oder röthlichbraunen Ästen, 10—12'. Bl. kurz vor dem Ausbruche der Blätter, 4. Fr. 6.

26. S. *rubra:* die Blätter linien-lanzettförmig, spitzig, feinsägenartig oder auch ganzrandig, gleichfarbig; die Staubfäden anfangs bis zur Hälfte verwachsen; der Griffel verlängert; die Narben fast umgekehrt-eyrund *Smith Fl Brit. III.* 1041. *W IV.* 674. S fissa. *Hoffm. Sal. I.* 61. *t.* 13. 14. *Seringe a. a O* 32.

Gespaltene W. — Im südlichen Europa an den sandigen Ufern der Flüsse. ♄ 12—18', aber auch ♄ 8—12'. Bl. 4—5. Fr. 6.

27. S *Croweana:* die Blätter oval, oder umgekehrt-eyrund-oval, fast sägenartig, völlig kahl, unterhalb schimmelgrün; die Staubfäden an der

Basis zusammenhangend. *Smith Fl. Brit. III.* 1043. *W. IV.* 675.

Crowe'sche W. — In England in Sümpfen. ♄ mit hell-braunen, glänzenden, zerbrechlichen Ästen, 3–4'. Bl. 4—5 Fr. 6.

28. S. *humilis:* die Blätter länglich-oval, spitzig, stumpf-sägenartig, völlig kahl, unterhalb schimmelgrün; die Fruchtknoten stark verlängert länglich, seidenartig *W Baumz* 439 *t.* 6. *f.* 2.

Niedrige W. — Das Vaterland ist unbekannt. ♄ mit dunkel-braunen Ästen, 3'. Bl. vor dem Ausbruche der Blatter, 4—5. Fr. erscheint nicht, da der männliche Stamm fehlt.

29. S *Weigeliana:* die Blätter oval, an der Basis ganzrandig, gegen die Spitze gezähnt, kahl, unterhalb etwas schimmelgrün; die Kätzchen fast frühzeitig; die Fruchtknoten eyförmig-länglich, fast seidenartig; der Griffel verlängert; die Narben zweytheilig mit linienförmigen Zipfeln. *W. IV.* 678. *G. W. H.* 232. *t.* 173.

Weigel'sche W. — In Schlesien auf dem Riesengebirge. ♄ mit braunen, glänzenden Ästen, 3—4' Bl. 5. Fr. 6

30. S. *myrsinites:* die Blätter oval, oder eyrund-oval, an der Basis etwas zugerundet, überall feinsägenartig, unterhalb kahl, glänzend, gleichfarbig; die Kätzchen frühzeitig; die Kapseln stark verlängert länglich, seidenartig-weichhaarig; die Äste haarig. *L. W. IV* 678.

Myrsinenartige W. — Auf den Alpen in Lappland, Schottland, der Schweiz, Italien und Frankreich. ♄ mit braunen, haarigen Ästen sich ausbreitend, nur 2' hoch. Bl. 5—6. Fr. 7

31. S. *formosa:* die Blätter länglich, spitzig, in der Mitte sägenartig, am Rande wimperig, übrigens kahl, oberhalb glänzend, netzförmig-aderig, unterhalb schimmelgrün; die Kätzchen gleichzeitig; die Kapseln stark verlängert länglich, seidenartig-zottig. *W. IV.* 680.

Schöne W. — In der Schweiz und in Kärnthen auf Gebirgen. ♄ mit röthlichbraunen Ästen, den *Seringe* mit der *S. prunifolia Smith's* vereinigt. Bl. 6. Fr. 7.

32. S. *finmarchica:* die Blätter länglich, an beiden Enden spitzig, in der Mitte fast sägenartig, am

Rande zurückgerollt, unterhalb schimmelgrün; die Fruchtknoten stark verlängert länglich, kahl. *W. Baumz.* 441 S. arbuscula. *Fl. Danic. t.* 1055.

Finmarkische W. — In Finmarken. ♄ mit gelbbraunen Ästen. Bl. mit dem Ausbruche der Blätter, 4—5. Fr. fehlt uns, so wie der männliche Stamm.

** *Mit kahlen, ganzrandigen Blättern.*

33. S. *reflexa*: die Blätter umgekehrt-eyrund-elliptisch, stumpf, ganzrandig, kahl; der Stamm aufrecht. *W. Baumz.* 442.

Zurückgebogene W. — Das Vaterland ist unbekannt. ♄ mit graubraunen Ästen und kleinen 4—5''' langen Blättern, der 1' hoch ist und Ähnlichkeit mit einem Vaccinium hat. Bl. 4—5. Fr. nicht erscheinend, da nur ein Geschlecht hier vorhanden ist.

34. S. *retusa*: die Blätter umgekehrt-eyrund, ganzrandig, spitzig oder ausgerandet, kahl, oberhalb glänzend; die weiblichen Kätzchen länglich, wenigblumig, mit Schuppen von der Länge des länglichen Befruchtungsbodens. *L. W. IV.* 684.

Ausgerandete W. — Auf den Alpen Östreichs, Tyrols, Salzburgs, Kärnthens, Bayerns, Frankreichs, Italiens, der Schweiz und den Carpathen. ♄ mit kastanienbraunen, glänzenden Ästen und kleinen, 3—6''' langen Blättern, der auf dem Boden liegt und höchstens 1' lang wird. Bl. 6—7. Fr. 7—8. (*Seringe* und *Wahlenberg* rechnen zu dieser Art die *S. Kitaibeliana* und *serpillifolia* als Varietäten, was aber wohl eher von ersterer, als letzterer gelten kann.)

35. S. *violacea*: die Blätter umgekehrt-eyrund-länglich, spitzig, ganzrandig oder in der Mitte stumpf-sägenartig, kahl, unterhalb schimmelgrün; die Fruchtknoten zottig. *W. Baumz. t.* 6. *f.* 1.

Violette W. — Das Vaterland ist unbekannt. ♄ mit rothbraunen Ästen und 1—1½'' langen Blättern, die beym Hervorbrechen violett sind, ungefahr 3' hoch. Bl. mit dem Ausbruch der Blätter, 4—5. Fr. fehlt, so wie der männliche Stamm.

36. S. *reticulata*: die Blätter fast kreisrund, oder auch elliptisch-kreisrund, zuweilen zurückgedrückt, ganzrandig, meist kahl, unterhalb netzförmig-aderig; die Kätzchen spät, langgestielt; die

Fruchtknoten länglich, zottig. *L. W IV.* 685. *G W. H.* 236 *t.* 678.

Netzblättrige W. — Die höchsten Alpen in ganz Europa ♄ mit rothbraunen Ästen, der niederliegt und höchstens 1' lang wird Bl. 5—6. Fr. 6—7

*** *Mit zottigen Blättern.*

37. S. *sericea*: die Blätter länglich - lanzettförmig, ganzrandig, stumpf, auf beiden Flächen seidenartig; die Afterblätter fehlend; die Kapsel eyförmig-länglich, zottig, sitzend *Vill. Delph III.* 782. *t.* 51. *f.* 27. *W. IV.* 688. S. glauca. *Seringe a. a. O.* 30.

Seidenartige W — In der Schweiz und in Frankreich auf Gebirgen. ♄ mit braunen, glänzenden Ästen und weichhaarigen jüngern Ästchen, 1½—2', den *Seringe* mit zur *S. glauca* zieht. Bl. mit dem Ausbruche der Blätter, 4 — 5. Fr. tritt nicht hervor, da nur ein Geschlecht hier vorkommt.

38. S. *leucophylla*: die Blätter länglich - lanzettförmig, spitzig, an der Basis stumpf, oberhalb grün, runzlig - aderig, weichhaarig, unterhalb weifsfilzig; die Afterblätter sehr klein, abfallend; die Fruchtknoten eyförmig, zottig. *W. Baumz.* 444. *t.* 6. *f* 3.

Weifsblättrige W. — Das Vaterland ist unkannt *Willdenow* erhielt sie mehrere Mal unter dem Namen *S. lapponica*, von der sie sich aber unter andern Merkmalen auch durch die oberhalb grünen und runzlich - geaderten Blätter unterscheidet. ♄ mit braunen, glänzenden Ästen und weichhaarigen, jüngern Ästchen, 4—5'. Bl. vor dem Ausbruche der Blätter, 4 Fr. nicht hervortretend, da nur ein Geschlecht hier vorkommt.

39. S. *cinerea*: die Blätter länglich, zugespitzt, sägenartig, unterhalb schimmelgrün, fast zottig; die Blattstiele zottig; die Afterblätter halbherzförmig, sägenartig, abfallend; die Kapseln verlängert-eyförmig; der Griffel verlängert. *W. IV.* 690. S. daphnoides. *Vill Delph. III.* 765. *t.* 50. *f.* 7.

Graue W — In Schweden, Lappland, England und im südlichen Frankreich an feuchten Orten. ♄ 10 und darüber, der durch rothbraune, weifsbestaubte Äste nach *Willdenow* sich auszeichnet, von *Seringe* aber mit der *S. praecox* verbunden wird. Er hält ihn für verschieden von der *Linnéschen S. cinerea*, die er mit der *S. acuminata* vereinigt. Bl. 4—5. Fr. nicht erscheinend, da nur ein Geschlecht hier vorkommt.

40. S. *bicolor*: die Blätter oval, spitzig, zurückgekrümmt, oberhalb kahl, glänzend, unterhalb weichhaarig, schimmelgrün, die jüngern fast ganzrandig, die ältern weitläufig feingezähnt; die Blattstiele an der Basis erweitert; die Kätzchen länglich, an beiden Enden zugerundet. *Ehrh. Frut. n.* 118. *W. IV.* 691. *G. W. H.* 238. *t.* 180. S. Dicksoniana. *W. IV.* 696.

Zweyfarbige W. — Auf dem Harze und den Gebirgen Schottlands. ♄ mit braungelben ins Gelbbraune übergehenden Ästen, 4—5'. Bl. mit oder fast kurz vor dem Ausbruche der Blätter, 4. Fr. 5—6.

41. S. *argentea*: die Blätter oval, ganzrandig, zurückgekrümmt-spitzig, oberhalb weichhaarig, unterhalb seidenartig, silberweifs; die Fruchtknoten länglich-eyförmig, zottig *Smith Fl. Brit. III.* 1059. *W. IV.* 693. *G. W. H.* 240. *t.* 182.

Silber-W. — In Deutschland, Gothland und England auf sandigen Triften. ♄ mit dichtstehenden, gelbbraunen Ästen und weifslich-weichhaarigen jüngern Ästchen, 2—3'. Bl. vor Entfaltung der Blätter, 3—4. Fr. 6.

42. S. *fusca*: die Blätter oval-lanzettförmig, an beiden Enden verschmälert, spitzig, fast ganzrandig, oberhalb kahl, unterhalb seidenartig-filzig; die Afterblätter lanzett-pfriemförmig; die Kapseln verlängert länglich, seidenartig, gestielt. *L. W. IV.* 694. *G. W. H.* 242. *t.* 184.

Braune W. — Fast in ganz Europa auf feuchten und trocknen Triften. ♄ mit gelbbraunen Ästen und weifslich-weichhaarigen, jüngern Ästchen, 3—3½'. Bl. vor dem Ausbruch der Blätter, 4—5. Fr. 6.

43. S. *repens*: die Blätter oval-lanzettförmig, zurückgekrümmt-spitzig, oberhalb weichhaarig, unterhalb fast seidenartig; die Kapseln anfangs seidenartig-weichhaarig, nachher fast kahl; der Stamm niedergedrückt, afterblattlos. *L. W. IV.* 693. *G. W. H.* 241. *t.* 183. S. polymorpha. *Ehrh.*

Frut. n. 49. S. depressa. *Hoffm. Sal. I.* 63. *t.* 15. 16. *Seringe a. a. O.* 9.

Kriechende W. — Auf feuchten Triften in Europa. ♄ mit dunkel-braunen Ästen und weichhaarig-weifslichen jüngern Ästchen, 1—2'. Bl. vor dem Ausbruch der Blätter, 4—5. Fr. 6.

44. S. *incubacea:* die Blätter lanzettförmig, an beiden Enden verschmälert, ganzrandig, gewölbt, oberhalb kahl, unterhalb greisgrau, fast seidenartig; die Fruchtknoten verlängert eyrund-länglich, seidenartig, gestielt; die Narben fast sitzend *L. W. IV.* 696. S. angustifolia *Wulfen* in *Jacq. Coll. III.* 48. S. Arbuscula. *Smith Fl. Brit. III.* 1050. S. depressa. *Seringe a. a. O.* 9.

Matten-W. — In Europa auf niedrigen Triften. ♄ mit hellbraunen Ästen und röthlich-gelben Ästchen, von denen die jüngern etwas weichhaarig sind, 2—3'. Bl. kurz vor dem Ausbruche der Blätter, 4—5. Fr. 6.

45. S. *rosmarinifolia:* die Blätter linien-lanzettförmig, spitzig, fast ganzrandig, flach, oberhalb weichhaarig, unterhalb seidenartig; die Fruchtknoten verlängert länglich, zottig, gestielt; der Griffel verlängert. *L. W. IV.* 697. *G. W. H.* 244. *t.* 186.

Rosmarin-W. — Fast in ganz Europa auf feuchten Triften, sumpfigen Wiesen und Mooren. ♄ mit hell-braunen Ästen, 1—1½'. Bl. kurz vor oder ziemlich zugleich mit dem Ausbruche der Blätter, 4—5. Fr. 6.

46. S. *riparia:* die Blätter lanzett-linienförmig, spizzig, drüsig-feinsägenartig, an der Basis ganzrandig, oberhalb weichhaarig, unterhalb filzig, runzlig-aderig; die Fruchtknoten länglich-eyförmig, kahl. *W. IV.* 698. *G. W. H.* 245. *t.* 187. S. incana. *Schrank Bav. I.* 230. S. lavandulaefolia. *Lapayrouse hist. abr.* 601. *Seringe a. a. O.* 70. S. rosmarinifolia. *Hoppe. Host Syn.* 529. S. viminalis. *Vill. Delph. III.* 785

Ufer-W. — Im südlichen Europa an den Ufern der Flüsse gebirgiger Gegenden. ♄ mit schwarzbraunen, zuweilen gelblichbraunen Ästen und weifslich-weichhaarigen jüngern Ästchen, 6—8'. Bl. vor dem Ausbruche der Blätter, 4. Fr. 5—6.

47. S. *grisea:* die Blätter lanzettförmig, zugespitzt, feinsägenartig, oberhalb kahl, unterhalb seiden-

artig; die Fruchtknoten seidenartig, länglich; die Narben sitzend. *W. IV.* 699. *Baumz.* 450. *t.* 7. *f.* 1.

Graublättrige W. — In Pensylvanien an feuchten Orten ♄ mit braunen Ästen und weifslich-weichhaarigen jüngern Ästchen, 5—6'. Bl. vor dem Ausbruche der Blätter, 4. Fr 5—6.

48. S. *spathulata:* die Blätter lanzettförmig-umgekehrt-eyrund, zurückgekrümmt-zugespitzt, gegen die Spitze sägenartig, oberhalb weichhaarig, runzlig-aderig, filzig; die Afterblätter lanzettförmig; die Fruchtknoten seidenartig; die Narben sitzend. *W. IV.* 700. *Baumz.* 451. *t.* 4. *f.* 3. *G. W. H.* 247. *t.* 189.

Spatelblättrige W. — In Deutschland an feuchten Orten. ♄ mit braunen Ästen, die nach oben zu weifslich-weichhaarig sind, 3—4'. Bl. vor dem Ausbruche der Blätter, 3—4. Fr. 5.

49. S. *aurita:* die Blätter umgekehrt-eyrund, an der Basis verschmälert, kurz zugespitzt, stachelspizzig, mit zurückgekrümmter Vorspitze, fast sägenartig, oberhalb grün, weichhaarig, unterhalb runzlig-aderig, grau-weichhaarig; die Afterblätter halbherzförmig, fast ganzrandig; die Kapseln verlängert länglich, gestielt; die Narben sitzend. *L. W. IV* 700. (*mit Ausschlufs der Diagnose.*) *Baumz.* 451. *t.* 4. *f.* 1. *G. W. H* 246. *t.* 188. S. rugosa. *Seringe a. a. O.* 18.

Salbey-W. — In Europa in feuchten Wäldern und andern feuchten, etwas schattigen Gegenden ♄ mit braunen Ästen, die oben zu weichhaarig sind, 2—3'. Bl vor dem Ausbruche der Blätter, 3—4. Fr. 5—6.

50. S. *cladostemma:* die Blätter rundlich-umgekehrt-eyrund, an der Basis schwach-herzförmig, kurz zugespitzt, stachelspitzig, mit zurückgekrümmter Vorspitze, wellenförmig-gezähnt, oberhalb grün, weichhaarig, unterhalb runzlig-aderig, grau-weichhaarig; die Afterblätter schief-mondförmig, ganzrandig, wellenförmig; die Kätzchen einmännig, mit ästigem Staubfaden.

Astfädige W. — Bey Berlin auf dem hohen Ufer eines Baches. ♄ 5—6' und darüber, welcher Ähnlichkeit mit dem vorhergehenden hat, sich aber von demselben unterscheidet: 1) Durch den höhern Stamm; 2) durch die Blätter, welche kürzer, breiter und unterhalb mehr runzlig sind, als bey jenem, und an der Basis stets schwach-herzförmig, niemals keilförmig-verschmälert; 3) durch schief-mondförmige, wellenförmige, ganzrandige Afterblätter; 4) durch die Blumen, von denen jede der männlichen Kätzchen nur einen Staubfaden hat, der sich an der Spitze, bis wohin er schwach-weichhaarig ist, in zwey, drey, vier, ja auch wohl in fünf ausgebreitete, kahle Äste zertheilt, von denen jeder ein Staubkölbchen trägt. Der Staubfaden ist nicht etwa wie bey der S. *rubra* beschaffen, sondern man sieht hier eine wahre Verästung. Bis jetzt kenne ich von dieser Art nur männliche Stämme. Bl. vor dem Ausbruche der Blätter, 4—5.

Auf der beygefügten Tafel ist diese Weide abgebildet: B. Ein Zweig mit blühenden Kätzchen. C. Ein Zweig mit ausgewachsenen Blättern. 1. Ein Afterblatt vergröſsert. 2. Eine Schuppe des Kätzchens, in welcher das Staubgefäſs noch im Entwickeln begriffen ist, und 3. Dieselbe mit völlig entwickeltem Staubgefäſse, vergröſsert. 4, 5, 6. Schuppen von gleicher Vergröſserung, in welchen das Staubgefäſs von dem der vorhergehenden dadurch abweicht, daſs der Staubfaden mehr oder weniger Äste hat, oder sich anders verästet. 7. Die Honigdrüse von der Basis der Schuppe gesehen, und 8. von der Seite der Schuppe betrachtet und vergröſsert.

51. S. *uliginosa:* die Blätter umgekehrt-eyrund, zurückgekrümmt-kurz-zugespitzt, gegen die Spitze wellenförmig-gezähnt, oberhalb grün, weichhaarig, unterhalb runzlig-aderig, grau-zottig; die Afterblätter halbherzförmig, gezähnt; die Kapseln verlängert länglich, gestielt; die Narben sitzend. *W. Enum.* 1007. *t.* 4. *f.* 2. *G. W. H.* 247. *t.* 189.

Morast-W. — In Europa an feuchten Orten. ♄ der *S. aurita* sehr ähnlich, 4—5′ und darüber hoch. Bl. vor dem Ausbruche der Blätter, 3—4, Fr. 5—6.

52. S. *aquatica*: die Blätter umgekehrt-eyrund-oval, spitzig, oberhalb grün, weichhaarig, unterhalb schimmelgrün, etwas haarig; die Afterblätter rundlich, halbherzförmig, gezähnt; die Frucht-

knoten gestielt, verlängert länglich, zottig; die Narben sitzend. *Smith Fl. Brit. III.* 1065. *W. IV.* 701. *G. W. H* 248 *t.* 190.

Wasser-W. — In Deutschland und England an feuchten Orten in Hecken und Gebüschen. ♄ mit braunen oder hellbraunen Ästen, die gegen die Spitze weifslich-weichhaarig sind, 8—10′, dem vorhergehenden verwandt. Bl. vor dem Ausbruche der Blätter, 3—4. Fr. 5—6.

53. S. *caprea:* die Blätter eyrund, zugespitzt, sägenartig, wellenförmig, unterhalb filzig; die Afterblätter fast mondförmig; die Kapseln bauchig. *L W. IV.* 703. *G. W. H.* 249. *t.* 192.

Sohl-W., Palmweide, grofser Werft. — In ganz Europa in schattigen Wäldern und andern schattigen Orten. ♄ von raschem Wuchse, der 30′ und höher wird. Bl vor dem Ausbruche der Blätter, 3—4. Fr. 5—6.

54. S. *acuminata:* die Blätter lanzettförmig-länglich, zugespitzt, wellenförmig, feingezähnt, unterhalb filzig; die Afterblätter nierenförmig; die Kapseln ey-pfriemförmig. *Mill Dict. n.* 14. *Du Roi* 1 *II.* 407. *W. IV.* 704 *G. W. H.* 251. *t.* 193.

Werft-W., gemeiner Werft, grofser Werft. — In ganz Europa an Sümpfen und an den Ufern der Flüsse, Seeen und Teiche. ♄ mit hellbraunen Ästen und weifslich-weichhaarigen jüngern Ästchen, 8—10′. Bl. vor dem Ausbruche der Blätter, 3—4. Fr. 6.

55. S. *conifera:* die Blätter länglich-lanzettförmig, weitläufig-sägenartig, oberhalb kahl, unterhalb glatt, filzig; die Afterblätter mondförmig, fast gezähnt; die Fruchtknoten verlängert länglich, zottig; der Griffel verlängert. *Wangenh. Amer.* 123. *t.* 31. *f.* 72. *W. IV.* 705. S. longirostris. *Michaux II.* 226.

Zapfen-W — In Nordamerika ♄ von überaus raschem Wuchse, mit dunkel-braunen Ästen, 15—16′, der seinen Namen von den zapfenartigen Auswüchsen erhalten hat, die durch den Stich eines Insekts entstehen, und die wir hier an ihm nicht bemerken, weil hier dieses Insekt fehlt. Bl. 3—4. Fr. 6

56. S. *viminalis:* die Blätter lanzett-linienförmig, sehr lang, fast ganzrandig, unterhalb weifs-seidenartig;

artig; die Äste ruthenartig. *L. W. IV.* 706. *G. W. H.* 251. *t* 194.

Korb-W., Bindweide, weifse Fischerweide. — In ganz Europa an den Ufern der Flüsse und Seeen und in Sümpfen. ♄ oder auch nicht selten ♄ 12 — 16′. Bl. sehr kurz vor dem Ausbruche der Blätter, 4 — 5. Fr. 5.

57. S. *mollissima*: die Blätter linien-lanzettförmig, fast ganzrandig, unterhalb grün, ziemlich kahl: die Haare der Schuppen des weiblichen Kätzchens von der Länge der Narbe. *Ehrh. Arb. n.* 79. *Hoffm.* in *Elwert. I.* 22. *G. W. H.* 252. *t.* 195.

Weichblättrige W., grüne Fischerweide. — In Deutschland an den Ufern der Flüsse. ♄, dem vorhergehenden ähnlich, baumartig, 12′ und höher. Bl. 4—5. Fr. 6.

58. S. *holosericea*: die Blätter lanzettförmig, zugespitzt, an der Spitze gezähnt, oberhalb ziemlich kahl, unterhalb runzlich-aderig, sehr weich filzig; die Kapseln verlängert länglich, filzig; die Narben sitzend. *W. IV.* 708. *G. W. H.* 253. *t.* 196.

Sammetartige W. — An den Ufern der Donau. ♄ von baumartigem Wuchse, 10—15′. Bl. vor dem Ausbruche der Blätter, 4—5. Fr. 6.

59. S. *candida*: die Blätter linien-lanzettförmig, sehr lang, an der Spitze undeutlich feingezähnt, oberhalb weichhaarig, unterhalb dicht-filzig; die Afterblätter lanzettförmig, fast so lang wie der Blattstiel. *Flügge. W. IV.* 708.

Weifse W. — In Nordamerika, von Neu-York bis Pensylvanien. ♄ mit rothbraunen Ästen, die an der Spitze mit einem sich lösenden Filze überzogen sind, 6 — 8′. Bl. vor dem Ausbruche der Blätter, 4. Fr. 5—6.

60. S. *alba*: die Blätter schmal-lanzettförmig, zugespitzt, sägenartig, auf beiden Flächen weichhaarig-seidenartig, mit Sägezahnen, von denen die untern drüsig sind; die Narben zweytheilig. *L. W. IV.* 710. *G. W. H.* 254. *t* 197.

Gemeine W. — In ganz Europa in Alleeen, an Dorfern, auf trocknen und feuchten Triften und an den Ufern der Flüsse, Bache und Teiche. ♄, gewöhnlich 30—40′, aber auch 60—80′, wo dann der Stamm einen Querdurchmesser von 4′ und darüber bekommt. Bl nach dem Ausbruche der Blätter, 5. Fr. 6—7.

172. Forestiera. *Forestiere.*

1. F. *ligustrina*: die Ästchen unbewaffnet: die Blätter fast sitzend, eyrund-lanzettförmig, spitzig, fast hautartig. *Poir. Enc. Suppl. II.* 664. Borya ligustrina. *W. IV.* 711. Adelia ligustrina. *Michaux II.* 224.

   Ligusterartige F. — In Nordamerika im Lande der Illinoes. ♄, der im Vaterlande vielleicht die Höhe unsers Ligusters erreicht. Bl. 7, 8 im Vaterlande, hier noch nicht. ⌓.

2. F. *acuminata*: die Ästchen unbewaffnet; die Blätter gestielt, eyrund-lanzettförmig, an beiden Enden zugespitzt, sägenartig, hautartig. *Poir. Enc. Suppl.* 664. Borya acuminata. *W. IV.* 711. Adelia acuminata. *Michaux II.* 225. *t.* 48.

   Zugespitzte F. — In Carolina und Georgien an den Ufern der Flüsse. ♄, dem vorigen ähnlich, bey uns 5—6′. Bl. bey uns noch nicht. ⌓.

3. F. *prinoïdes*: die Ästchen stumpf-dornspitig; die Blätter gestielt, oval, stumpf, ungleich-sägenartig, hautartig. — Borya prinoides *W. Enum. Suppl.* 66.

   Eyrunde F. — In Carolina (nach *Willd. Herbar.*). ♄ von der Gröſse des vorhergehenden. Bl. 6—7. Fr. nicht entstehend, da nur ein männlicher Stamm vorhanden ist.

4. F. *retusa*: die Ästchen spitzig-dornspitzig; die Blätter gestielt, länglich-umgekehrt-eyrund, ausgerandet- oder zurückgedrückt-zugerundet, ganzrandig, fast lederartig. — Borya retusa. *W. Enum Suppl.* 66. ⌓.

   Zurückgedrückte F. — In Carolina (nach *Willd. Herbar.*). ♄, von der Gröſse der vorhergehenden. Bl 3—4. Fr. nicht entstehend, da nur ein weiblicher Stamm vorhanden ist. ⌓. — Ich habe einen Zweig davon blühend vor mir, und finde den Kelch sechsblättrig, den Fruchtknoten dreyfächrig mit gepaarten Eychen, ferner drey zweytheilige Griffel mit stumpfen Narben. Nach dieser Beobachtung habe ich den Gattungscharakter in Rücksicht der Zahl etwas erweitert; doch die Beere, die einsamig angegeben wird, lieſs ich unverändert, da sie die Samen bis auf einen verwerfen kann. — Da von jeder dieser vier Arten der Gattung *Forestiera* nur ein Exemplar sich hier befindet, so hat man noch nicht gewagt, es ins Freye zu bringen.

TRIANDRIA.

173. Empetrum. *Rauschbeere.*

1. E *nigrum:* gestreckt; die Äste kahl; die Blätter länglich, am Rande zurückgerollt, kahl. *L. W. IV.* 713.

Schwarze R. — Auf feuchtem Torfboden in den kältesten Theilen von Europa und auf hohen Gebirgen. ♄ mit hell-braunen Ästen, auf dem Boden liegend, immergrün, ½—1'. Bl. 4—5: die männlichen Blumen weiſs, die weiblichen röthlich. Fr. 7.

174. Osyris. *Osyris.*

1. O *alba L. W. IV.* 715.

Weiſse O. — In Krain, Italien, Spanien, im südlichen Frankreich und auf dem Libanon. ♄ mit eckigen, kahlen Ästen, immergrün, 1½—2' hoch. Die Blätter wechselsweisstehend, sehr kurz gestielt, linien-lanzettförmig, ganzrandig, kahl. Bl. in kleinen Trauben mit unansehnlichen Blumen, 6—8. Fr. eine rothe Beere von der Gröſse einer Erbse, 8—10.

TETRANDRIA.

175. Viscum. *Mistel.*

1. V. *album:* der Stengel gezweytheilt; die Blätter umgekehrt-eyrund-lanzettförmig, stumpf, dreynervig; die Blumen gipfel-blattachselständig, sitzend, meist dreyzahlig. *L. W. IV.* 737. *G. W. H* 256. *t.* 198.

Weiſser M. — In ganz Europa auf Bäumen der Wälder und Obstgärten. ♄ von durchaus gelbgrüner Farbe, immergrün, 2—4'. Bl. oft schon 2, oder doch wenigstens 3, 4. Fr. eine weiſse Beere, die einen grünen, fast herzförmigen, in klebrigem Schleime liegenden Samen enthält, reift 12, bleibt aber bis zur folgenden Blühezeit sitzen.

176. Broussonetia. *Broussonetie.*

1. B. *papyrifera. W. IV.* 743. Morus papyrifera. *L. Du Roi* 1. *I.* 643.

Papiergebende B. — In Ostindien, China, Japan und auf den Südseeinseln ♄ von beträchtlicher Höhe im Vaterlande; bey uns nur ♄ 15—20'. Er friert nämlich bey harten Wintern bis auf die Wurzel ab, die dann erst wieder von neuem treiben mufs. Er zeichnet sich durch seine Blätter aus, die, wie bey den Maulbeeren, sehr mannichfaltig gestaltet sind. Bl. in 2″ langen walzenförmigen männlichen und kugelrunden weiblichen Kätzchen, von der Gröfse einer Erbse, 5. Fr. reift nicht bey uns. ⌂.

177. Hippophaë. *Sanddorn.*

1. H. *Rhamnoides:* die Blätter lanzett-linienförmig, oberhalb fast nackt, unterhalb silbericht-schülferig. *L. W. IV.* 743. *G. W. H.* 259. *t.* 199. Rhamnoides florifera, salicis folio. *Tournef. Coroll.* 53.

Weidenblättriger S. — Am Meerstrande in Pommern, Schweden, Preufsen, Holland, England und im nördlichen Asien. ♄ mit dornigen Ästen, der wildwachsend 6—10' hoch ist, in den Anlagen aber erlangt er eine Höhe von 12—15', wo er denn auch wohl als ♄ erscheint. Bl. mit dem Ausbruche der Blätter unansehnlich, 4, 5. Fr. umgekehrt-eyförmig, gelb, von der Gröfse der Johannisbeeren, 9.

2. H. *canadensis:* die Blätter eyrund-länglich, etwas spitzig, oberhalb sternförmig-haarig, unterhalb haarig-silbericht-schülferig mit zerstreuten, rostbraunen Schüppchen. *L. W. IV.* 744. *Pursh I.* 115.

Canadischer S. — In Canada und von dort bis Neu-York ♄, dem vorhergehenden ähnlich, hier noch jung, 3—4'. Bl. in einfachen Trauben von der halben Länge der Blätter, 5; hier noch nicht.

178. Myrica. *Gagel.*

1. M. *Gale:* die Blätter keil-lanzettförmig, an der Spitze sägenartig, auf beiden Flächen mit Harztüpfeln bestreut; die Schuppen des Kätzchens zugespitzt. *L. W. IV.* 745. *G. W. H.* 260. *t.* 200.

Gemeiner G. — Im nördlichen Europa und Amerika in Sümpfen und Mooren. ♄ 1—3'. Bl. kurz vor dem Ausbruche der Blätter, 4—5. Fr. 10.

2. M. *cerifera:* die Blätter keil-lanzettförmig, an der Spitze meist sägenartig, auf beiden Flächen mit Harztüpfeln bestreut; die Schuppen des Kätzchens spitzig. *L. W. IV.* 745. *Wangenh. Amer.* 101.

Wachsbringender G. oder Wachsbaum. — In Nordamerika. ♄, im Vaterlande 12′ und darüber; hier 4—5′, in gelinden Wintern immergrün. Bl. 5. Fr. 10.

PENTANDRIA.

179. Pistacia. *Pistacie.*

1. P. *Terebinthus:* die Blätter unpaar-gefiedert, mit sieben oder neun eyrund-lanzettförmigen, an der Basis zugerundeten, spitzigen, stachelspitzigen Blättchen. *L. W. IV.* 752.

Terpentin-P. — Im südlichen Europa und nördlichen Afrika. ♄ 14—15′, baumartig, selten ♄ 20′ oder etwas darüber. Bl. 5—6. Fr. erscheint hier wegen des Getrenntseyns der Geschlechter selten. ⌓ in lehmigem Boden, leidet aber dennoch in strengen Wintern.

180. Xanthoxylum. *Zahnwehholz.*

1. X. *mite:* unbewaffnet; die Blätter unpaar-gefiedert mit länglich-eyrunden, feingekerbten, unterhalb weichhaarigen Blättchen; die Blumen in blattachselständigen Dolden. — Zanthoxylum mite. *W. Enum.* 1013.

Wehrloses Z. — In Nordamerika. ♄ 15—20′. Bl. grün, mit dem Ausbruche der Blätter, 3—4. Fr. erscheint nicht bey uns, da unsre Stämme alle männlich sind.

2. X. *fraxineum:* stachlig; die Blätter unpaar-gefiedert mit eyrunden, feingekerbten, an der Basis gleichen, unterhalb weichhaarigen Blättchen und unbewaffneten Blattstielen; die Blumen in blattachselständigen Dolden. — Zanthoxylum fraxineum *W. IV* 757. Z. ramiflorum. *Michaux II.* 235. Z. Clava Herculis β. *L.* 1455. Z. Clava Herculis. *Du Roi* 1. *II* 509. Z. americanum. *Miller Dict. n.* 2. *Wangenh. Amer.* 116.

Eschenblättriges Z. — In Carolina, Virginien und Pensylvanien. ♄ 7—8′. Bl. grün, vor dem Ausbruche der Blätter, 3—4. Fr. hier noch nicht bemerkt.

HEXANDRIA.

181. Smilax. *Smilax.*

1. S *aspera*: der Stengel eckig, stachelig; die Blätter lederartig, tief-herzförmig oder geohrt-spiefsförmig, lanzettformig, am Rande stachlig, sieben- oder neunnervig, unterhalb an dem Mittelnerven meist stachlig. *L W. IV.* 773.

Stachelblättriger S. — In Krain, Spanien und Italien. ♄, der, immergrün, in der Gestalt der Blätter, die tief-herzförmig und auch herz- und lanzettformig, mit mehreren oder wenigern Stacheln am Rande erscheinen, sehr abändert, 1½—2'. Bl bräunlich, 8, 9. Fr. 11, wenn sie vollkommen wird.

2. S. *hastata*: der Stengel eckig, stachlig; die Blatter fast lederartig, geohrt-herzformig, an der Basis fast abgestutzt, am Rande wimperig-stachlig, fünfnervig, oberhalb bunt, unterhalb an dem Mittelnerven zuweilen stachlig. *W. IV.* 782. S. Bona nox *Michaux II* 237.

Spontonblättriger S. — In Carolina und Florida am Meerstrande. ♄, der kletternd sich erhebt und zuweilen an dem Stengel fast unbewaffnet erscheint Bl. 6, 7. Fr. nicht erscheinend, da nur ein Geschlecht hier vorkommt. ⌂.

3. S. *nigra*: der Stengel eckig, wenig stachlig, fast unbewaffnet; die Blatter lederartig, eyrund, siebennervig, am Rande und an dem Mittelnerven fast stachlig *W IV.* 773.

Schwarzbeeriger S. — In Spanien und Portugal ♄, dem vorhergehenden ähnlich. Bl. 6, 7. Fr. wegen des Getrenntseyns der Geschlechter selten sich ausbildend ⌂.

4. S. *Alpini*: der Stengel eckig, wenig stachlig; die Blatter lederartig, langlich, geohrt-herzförmig, am Rande wimperig-stachlig, fünfnervig, der Mittelnerve unbewaffnet. *W. Baumz.* 475. S. aspera. *Alp. Aegypt.* 141.

Alpinischer S — In Ägypten und auf den Inseln des Archipelagus im Mittelländischen Meere. ♄ 2—3. Bl hier noch nicht. ⌂.

5 S. *rubens*: der Stengel eckig, wenig stachlig; die Blätter lederartig, eyrund-herzförmig, stumpf, stachelspitzig, gegen die Basis stachelspitzig-gezähnt, fünfnervig. *W. Baumz.* 476.

Röthlicher S. — In Nordamerika. ♄, kletternd sich erhebend, 2—3'. Bl. hier noch nicht. ⌓.

6. S. *Sarsaparilla*: der Stengel fast vierseitig, wenig stachlig; die Blätter lederartig, unbewaffnet, eyrund-lanzettförmig, feinspitzig, undeutlich fünfnervig, unterhalb etwas schimmelgrün. *L. W.* *IV* 776. S. glauca. *Michaux II.* 273.

Sarsaparillen-S. — In Pensylvanien und Virginien. ♄, der kletternd 6' und höher sich erhebt. Bl. 6, 7 im Vaterlande, hier noch nicht. ⌓.

7. S. *rotundifolia*: der Stengel meist stielrund, stachlig; die Blätter eyrund-rundlich, zugespitzt, am Rande scharf, fast fünfnervig, die untern schwach-herzförmig *L. W IV.* 779.

Rundblättriger S. — In Nordamerika. ♄, der hier ohne Stütze 4' sich erhebt, an anderen Gegenständen aber noch höher steigt. Bl. braun, 5, 6. Fr. von der Gröfse einer Wachholderbeere, schwarz, 10, bleibt im Winter sitzen. ⌓.

8. S. *caduca*: der Stengel stielrund, stachlig; die Blätter eyrund, zurückgekrümmt-stachelspitzig, die des Frühlings dreynervig, die des Sommers fünfnervig. *L. W. IV.* 780.

Wuchernder S. — In Amerika von Canada bis Virginien. ♄, der kletternd 6—8' sich erhebt. Bl. 5—6. Fr. nicht bemerkt. ⌓.

OCTANDRIA.

182. Populus. *Pappel.*

1. P. *canescens*: die Blätter rundlich, eckig-ausgeschweift, gezähnt, unterhalb greisgrau-filzig; die Blattstiele etwas zusammengedrückt, die der obersten Blätter kürzer als die halbe Länge des Blattes; die Kätzchen walzenförmig, schlaff. *Smith Fl. Brit.* 1080. *W.* IV. 802. *G. W. H* 262. *t.* 201. P. alba *α* canescens. *Ait. III.* 405. P. alba. *Mill. Dict n* 1. *Burgsd. Anleit. n.* 370.

Weifse P. — In ganz Europa, besonders in den nördlichen Ländern. ♄, der in 40—50 Jahren

80—100′ hoch wird Bl. lange vor Ausbruch der Blätter, 3—4 Fr. 5—6.

2. P *alba:* die Blätter herzförmig-rundlich, lappig, gezähnt, auf der untern Fläche schneeweiſs-filzig. die Blattstiele etwas zusammengedrückt, die der obersten Blätter halb so lang wie die Länge des Blattes; die Kätzchen eyförmig. *Smith Fl. Brit.* 1079. *L W IV.* 802. *G W. H.* 265. *t* 202. P. alba *β* nivea. *Ait. III.* 405. P. major. *Mill. Dict. n* 4. P. alba foliis lobatis albissimis. *Burgsd. Anleit. n.* 371.

Silber-P. — In Deutschland, England, Frankreich, am Caucasus und in Persien. ♄, der in 30—40 Jahren eine Höhe von 80—100′ erreicht, und dabey einen Stamm von 3—5′ im Querdurchmesser bekommt. Bl. lange vor Ausbruch der Blätter, 3—4. Fr. 5—6. (Die vorhergehende Art, die erst durch *Smith* von dieser getrennt worden ist, laſst sich schwer von ihr unterscheiden. Die Gestalt der Blätter, die Starke und Farbe des Filzes derselben ändern bey beiden Arten so sehr ab, daſs sie kein sicheres Unterscheidungszeichen geben können. Auch die Gestalt des Kätzchens ändert sich in der Zeit des Blühens, und ist überdies nicht lange zugegen. Ich habe daher mit auf das Verhältniſs der Länge der Blattstiele zum Blatte bei den obersten Blättern gesehen, was ich bey mehreren Bäumen beständig fand, aber dennoch allgemeiner geprüft zu werden bedarf, ehe man sich darauf verlassen kann)

3. P. *grandidentata:* die Blätter rundlich-eyrund, spizzig, ungleich-gebuchtet-grobgezähnt, kahl, die jüngern zottig; die Blattstiele oben zusammengedrückt. *Michaux II* 243. *Pursh II.* 619.

Groſszähnige P. — In Canada. ♄ 40—50′. Bl. vor dem Ausbruche der Blätter, 4, im Vaterlande.

4. P. *trepida:* die Blätter rundlich, plötzlich zugespitzt, gezähnt, an der Basis oberhalb zweydrüsig, kahl, die jüngern seidenartig. *Mühlenberg. W. IV.* 803. *Pursh II.* 618. P. tremuloides. *Michaux II* 243.

Langstielige P. — In Nordamerika von Canada bis Pensylvanien in Sümpfen. ♄ 20—30′ im

Vaterlande. Bl. vor dem Ausbruche der Blätter, 4, hier noch nicht.

5. P. *tremula:* die Blätter rundlich, spitzig, gezähnteckig, auf beiden Flächen kahl; die Blattstiele stark zusammengedrückt. *L. W. IV.* 803. *G. W. H.* 266. *t.* 203.

Zitter-P. oder Espe. — Im nördlichen Europa. ♄, der in 50—60 Jahren 60—80, ja 100' hoch wird, und wo der Stamm gewöhnlich einen Querdurchmesser von 2' bekommt. Bl. vor dem Ausbruche der Blätter. 3—4. Fr. 5—6.

6. P. *nigra:* die Blätter deltaähnlich, zugespitzt, sägenartig, auf beiden Flächen kahl, der Durchmesser der Länge den der Breite übertreffend; die jüngern Ästchen kahl. *L. W. IV.* 804. *G. W. H.* 268. *t.* 204.

Schwarze P. — In ganz Europa an feuchten Orten. ♄, der in 50 Jahren eine Höhe von 80' erlangt, und dabey im Stamme eine Dicke von 3—4'. Bl. vor dem Ausbruche der Blatter, 4. Fr. 6.

7. P. *hudsonica:* die Blätter rautenähnlich, zugespitzt-verlängert, sägenartig, auf beiden Flächen kahl; die jüngern Ästchen zottig-weichhaarig. *Michaux Arb. III.* 293. *t.* 10 *f* 1. P. nigra. *Michaux Fl. Boreal. Amer II* 244. P. betulifolia *Pursh II.* 619.

Hudsons-P. — In Nordamerika an dem Hudsonsflusse und um den See Ontario. ♄ 30—40'. Bl. vor dem Ausbruche der Blätter, 3, im Vaterlande.

8. P. *dilatata:* die Blätter deltaähnlich, zugespitzt, sägenartig, auf beiden Flächen kahl, der Durchmesser der Breite den der Länge übertreffend. *Ait. III.* 406. *W. IV.* 804 P. italica. *Mönch Weißenst.* 27. *Burgsd. Anleit. n.* 376. P. nigra italica. *Du Roi* 1, *II.* 141.

α. *italica:* mit meist stielrunden Astchen. *W. Baumz.* 290.

β. *carolinensis:* mit meist etwas eckigen Ästchen. *W. a. a. O. Burgsd. Anleit. n.* 377.

Lombardische P. oder Italiänische, Carolinische Pappel. — In Italien. ♄ mit gedrängten Ästen und daher von pyramidenförmigem, oder vielmehr kegelförmigem Wipfel, der, in fruchtbarem Boden, in 25—30 Jahren eine Höhe von 100' und im Stamme einen Querdurchmesser von 3—4' erlangt. Die Varietät α., die nicht, wie ihr Name vermuthen lassen könnte, in Carolina wachst, ist zärtlicher und leidet daher in strengen Wintern. Bl. 4—5. Fr. kommt hier nicht vor, da man nur männliche Stämme findet.

9. P. *balsamifera:* die Blätter eyrund, zugespitzt, gleich-angedrückt-sägenartig, unterhalb weifslich, netzförmig-aderig; die Knospen harzig. *L. W. IV.* 805. *Wangenh. Amer.* 85. *t.* 28. *f.* 59.

Balsam-P. — In Nordamerika und Sibirien. ♄, der in 30—40 Jahren 30—40' hoch wird. Bl. vor dem Ausbruche der Blätter, 4—5. Fr. hier nicht erscheinend, da wir nur männliche Stämme haben.

10. P. *candicans:* die Blätter herzförmig-eyrund, zugespitzt-verlängert, ungleich-bogicht-sägenartig, unterhalb weifslich, netzförmig-aderig; die Knospen härzig. *Ait. III.* 407. *W. IV.* 806. P. latifolia. *Mönch Method.*

Herzblättrige P. — In Nordamerika in Neu-England. ♄ 40—50'. Bl. vor dem Ausbruche der Blätter, 3—4. Fr. wegen Mangel des einen oder andern Geschlechts nicht bemerkt.

11. P. *monilifera:* die Blätter fast herzförmig, an der Basis drüsig, zugespitzt, sägenartig mit hakenförmigen, knorpelrandigen, dem bewaffneten Auge kurzhaarig-wimperigen Sägezähnen, auf beiden Flächen kahl, mit abwärtsstehend-ausgebreiteten Rippen; die Blattstiele zusammengedrückt; die Äste stielrund. *Ait. III.* 406. *W. IV.* 805. (*mit Ausschlufs des Synonyms von Michaux*). P. carolinensis. *Mönch Weifsenst.* 81. P. canadensis. *Burgsd. Anleit. n.* 378.

Canadische P. — In Nordamerika. ♄, der in 20—30 Jahren eine Höhe von 70—80' erreicht, und dabey im Stamme einen Querdurchmesser von 2—3' bekommt. Bl. vor dem Ausbruche der Blätter, 4—5. Fr. 7.

12. P. *graeca:* die Blätter rundlich-eyrund, schwachherzförmig, zugespitzt, angedrückt-sägenartig, dem bewaffneten Auge haarig-wimperig, auf beiden Flächen kahl; die Blattstiele zusammengedrückt; die Äste stielrund, kahl. *Ait. III.* 407. *W. IV.* 804.

Griechische P. — Auf den Inseln des Archipelagus, ♄ 30—40′. Bl. vor dem Ausbruche der Blätter, 3—4. Fr. 5—6.

13. P. *heterophylla*: die Blätter herzförmig, rundlich-eyrund, stumpf, hakenförmig-sägenartig, kahl, die jüngern unterhalb filzig; die Äste stielrund. *L. W. IV.* 806. P. cordifolia. *Burgsd. Anleit. n.* 379.

Verschiedenblättrige P. — In Nordamerika von Neu-York bis Carolina in Sümpfen. ♄ 70—80′. Bl. vor dem Ausbruche der Blätter, 5. Fr. nicht bemerkt.

14. P. *angulata*: die Blätter fast herzförmig-deltaähnlich, zugespitzt, stumpf-hakenförmig-sägenartig, kahl; die Äste geflügelt-eckig. *Ait. III.* 407. *W. IV.* 805. P. angulosa *Michaux II.* 243. P. heterophylla *Du Roi* 1. *II.* 151. *Mönch Weifsenst.* 80. *Wangenh. Amer.* 85. P. balsamifera. *Mill. Dict. n.* 5.

Eckige P. — In Morästen, an den Ufern der Flüsse von Virginien bis Florida und am Missisipi. ♄ 70—80′ im Vaterlande, hier 40—50′. Bl. vor dem Ausbruche der Blätter, 4. Fr. nicht bemerkt.

DECANDRIA.

183. Gymnoclados. *Chicot.*

1. G. *canadensis*. — *Lamarck Enc. I.* 726. *W. VI.* 816. *Michaux II.* 241. *t.* 51. Guilandina dioica. *L.* 546. Hyperanthera dioica. *Vahl Symb. I* 31.

Canadischer C. — In Canada, den westlichen Theilen von Neu-York, Tennassee, Ohio und Kentucky in Wäldern. ♄, der eine Höhe von 30′ erreicht. Er hat knotige Äste mit vertieften Blattnarben. Die Blätter sind doppelt-gefiedert und da, wo die beiden untersten gefiederten Fiedern sich befinden sollten, trägt der gemeinschaftliche Blattstiel nur zwey Blättchen, die aber viel gröſser sind als die Fiederchen. Bl. 5, 6, im Vaterlande, hier noch nicht. Fr. groſs, dunkelbraun, ⌓.

184. Coriaria. *Gerberstrauch.*

1. C. *myrtifolia*: die Blätter gestielt, eyrund-lanzettförmig, stumpf-zugespitzt, ganzrandig, drey-

fachnervig, kahl; die Blumen in gipfelständigen Trauben *L. W. IV.* 818.

Myrtenblättriger G. — In Spanien, dem südlichen Frankreich und der Barbarey. ♄ 5—6' im Vaterlande; bey uns nur 2—3'. Bl. grünlich, 5. Fr. noch nicht bemerkt. .

DODECANDRIA.

185. Menispermum. *Mondsame.*

1. M. *canadense*: die Blätter schildförmig, herzförmig, rundlich-eckig. *L. W. IV.* 824.

Canadischer M. — In Nordamerika an den Ufern der Flüsse, zwischen andern Sträuchern in die Höhe klimmend. ♄, der wohl 12' hoch sich windend in die Höhe steigt. Bl. grünlich in blattüberständigen Trauben, 6, 7. Fr. zeigt sich selten.

2. M. *virginicum*: die Blätter schildförmig, herzförmig, lappig. *L. W. IV.* 824.

Virginischer M. — In Virginien und Carolina am Meerstrande, ♄, der, so wie der vorhergehende, klettert. Bl. wie der vorhergehende, 7. Fr. entsteht nicht, weil die hiesigen Stämme alle männlich sind.

MONADELPHIA.

186. Juniperus. *Wachholder.*

1. J. *Sabina*: die Blätter alle angedrückt, die ältern meist gegenüberstehend, rautenähnlich, spitzig-zugespitzt, die jüngern gegenüberstehend, vierzeilig-ziegeldachartig, dornenspitzig. *L. W. VI.* 852. *G. W. H.* 270.

α. *cupressifolia*: mit gröſsern Blättern. *W. Baumz.* 197. Sabina folio cupressi. *C. Bauh. pin.* 487. *G. W. H. t.* 205.

β. *tamariscifolia*: mit kleinern Blättern. *W. a. a. O.* Sabina folio tamarisci Dioscoridis. *C. Bauh. a. a. O.*

γ. *variegata*: mit weiſsbunten Blättern. *W. a. a. O.*

Stinkender W. oder Sadebaum. — In der Schweiz, Italien, Portugal, Sibirien und in der Levante. ♄ 8—12'. Bl. 5. Fr. im zweyten Jahre, 9—10. . (Die mitten auf dem Blatte stehende

Drüse, welche *Willdenow* als Unterscheidungszeichen mit aufnimmt, kann nicht dazu dienen, da bey der folgenden Art, und auch bey andern, dieselbe ebenfalls sich findet)

2. J. *virginiana*: die Blätter gegenüberstehend oder dreyfach, die ältern aufrecht-abwärtsstehend, lanzettförmig, dornenspitzig-zugespitzt, die jüngern vierzeilig, meist ziegeldachartig, dornenspitzig. *L. W. IV.* 853.

α. vulgaris: mit angedrückten jüngern Blättern. *W. Baumz.* 198. J. virginiana. *Du Roi* 1. *I.* 497.

β. caroliniana: mit aufrecht-abwärtsstehenden jüngern Blättern. *W. a. a. O.* J. caroliniana. *Du Roi a. a. O.*

Virginischer W. oder rothe Ceder. — In Nordamerika. ♄, der im Vaterlande 80—100' hoch wird, und im Stamme einen Querdurchmesser von 2' und darüber bekommt. Bl. 5—6. Fr. im zweyten Jahre, 9—10.

3. J. *communis*: die Blätter dreyfach, abwärtsstehend, gerinnt-linienförmig, gegen die Spitze verschmälert, dornenspitzig-zugespitzt, länger als die Beere. *L. W. IV.* 853. *G. W. H.* 271.

α. vulgaris: mit meist strauchigem Stamme, und Blättern, die einen halben Zoll lang sind. *W. Baumz.* 199. *G. W. H. t.* 106.

β. suecica: mit meist baumartigem Stamme, und Blättern, die einen Zoll lang sind. *W a. a. O.*

Gemeiner W. — In den kältern Ländern Europens in dürren Wäldern nnd auch auf bergigen, freyen Gegenden. Als ♄ nur niedrig, jedoch in gutem Boden auch 10—15'; als ♄ 20—40'. Bl. 5. Fr. im zweyten Jahre, 9—10.

4. J. *nana*: die Blätter dreyfach, abwärts-aufrechtstehend, gerinnt-linienförmig, dornenspitzig-zugespitzt, so lang wie die Beere. *W. IV.* 854. *G. W. H.* 273. *t.* 207. J. sibirica. *Burgsd. Anleit. n.* 272. J. communis saxatilis. *Pall. Ross. II.* 12. *t.* 54. J. communis γ. montana. *Ait. III.* 314.

Zwerg-W. — In Schlesien, Böhmen und in mehreren Gegenden auf hohen Gebirgen, und so auch auf den Altaischen Alpen. ♄ 3—4' mit Ästen, von denen die untern niederliegen. Bl. 6. Fr. im zweyten Jahre, 9—10.

5. J. *Oxycedrus:* die Blätter dreyfach, abwärtsstehend, linien-lanzettförmig, dornenspitzig-zugespitzt, kürzer als die Beere. *L. W. IV.* 854.

Spanischer W. — In Spanien und dem südlichen Frankreich. ♄ 20—30, hier noch ♄ 4—5'. Bl. 5, hier noch nicht. Fr. länglich, von der Gröfse einer Haselnufs. ⌓.

187. Taxus. *Taxus.*

1. T *baccata:* der Stamm baumig; die Äste abwärtsstehend-ausgebreitet; die Blätter zweyzeilig-gewendet, linienförmig, stachelspitzig, am Rande zurückgekrümmt, unterhalb bräunlich-zeisiggrün, matt, meist undeutlich gekielt, am Kiele matt; die Blumen einzeln, dichtstehend; der männliche Befruchtungsboden kugelrund *L. W. IV.* 856. *G. W. H.* 278.

α. germanica: mit breitern Blättern. *G. W. H t.* 208.

β. italica: mit schmalern Blättern.

Gemeiner T. — Am Caucasus, in Sibirien, Schottland, Schweden, Preufsen, Deutschland, Italien und der Schweiz, in gebirgigen und waldigen Gegenden ♄ 30—40', von äufserst langsamem Wuchse, indem er, um solche Höhe zu erlangen, 2, 3, ja 5 Jahrhunderte zurücklegt, und wo er dann eine Dicke von 1—2' im Durchmesser des Stammes erhalten hat. Bl 3—4. Fr. 8—9.

2. T. *canadensis:* der Stamm strauchig; die Äste abwärtsstehend; die Blätter einseitswendig, linienförmig, stachelspitzig, am Rande zurückgekrümmt, unterhalb papageygrün, matt, deutlich gekielt, am Kiele leuchtend; die Blumen einzeln entferntstehend; der männliche Befruchtungsboden kugelrund. *W. IV.* 856. T. baccata *β.* minor. *Michaux II.* 245.

Canadischer T. — In Canada in schattigen, felsigen Gegenden. ♄, nach *Pursh*, der ihn im Vaterlande beobachtet hat, nicht über 2—3'; hier 8—10'. Bl. 3—4 Fr nach *Michaux* viel kleiner als bey dem vorhergehenden.

188. Ephedra. *Meerträubel.*

1. E. *distachya:* die Scheiden der Glieder zweyzähnig, stumpf; die Kätzchen zu zwey und drey, gegen-

überstehend, gestielt; die Blumenstiele kürzer als die Kätzchen. *L. W. IV.* 858.

Europäisches M — In Italien, der Schweiz, dem südlichen Frankreich und Spanien. ♄, der gegliedert, quirlförmig-ästig, ohne Blätter ist, und das Ansehen wie eine Art von Schachtelhalm (*Equisetum*) hat, 2—3'. Bl. 6, 7. Fr. beerenartig, roth, 7, 8 ⌂.

2. E. *monostachia*: die Scheiden der Glieder zweyzähnig, stumpf; die Kätzchen einzeln, zerstreut und gegenüberstehend, gestielt; die Blumenstiele länger als die Kätzchen. *L W IV.* 859.

Sibirischer M. — In Sibirien und Ungarn in dürren, sandigen Steppen. ♄, der niedriger als der vorhergehende, demselben aber sehr ähnlich ist, so daſs *Pallas* auch beide für gleich mit einander hielt. Bl. hier noch nicht. ⌂.

189. Ruscus. *Mäusedorn.*

1. R. *aculeatus*: die Blätter oberhalb blumenbringend, nackt. *L. W. IV* 879.

Stechender M — Im südlichen Frankreich, in Italien und in der Sshweiz. ♄, immergrün, 1—2'. Bl. 2—6. Fr. 9, 10. ⌂.

2. R. *Hypophyllum*: die Blätter unterhalb blumenbringend, nackt. *L. W. IV.* 875.

Breitblättriger M. — In Italien. ♄, immergrün, 1—2'. Bl. 5, 6. Fr. 10. ⌂.

3. R. *Hypoglossum*: die Blätter oberhalb blumenbringend unter einem Blättchen. *L W IV.* 876.

Zungen-M. — In Ungarn und Italien. ♄, immergrün, nicht viel über 1—2'. Bl. 4, 5. Fr. 9. ⌂.

4. R. *racemosus*: die Blumen zwitterlich in gipfelständigen Trauben. *L. W. IV.* 876.

Trauben-M. — In Portugal und auf den griechischen Inseln im Archipelagus. ♄, immergrün, 3—4'. Bl 7, 8. Fr. rundlich, roth, reift im folgenden Jahre. ⌂.

POLYGAMIA.

MONOECIA.

190. Atriplex. *Melde.*

1. A. *Halimus*: der Stengel strauchig; die Blätter wechselsweis- und gegenüberstehend, länglich-rautenähnlich, spitzig-zugespitzt, ganzrandig, kahl. *L. W. IV.* 957.

Strauchartige M. — In Spanien, Portugal, Virginien und Sibirien. ♄, immergrün, 5—6', Bl. mit unansehnlichen, kleinen, geknauelten, rispenständigen Blumen, 9, 10. Fr reift nicht bey uns. ⌂, erfriert nur in sehr strengen Wintern.

2. A. *portulacoides*: der Stengel kleinstrauchig, gestreckt; die Blätter gegenüberstehend länglich, stumpf, an der Basis verschmälert, ganzrandig. *L. W. IV.* 957. *G. W. H.* 277. *t* 209.

Portulak-M. — Im nördlichen Europa am Meerstrande. ♄, dessen Äste unten auf dem Boden liegen und oben sich aufwärts beugen, höchstens 1—1½'. Bl. 8, 9. Fr. 10—11.

191. Planera. *Planere.*

1. P. *aquatica.* — *Gmel Syst. nat II.* 150. *W. IV.* 967. *Baumz.* 281. P. Gmelini. *Michaux II.* 248. *Pursh I.* 115. Anonymos aquatica. *Walt. Carolin.* 230.

Wasser-P. — In Carolina an den Ufern der Flüsse. ♄ von mäſsiger Gröſse mit wechselsweisstehenden, ungefähr 1' langen, eyrunden, stumpf-spitzigen, scharf-sägenartigen, an der Basis gleichen, zugerundeten, fast herzförmigen, kahlen, oberhalb leuchtenden Blättern. Bl. vor dem Ausbruche der Blätter mit kleinen, denen der Rüster ähnlichen, gehäuften Blumen, 5; bey uns aber noch nicht. Fr. eine gestielte, vierseitig-geflügelte, 1-samige Flügelfrucht mit gepaarten Flügeln. Von dem im *Willdenow'schen* Herbario von *Richard* sich findenden Exemplar habe ich die Frucht hier zergliedert dargestellt. Fig. D, 1. die ganze Flügelfrucht, 2, Dieselbe vergröſsert,

ſsert, wo man deutlich sieht, daſs jeder der vier Flügel doppelt und fast bis auf die Basis in schuppenartige Zipfel getheilt ist, die wechselsweis sehr breit, zurückgedrückt und sehr schmal, spitzig, fast sichelförmig sind, und daſs in jedem Paar der vier Flügel stets ein breiter, zurückgedrückter und ein schmaler, spitziger Zipfel gegenüberstehen. 3 Die Flügelfrucht in natürlicher Gröſse quer durchschnitten. 4. Der in ihr liegende Same. 5. Derselbe der Quere nach durchschnitten, wo zwar der Eyweiſskörper aus zwey Hälften bestehend sich zeigte, der Embryo aber noch unausgebildet war. — Es ist auffallend, daſs *Willdenow* die Frucht für eine Nuſs gehalten, und dabey auch den Umstand unbeachtet gelassen hat, daſs sie über dem bleibenden Kelch gestielt vorkommt, was doch bei Festsetzung des Gattungscharakters von der gröſsten Wichtigkeit ist.

192. Acer. *Ahorn.*

* *Mit immergrünen Blättern.*

1\. A. *heterophyllum:* die Blätter immergrün, länglich-eyrund, ganz und dreylappig, ungleich-feingekerbt, kahl *W. IV.* 983. A. sempervirens. *L Syst. ed. Reich IV.* 330.

Verschiedenblättriger A. — Wahrscheinlich in der Levante. ♄ 2—3′. Bl. hier noch nicht.

** *Mit abfallenden Blättern.*

† *Mit einfachen, ganzen Blättern.*

2\. A. *tataricum:* die Blätter eyrund-herzförmig, ganz oder ausgeschnitten-eckig, fast doppelt sägenartig; die Blumen in aufrechten, doldentraubichten Trauben. *L. W. IV.* 983. *Pall. Ross. I.* 9. *t* 3. *G. O. H. t* 47.

Russischer A. — Im nördlichen Asien. ♄, der bey uns aber nur selten in dieser Gestalt vorkommt; gewöhnlich zeigt er sich hier nur als ♄ von 15—20′. Bl weiſs, wenn die Blätter sich schon vollkommen entwickelt haben, 5. Fr. purpurroth mit eyförmigem, zusammengedrücktem Fache und fast aufrechten, gegeneinandergeneigten Flügeln.

†† *Mit einfachen, dreylappigen Blättern.*

3. A. *barbatum*: die Blätter schwach-dreylappig, zuweilen ganz, ungleich-grob-sägenartig, kahl; die Blumenstiele der männlichen Blumen ästig, die der zwitterlichen sehr einfach. *Michaux II.* 252. *W. IV.* 989. A. carolinianum. *Walt. Carol.* 251.

Bärtiger A. — In Carolina. ♄, der selbst im Vaterlande nur von unbedeutender Gröſse vorzukommen scheint; hier sind die Stämme nur 6′. Bl. blaſs-grün, bald ganz mit männlichen, bald mit männlichen und zwitterlichen Blumen gemengt, 4—5 im Vaterlande. Fr. 9.

4. A. *pensylvanicum*: die Blätter dreylappig mit zugespitzten, doppelt-sägenartigen Lappen, auf beiden Flächen kahl, die jüngern unterhalb gelblich-weichhaarig; die Blumen in einfachen, hangenden Trauben. *L. W. IV* 989. A. striatum. *Du Roi* 1. *I.* 12. *t.* 1. *Wangenh. Amer.* 29. *t.* 12. *f.* 28. *Lamarck Enc. II.* 377.

Gestreifter A. — In Nordamerika. ♄, der durch die weiſsgestreifte Rinde sich vor allen andern Arten auszeichnet und eine Höhe von 30—40′ erreicht, wo er dann einen Querdurchmesser des Stammes von 2′ bekommt; doch hier kommt er so groſs nicht vor. Bl. gelblichgrün mit dem Ausbruche der Blätter, 5. Fr. mit eyförmigem, etwas zusammengedrücktem Fache und aufrecht-abwärtsstehenden Flügeln, 9—10, hier jedoch selten vollkommen.

5. A. *monspessulanum*: die Blätter dreylappig, mit gleichen, ganzrandigen Lappen, kahl, in den Astachseln der Nerven bärtig, die jüngern ekkig; die Blumen in wenigblumigen, aufrechten Doldentrauben. *L. W. IV.* 991. A. trilobatum. *Lamarck Enc. II.* 379.

Französischer A. — Im südlichen Frankreich, in Italien und Krain. ♄ 30—40′ höchstens, und 1′ im Querdurchmesser des Stammes; gewöhnlich aber nur als ein ausgebreiteter ♄ von langsamem Wuchse, wie der Feld-Ahorn. Bl. grünlich mit zwitterlichen und männlichen Blumen auf einem Stamme in einer Doldentraube, 4—5. Fr. mit aufrecht-abwärtsstehenden Flügeln, 10.

††† *Mit einfachen, fünflappigen Blättern.*

6. A. *austriacum*: die Blätter fünflappig mit stumpf-zugespitzten, ganzrandigen Lappen, die alle

länglich und meist ganz sind; die Blattstiele fast filzig; die Blumen in aufrechten Doldentrauben. *Trattin. Arch d. Gew.* 1. *L. t.* 6. *Schult. Österr. Fl. I.* 602. *G. W. H.* 282. *t.* 212.

Östreichscher A. — In Östreich und Ungarn in Vorwäldern und Hecken. ♄, dem folgenden sehr ähnlich, aber, aufser den angeführten Unterscheidungszeichen sich auch noch durch längere Blattstiele und gröfsere Blumen auszeichnend. Bl. mit dem Ausbruche der Blätter, gelblichgrün, wie die folgende Art, 5. Fr. mit ausgebreiteten Flügeln.

7. A. *campestre*: die Blätter fünflappig, mit stumpfen, ganzrandigen Lappen, von denen die drey gröfsern keilförmig, mehr oder weniger buchtichtausgeschnitten sind; die Blattstiele kahl oder mehr oder weniger weichhaarig; die Blumen in aufrechten Doldentrauben. *L. W. IV.* 939. *G. W. H.* 282. *t.* 213.

†. *albo-variegatum*: mit weifs-bunten Blättern.

Feld-A. — In ganz Europa, von der Provinz Schonen in Schweden bis in Italien und Spanien und auch in der Türkey, ferner im nördlichen Asien und auf den caucasischen Gebirgen. ♄ von mäfsiger Gröfse, jedoch auch, wenn gleich selten, als ♄ von 30—40′, mit einem Stamme von 1′ und darüber im Querdurchmesser. Bl. mit dem Ausbruche der Blätter, gelblichgrün, mit wimperigem Kelche und Blumenkrone, und zwar theils mit zwitterlichen und männlichen Blumen gemengt auf einem Stamme, theils auf verschiedenen Stämmen, 5. Fr. mit ausgebreiteten Flügeln, 10.

8. A. *obtusatum*: die Blätter sehr schwach-fünflappig, mit stumpfen, ausgeschweiften Lappen, unterhalb weichhaarig; die Blumen in aufrechten Doldentrauben. *Waldst.* et *Kitaib pl. rar. Hung. W. IV.* 984.

Stumpfblättriger A. — In Ungarn und Croatien. ♄ 60—80′. Bl. hier noch nicht. Fr. mit ausgebreiteten Flügeln.

9. A. *Opalus*: die Blätter rundlich, schwach fünflappig, mit zugerundeten, ungleich-stumpf-sägenartigen Lappen, auf beiden Flächen kahl; die Blumen in aufrechten, schlaffen Doldentrauben. *Ait. III.* 436. *L'Herit Stirp. nov. II. t.* 98. *W. IV.* 990.

A. italum. *Lauth. de Acer.* 32. *n.* 8. A. rotundifolium. *Lamarck Enc. II.* 379.

Italiänischer A. — In der Schweiz und in Italien. ♄ von langsamem Wuchse, der baumartig 20′ hoch wird. Bl. mit dem Ausbruche der Blätter, weifslichgelb, mit Kelch und Blumenkrone, hier noch nicht. Fr. mit schmalen, zarten, gekrümmten Flügeln.

10. A. *Pseudo-Platanus:* die Blätter fünflappig, mit ungleich-sägenartigen Lappen, unterhalb schimmelgrün, meist kahl, die jüngern zottig-weichhaarig; die Blumen in hangenden Trauben. *L. W. IV.* 983. *G. W H.* 278.

α. *stenoptera:* die Blatter fünflappig, die beiden untersten Lappen zugespitzt; die fruchttragenden Trauben sehr lang; die Flügelfrüchte mit rundlichem, glattem Fache und abwärtsstehend-ausgebreiteten Flügeln.

β. *macroptera:* die Blätter fünflappig, die beiden untersten Lappen spitzig; die fruchttragenden Trauben kurz; die Flügelfrüchte mit eyförmigem, zweyrippigem Fache und aufrecht-abwärtsstehenden Flügeln. *G. W. H. t.* 210.

γ. *microptera:* die Blätter fast siebenlappig; die fruchttragenden Trauben sehr kurz; die Flügelfrüchte mit rundlich-eyförmigem Fache und aufrecht-abwärtsstehenden Flügeln.

†. *flavo-variegata:* mit gelb-bunten Blättern.

††. *albo-variegata:* mit weifs-bunten Blättern.

Weifser A. — Meist in ganz Europa: in der Schweiz, in Italien, England, Polen, Preufsen, Ungarn, und in Deutschland in Waldungen, die einen fruchtbaren Boden haben. ♄, der 200 Jahr und darüber lebt, und 60—80′, ja wohl 100′ hoch wird, und einen Stamm von $1\frac{1}{2}$, 2—4′ im Durchmesser bekommt. Bl. nach völliger Entwickelung der Blätter, 5—6. Fr. 9—10. (Ob nahe bey Berlin die Varietäten α. β. und γ. alle vorkommen, kann ich nicht mit Gewifsheit sagen; sie befinden sich aber in den Gräflich *Itzenplitz'schen* Anlagen zu Cunnersdorf, wo sie der Inspektor dieser Anlagen, Herr *Walther*, sorgfältig gesammelt und mir zugeschickt hat.)

11. A. *montanum:* die Blätter meist fünflappig, mit zugespitzten, eingeschnitten-sägenartigen Lappen,

unterhalb weichhaarig; die Blumen in zusammengesetzten, aufrechten Trauben. *Ait. III.* 435. *W. IV.* 988. *G. O. H. t.* 48. A. parviflorum. *Ehrh. Beitr W.* 25. A. spicatum. *Lamarck Enc. II.* 377. A. pensylvanicum. *Du Roi* 1. *I.* 22. *t.* 2. *Wangenh. Amer.* 82. *t.* 12. *f.* 30.

Berg-A. — In Nordamerika ♄, jedoch nur niedrig. und als baumartiger ♄ höchstens 20′; hier nur 14′. Bl gelblichgrün, nachdem die Blätter schon ausgebildet sind. Fr mit abwärts-aufrechtstehenden, gegeneinandergeneigten Flügeln, 10.

12. A. *rubrum*: die Blätter fünflappig, mit eingeschnittnen Ausschnitten und ausgeschnittnen, sägenartigen, an der Basis breitern Lappen, unterhalb schimmelgrün; die Blumen in wenigblumigen Dolden; die Fruchtknoten kahl. *L. W. IV.* 984. *Ehrh. Beitr. IV.* 23. *Wangenh.* 28. *t.* 11. *f.* 27. (*die Blätter, aber nicht die Frucht.*) A. rubrum α. coccineum. *Ait. III.* 434. A. rubrum β. *Lamarck Enc. II.* 376.

Rother A. — In Nordamerika in Morästen und Sümpfen. ♄ 40—50′ im Vaterlande. Bl. vor dem Ausbruche der Blätter, dunkel-purpurroth mit Kelch und Blumenkrone, zwitterlich und weiblich auf verschiedenen Stämmen, 4—5. Fr. mit abwärtsstehenden Flügeln, 6 im Vaterlande; hier nicht entstehend, da die hier zwitterlichen Blumen mit Staubkölbchen ohne Befruchtungsstaub vorkommen.

13. A. *dasycarpum*: die Blätter fünflappig, mit buchtichten Ausschnitten und fast buchticht-ausgeschnittnen, an der Basis verschmälerten Lappen, unterhalb schimmelgrün: die Blumen in wenigblumigen Dolden; die Fruchtknoten zottig. *Ehrh. Beitr. IV.* 24 *W. IV.* 985. A. eriocarpum. *Michaux II.* 253. A. rubrum, mas. *L. Syst. ed. Reich. IV* 321. A. rubrum. *Wangenh.* 28. *t.* 11. *f.* 27. (*nur die Frucht, nicht die Blätter.*) A. rubrum β. pallidum. *Ait. III* 434. A. rubrum α. *Lamarck Enc. II. p.* 4. 376. A. glaucum. *Marshal* 2.

Rauher A. — In Nordamerika an feuchten Orten. ♄ von sehr raschem Wuchse, der den vorhergehenden, mit dem er von *Linné* und Mehrern lange Zeit für gleich gehalten wurde, in dieser Rücksicht weit übertrifft, aber nicht ganz so groſs wird. In unsern Gärten und Anlagen kommt er häufig vor, nicht so aber der vorhergehende. Bl. vor dem Ausbruche der Blätter, mit gelblichen männlichen u. röthlichgelben weiblichen Blumen auf verschiedenen Stämmen, 4, um 14 Tage früher als der vorhergehende Fr. eine Flügelfrucht mit fast aufrechten Flügeln, 6 im Vaterlande; bey uns nur selten vollkommen.

14. A. *saccharinum*: die Blätter gebuchtet-fünflappig, mit grobgezähnten, stumpfspitzig-lang zugespitzten Lappen, unterhalb weichhaarig; die Blumen in fast überhangenden Doldentrauben mit schlaffen, haarigen Blumenstielchen. *W.IV.* 985. (*mit Ausschluſs des Synonyms von Linné*) *Wangenh. Amer.* 26. *t.* 11. *f.* 26. *Ehrh. Beitr. IV.* 24.

Zucker-A. — In Nordamerika. ♄, der dort eine Höhe von 40—60′ mit einem Stamme von 2′ im Querdurchmesser und dicker erhält. Bl. gelblichgrün, mit dem Ausbruche der Blätter, mit männlichen und zwitterlichen Blumen auf einem Stamme, wo aber bey letztern die männlichen Theile unfruchtbar sind, 4. Fr., eine Flügelfrucht mit eyförmig rundlichem Fache und abwärts-aufrechtstehenden Flügeln, 9. (Es hat schon *Borkhausen* in der *Flora von Katzenelnbogen*, die in der *compendiösen Bibliothek* das 13—15te Heft ausmacht, p. 109. einen Wink gegeben, daſs *Linné* den echten *A. saccharinum* nicht gekannt habe, indem er bemerkt, daſs in dem herrschaftlichen Garten zu Darmstadt zwey Bäume von einem Ahorn vorhanden seyen, dessen Art er bey keinem Schriftsteller fände. Er beschreibt diesen Ahorn unter dem Namen „*A. palmifolium:* die Blätter fünftheilig-handförmig, die Lappen zugespitzt, spitzig und scharf-sägenförmig, auf der untern Fläche weiſslich und in der Jugend wollig; die Blumen in kurzen Trauben, Zwitter und männliche gemischt, keine Blumenblätter.“ Er ist dabey der Meinung, daſs *Linné's A. saccharinum* hierher gehöre, und ich glaube, er hat sich nicht geirrt; denn ich besitze aus dem ehemaligen *Buek'schen* Garten zu Hamburg ein Exemplar, bezeichnet: *A. saccharinum*, was sehr gut mit der Beschreibung von *Borkhausen* und *Linné* übereinkommt; und da in dem *Buek'schen* Garten die meisten Gewächse von *Linné* bestimmt waren, so wird es mehr als wahrscheinlich, daſs *Linné's A. saccharinum* als Synonym zu *Borkhausen's A. palmifolium* gehört. *Ehrhart* aber kann diese Art, die er als vorkommend in dem Garten zu Schwöbber beschreibt, nicht — wie *Borkhausen* will — vor sich gehabt haben; wenn gleich auch in jenem Garten sich *A. palmifolium* finden mag.

15. A. *platanoides:* die Blätter gebuchtet-fünflappig mit grobgezähnten, feinspitzig-zugespitzten Lappen, auf beiden Flächen kahl; die Blumen in aufrechten Doldentrauben mit steifen, kahlen Blumenstielchen. *L. W. IV.* 986. *G. W. H.* 280.

α. *vulgare:* mit flachen, unzertheilten kahlen Lappen. *G. W. H. t.* 211.

β. *pubescens:* mit flachen, unzertheilten unterhalb weichhaarigen Lappen.

γ. *laciniatum:* mit gezipfelten Lappen. — A. laciniatum. *Du Roi in d. Schrft. d. Ges. naturf. Fr. z. Berl. V.* 216. *t.* 4.

δ. *crispum:* mit krausen Lappen. *W. Baumz.* 8. A. crispum. *Lauth. de Acere,* 23. *n.* 4.

†. *flavo-variegatum:* mit gelb-bunten Blättern.

††. *albo-variegatum:* mit weifs-bunten Blättern.

Spitzer A. — In ganz Europa. ♄ von 60—80', bey einem Querdurchmesser des Stammes von höchstens 2'. Bl. gelbgrün, mit dem Ausbruche der Blätter, mit zwitterlichen und männlichen Blumen auf einem Stamme, auch blofs mit männlichen, und dann auch mit weiblichen und unvollkommen zwitterlichen Blumen auf einem Stamme, die alle Kelch und Blumenkrone haben, 4—5. Fr. mit eyförmigem, zusammengedrücktem Fache und abwärtsstehend-ausgebreiteten Flügeln, 9—10. (Die Varietät β. ist hier nicht vorhanden; ich wollte sie aber nicht unbemerkt lassen, weil sie den Blättern und auch der Rinde des Stammes nach, dem *A. saccharinum* sehr nahe kommt. Ich fand sie vor mehreren Jahren in Zerbst in dem Garten des Kaufmanns Herrn *Korthum,* auf gutem, feuchtem Boden; als aber einige Hundert Stämme in leichten etwas torfigen Boden gebracht wurden, verloren die Blätter das Weichhaarige, und auch die Rinde des Stammes glich nun bey allen Stämmen der des gewöhnlichen *A. platanoides α. vulgare,* womit übrigens auch die Knospen und Früchte dieser durch Boden so veränderlichen Varietät übereinstimmten.

†††† *Mit zusammengesetzten Blättern.*

16. A. *Negundo*: die Blätter dreyzählig und gefiedert mit eyrunden, lappig-ausgeschnittnen, grob-sägenartigen Blättchen; die Blumen zweyhäusig, die männlichen vier- oder fünfmännig. *L. W. IV.* 992. *Wangenh. Amer.* 30 *t.* 12. *f.* 29.

Eschenblättriger A. — In Nordamerika. ♄, der 70—80' hoch und 2—3' im Querdurchmesser des Stammes dick wird, und dabey durch papageygrüne Äste sich auszeichnet. Bl. kronenblattlos, klein, mit dem Ausbruch der Blätter; die männlichen Blumen in schlaffen Doldentrauben, die weiblichen in hangenden Trauben mit feinen, fadenförmigen Blumenstielchen, 5. Fr. mit abwärtsstehenden Flügeln, 9.

193. Celtis. *Zürgelbaum.*

1. C. *australis*: die Blätter länglich-lanzettförmig, zugespitzt, an der Basis ungleich, scharf-sägenartig, oberhalb scharf, unterhalb weichhaarig-weich. *L. W. IV* 993.

Gemeiner Z. — Im südlichen Europa und im nördlichen Afrika. ♄ 30—50' im Vaterlande, im mittlern und nördlichen Deutschland nur 20' mit niedergebogenen an der Spitze aufwärtsgebogegenen Ästen. Bl. mit dem Ausbruch der Blätter mit kleinen gelblichgrünen Blumen, 5. Fr. schwarz, von der Gröfse einer Erbse, 8—9.

2. C. *Tournefortii*: die Blätter eyrund, an der Basis ungleich zugerundet oder herzförmig, sägenartig mit ungleichen Sägezähnen, von denen die untern stumpf, die obersten stachelspitzig sind, auf beiden Flächen sehr scharf, die untern stumpf, die obern zugespitzt. *Lamarck Enc. IV.* 132. *W. IV.* 994

Tournefort'scher Z. — In Armenien. ♄ von mäfsiger Gröfse. Bl. wie der vorhergehende, 5. Fr gelb, von der Gröfse einer Erbse; hier nicht reifend.

3. C. *occidentalis*: die Blätter eyrund, zugespitzt, an der Basis ungleich, zuweilen schwach herzförmig, sagenartig, oberhalb scharf, unterhalb kurzhaarig. *L. W. IV.* 994

α. *vulgaris*: mit lang zugespitzten, an der Basis keilförmigen, oberhalb scharfen Blättern.

β. *cordata:* mit lang zugespitzten, an der Basis herzförmigen, oberhalb weniger scharfen Blättern.

γ *scabriuscula:* mit kurz zugespitzten, zartern, oberhalb etwas scharfen Blättern.

Amerikanischer Z. — In Nordamerika, von Canada bis Carolina in Wäldern und nahe an den Flüssen. ♄ 40—50′ Bl. 4—5. Fr. dunkelpurpurroth, von der Gröfse einer Erbse, schwarz, 8—9.

194. Ailanthus. *Götterbaum.*

1. A. *glandulosa:* die Blätter unpaar-gefiedert, die Blättchen eyrund-lanzettförmig, zugespitzt, an der Basis gezähnt, mit drüsigen Zähnen; die Blumen in gipfelständigen Rispen. *Desfont Act. Paris.* 1786. *p.* 262. *t.* 8. Rhus Cacodendron. *Ehr. Beitr II.* 111. *W. IV.* 974.

Drüsiger G. — In China. ♄, der eine ansehnliche Höhe erlangt, dessen Blätter zuweilen 7′ lang werden und aus 12—15 Paar Blättchen bestehen, die an der Basis einen oder den andern Zahn haben, der auf der untern Fläche mit einer eingedrückten Drüse begabt ist. Bl. grün, wohlriechend, jedoch bey uns noch nicht, weil er zu oft abfriert. Fr. eine 1½″ lange Flügelfrucht, hier aber noch nicht bemerkt.

195. Acacia. *Acacie.*

1. A. *Julibrissin:* unbewaffnet; die Blätter doppelt-gefiedert, die Fiedern neun- bis eilfpaarig, mit vielpaarigen, schief-linienförmigen Blättchen; die Blumen in gipfelständigen, gehäuften, fast kugelrunden Ähren; die Hülsen flach, hautartig, kahl. *Scopol. Del. fl. et faun. insubr. I.* 18. *t.* 8. *W. IV.* 1065.

Orientalische A. — In Armenien, Syrien und Ägypten. ♄ 40—50′ im Vaterlande, der in Italien allgemein angepflanzt ist. Bl. röthlich, hier noch nicht. Sehr empfindlich gegen unsre Winter, verlangt ⌂ und einen mit Kalk und Thon gemengten Boden.

DIOECIA.

196. Gleditschia. *Gleditschie.*

1. G. *triacanthos*: dornig oder unbewaffnet; die Dornen dreyspaltig, fast ästig, stielrund, gerade; die Blumen in blattachselständigen, einfachen Trauben; die Hülsen flach, schwerdtförmig, vielsamig. *L. W. IV.* 1097. *Baumz.* 163.

   α. *vulgaris*: mit dornigen Ästen. G. Meliloba. *Walt. Carolin.* 254. G. spinosa. *Marshal arb.* 194.

   β. *inermis*: mit fast unbewaffneten Ästen.

   Dreydornige G. — In Carolina, Virginien und Pensylvanien. ♄ 20—40' und 1' im Querdurchmesser des Stammes, und so wie die folgenden Arten in der Jugend mit doppelt-gefiederten, im Alter mit einfach-gefiederten Blättern. Die Dornen sind bey dieser Art gewöhnlich 1—4", an den stärkern Ästen und am Stamme der Hauptdorn zuweilen 6—8". Bl. grünlich, 6, 7. Fr., eine Hülse von 12—18", 10-bis 20-samig mit süfsem honigartigem Mufse angefüllt, 10. — Diese so wie die folgenden Arten verlangen einen schwarzen nicht zu trocknen Boden und in der Jugend ⌓.

2. G. *macracantha*: dornig; die Dornen einfach und dreyspaltig, keulenförmig-verdickt, zusammengedrückt; die Blumen in blattachselständigen, einfachen Trauben; die Hülsen flach, gekrümmt, vielsamig. *W. Baumz.* 164.

   Dickdornige G. — In Carolina. ♄ mit gestreiften Ästen — wie *Acer pensylvanicum* —, welcher mit dem vorhergehenden für gleich gehalten, von *Willdenow* aber wegen der besonders gestalteten Dornen unterschieden worden ist, bey uns erst 15—16'. Bl. grünlich, 6, 7. Fr stets gekrümmt.

3 G. *monosperma*: meist dornig; die Dornen einfach und dreyspaltig, stielrund; die Blumen in blattachselständigen einfachen Trauben; die Hülsen oval, stachelspitzig, einsamig. *W. IV.* 1097 *Baumzucht* 165. G. aquatica. *Marsh. arb.* 95. G. caroliniensis. *Lamarck Enc. II.* 461. G. triacanthos β. monosperma. *Ait. III.* 444.

   Einsamige G. — Von Carolina bis Florida an den Ufern der Flüsse. ♄, den beyden vorhergehenden sehr ähnlich, hier erst 15—16'. Bl. grünlich, 6, 7, bey uns noch nicht.

4. G. *horrida*: dornig; die Dornen ästig, sehr lang, am Stamme büschelständig; die Blumen in blattachselständigen, einfachen Trauben; die Hülsen flach, vielsamig. *W. IV.* 1098. G. sinensis. *Lamarck Enc. II.* 461.

Langdornige G. — In China. ♄, bey uns 12—16', den vorhergehenden ähnlich, aber durch seine 8—12'' und darüber langen Dornen sich auszeichnend. Bl. bey uns noch nicht. — In der Jugend sehr empfindlich, erwachsen ⌂ sehr gut fortkommend.

197. Fraxinus. *Esche.*

* *Mit grauen bestaubten Knospen.*

1. F. *Ornus*: die Blätter unpaar-gefiedert mit sieben oder neun oval-länglichen, zugespitzten, ungleich-stumpf-sägenartigen, kahlen, unterhalb über der Basis an dem Mittelnerven weichhaarigen Blättchen, von denen das unpaare umgekehrt-eyrund oder fast umgekehrt-herzförmig ist; die Blumen vollständig. *L. W. IV.* 1104 *Bosc Mém. de l'Instit. de France IX* 214. Ornus europaea. *Pers. Syn. I.* 9.

Blühende E. — Im südlichen Europa. ♄ 20—25'. Bl. 5—6. Fr. selten bey uns erscheinend. (Diese und die beiden folgenden Arten machen nach *Persoon*, dem auch *Pursh* gefolgt ist, der Blume wegen, bey der Kelch und Blumenkrone zugegen sind, eine eigne Gattung unter dem Namen *Ornus* aus; aber wenn man diese Trennung vornimmt; dann muſs man auch — wenn man folgerecht verfahren will — die Arten, welche bloſs einen Kelch haben, von denen trennen, wo Kelch und Blumenkrone fehlen. Die Gattung *Fraxinus* ist aber eine so natürliche Gattung wie *Tilia*, bey der man alsdann aus ähnlichen Gründen ebenfalls eine solche Theilung vornehmen könnte, die man aber gewiſs nicht gut heiſsen würde.)

2. F. *paniculata*: die Blätter unpaar-gefiedert mit sieben oder neun eyrunden, zugespitzten, ungleich-spitzig-sägenartigen sehr kahlen Blättchen, von denen das unpaare umgekehrt-eyrund oder fast umgekehrt-herzförmig ist; die Blumen vollständig. *Mill. Dict. n.* 4. F. Ornus β. *W. IV.* 1104. F.

Ornus americana. *Bosc a. a. O.* 216. Ornus americana. *Pursh I.* 8. Ornus europaea β. americana. *Pers Syn. II.* 604.

Rispenblüthige E. — In Maryland und Virginien ♄ 15—20′. Bl. 5—6. Fr. selten erscheinend.

** *Mit braunen mehr oder weniger ins Gelbe fallenden Knospen.*

3. F. *rotundifolia*: die Blätter unpaar-gefiedert mit sieben oder neun fast sitzenden, rundlichen, etwas spitzigen, ungleich-sägenartigen, an der Basis ungleich-keilförmigen Blättchen; der Blattstiel halbstielrund, gerinnt, kahl; die Blumen vollständig. *Mill. Dict. Ait. III.* 445. *W IV.* 1105. *Bosc a. a. O.* 216. Ornus mannifera *der Gärtner.*

Rundblättrige E. — In Calabrien, Syrmien und im Orient. ♄ mit glatten, hell-braunen, getüpfelten Ästchen und zugerundeten, braunen Knospen, niedriger als der vorhergehende; bey uns nur strauchartig. Bl. 4, bey uns noch nicht.

4. F. *elliptica*: die Blätter unpaar-gefiedert, mit sieben eyrunden, stachelspitzigen, zuweilen nur schwach sägenartigen, unterhalb haarigen Blättchen, von denen das unpaare sehr groſs und zugerundet. *Bosc a. a. O.* 204. *W. Enum. Suppl.* 69.

Elliptische E. — In Nordamerika. ♄, der sehr hoch wird, mit schwarz-braunen Ästchen und braunrothen, fahlen Knospen. Bl. bey uns noch nicht.

5. F. *ovata*: die Blätter unpaar-gefiedert mit sieben eyrunden, spitzigen, gleich-sägenartigen, sehr scharfen, unterhalb schwach weichhaarigen Blättchen, von denen das unpaare sehr groſs. *Bosc a. a. O.* 204. F. ovalis. *W. Enum. Suppl.* 69. F. juglandifolia. *W. Herbar.*

Eyrunde E. — In Nordamerika. ♄ mit schlanken, braungrünen Ästen und braunrothen, fahlen Knospen, der eben keine besondre Höhe erreichen soll. Bl. hier noch nicht.

6. F. *acuminata*: die Blätter unpaar-gefiedert mit sieben oder neun gestielten, oval- und eyrund-länglichen, lang zugespitzten, fast ganzrandigen, leuchtenden, dunkel-grünen, unterhalb etwas schimmelgrünen, an der Basis der Rippen weiſslich-weichhaarigen Blättchen; der Blattstiel stielrund, feingerinnt, kahl; die Blumen kronenblattlos. *La-*

march Enc. *II.* 542. *Bosc a. a. O.* 205. *Pursh I.* 9. *Röm.* et *Schult. I.* 277. F. americana *W. IV.* 1102.

Zugespitzte E. — In Nordamerika, von Canada bis Carolina in den meisten Wäldern. ♄ von hohem und raschem Wuchse, mit glatten, graubraunen Ästchen, bey uns erst 12'. Bl. 4 im Vaterlande; bey uns noch nicht. Fr. eine schmallanzettförmige, stumpfe, stachelspitzige Flügelfrucht.

7. F. *americana*: die Blätter unpaar-gefiedert mit sieben eyrunden, zugespitzten, spitzigen, ungleichsägenartigen, schimmelgrünen, haarigen, unterhalb bisweilen, so wie die Blattstiele, sammetartigen Blättchen. *Bosc a. a. O.* 204.

Amerikanische E. — In Nordamerika? ♄ mit braungrauen Ästchen und gelben Knospen, welcher von *Bosc* für *Linné's F. americana* gehalten wird, wenn gleich nicht einmal das Vaterland von ihm mit Gewifsheit angegeben werden kann, und *Linné's* Beschreibung so kurz ist, dafs man mehrere Arten darunter verstehen kann. Bl. bey uns noch nicht.

8. F. *juglandifolia*: die Blätter unpaar-gefiedert mit fünf oder sieben, seltner neun, gestielten, eyrunden, zugespitzten, sägenartigen, matten, unterhalb schwach weichhaarig-schimmelgrünen, an der Basis der Rippen weifslich-zottigen Blättchen; der Blattstiel stielrund, feingerinnt, zart-weichhaarig; die Blumen kronenblattlos. *Lamarck Enc. II.* 542. *W. IV.* 1104. *Bosc a. a. O.* 206.

α. *serrata*: mit sägenartigen Blättchen. *W. Baumz.* 140. F. juglandifolia. *Bosc. W. Herbar.*

β. *subserrata*: mit fast ganzrandigen Blättchen. *W. a. a. O* F. carolinensis. *Wangenh. Amer* 81.

Wallnufsblättrige E. oder weifse Esche. — In Amerika, von Canada bis Nordcarolina, in schattigen nassen Wäldern. ♄, mit graulich-braunen Ästchen und braunen Knospen, der die Gröfse unsrer gemeinen Esche erlangt. Bl. 4—5. Fr. eine keil-lanzettförmige, stumpfe, zurückgedrückte Flügelfrucht; bey uns nicht zur Vollkommenheit kommend.

9. F. *Richardi*: die Blätter unpaar-gefiedert, mit sieben eyrunden, spitzigen, sägenartigen, dunkelgrünen, unterhalb an den Rippen weichhaarigen Blättchen; die Blattstiele fast stielrund, gerinnt,

kahl. *Bosc a. a. O.* 207. *W. Enum. Suppl.* 69. F. juglandifolia. *W. Herbar.*

Richard'sche E. — In Amerika. ♄, dessen junge Ästchen grau und an der Basis mit weiſsen, steifen Haaren besetzt sind. Bl. bey uns noch nicht.

10. F. *alba:* die Blätter unpaar-gefiedert mit sieben lanzettförmigen sehr stark- und ungleich-sägenartigen, hell-grünen, unterhalb, so wie der Blattstiel, mit weiſsen, steifen Haaren besetzten Blättchen. *Bosc. a. a. O* 207. *W. Enum. Suppl.* 69.

Weiſse E. — In Nordamerika. ♄ der auſser der weiſsen Behaarung sich auch noch durch die hell-grauen Äste auszeichnet. Bl. hier noch nicht.

11. F. *caroliniana:* die Blätter unpaar-gefiedert mit sieben oder neun gestielten, lanzettförmigen, zugespitzten, von der Mitte nach der Spitze ungleich-sägenartigen, auf beiden Flächen kahlen, oberhalb leuchtenden, unterhalb blassern Blättchen; der Blattstiel stielrund, gerinnt, kahl; die Blumen kronenblattlos. *Lamarck Enc II.* 542. *W. IV.* 1103. *Bosc a. a. O.* 208. F. carolinensis. *Catesb. Carolin.* 80. *t.* 80? F. serratifolia. *Michaux Arb.* 33. F. excelsior. *Walt. Carolin.* 254. F. lanceolata. *Borkh. Forstb. I* 826. *Bechst. Forstb.* 1283.

Carolinische E. — In Nordamerika von Pensylvanien bis Carolina in felsigen Gegenden. ♄ mit graubraunen Ästchen und braunen Knospen, der eine ansehnliche Höhe erreicht. Bl. 4—5. Fr. kommt nicht zur Vollkommenheit, da wir bloſs weibliche Stämme besitzen.

12. F. *viridis:* die Blätter unpaar-gefiedert mit sieben eyrunden, spitzigen, fein- und ungleich-sägenartigen, oberhalb glänzenden, dunkelgrünen, unterhalb sehr blassen, an den Rippen etwas filzigen Blättchen; die Blattstiele stielrund, gerinnt, kahl. *Bosc a. a O.* 209. *W. Enum. Suppl.* 69. F. juglandifolia. *W. Herbar.*

Grüne E. — In Nordamerika ♄, der durch seine grünen Ästchen schon sehr ausgezeichnet von den übrigen Arten der Gattung erscheint. Bl. bey uns noch nicht.

13. F. *lancea:* die Blätter unpaar-gefiedert mit sieben lanzettförmigen, sehr spitzigen, sehr weitläufig sägenartigen, gegen die Basis ganzrandigen, oberhalb schwarz-grünen, unterhalb blaſs-grünen, et-

was haarigen Blättchen. *Bosc a. a. O.* 209. *W. Enum.* 69.

Lanzettblättrige E. — In Nordamerika. ♄ mit dunkel-aschgrauen Ästchen, der durch das dunkle Grün seiner Blätter sehr auffällt. Bl. noch nicht bey uns.

14. F. *pubescens*: die Blätter unpaar-gefiedert mit sieben oder neun gestielten, oval-eyrunden, zugespitzten, sägenartigen, oberhalb kahlen, leuchtenden, unterhalb, besonders an den Rippen, weichhaarigen oder schwach-filzigen Blättchen; der Blattstiel, so wie die jüngern Ästchen, schwach-filzig; die Blumen kronenblattlos. *Lamarck Enc. II.* 548. *W. IV.* 1103. F. epiptera. *Michaux II.* 256. (nach *Bosc*) F. nigra. *Du Roi* 2. *I.* 398.

α. *angustifolia*: mit sieben oder neun schmal-oval-eyrunden, rundum sägenartigen Blättchen. *W. a. a. O.*

β. *latifolia*: mit sieben breit-oval-eyrunden, bis zur Mitte sägenartigen Blättchen. *W. a. a. O.*

Weichhaarige E. oder schwarze Esche. — In Nordamerika. ♄ von raschem Wuchse, der eine ansehnliche Höhe erreicht, sehr schwach weifs-filzige Ästchen und braune Knospen hat. Bl. 4—5. Fr. eine 2″ lange Flügelfrucht, deren Flügel schmal-lanzettförmig, stumpf, und kurz stachelspitzig ist, 10.

15. F. *expansa*: die Blätter unpaar-gefiedert mit neun oder eilf, selten sieben, eyrund-länglichen, zugespitzten, ungleich-sägenartigen, auf beiden Flächen kahlen, matten Blättchen; der Blattstiel, so wie die jüngern Ästchen, kahl. Die Blumen kronenblattlos. *W. Baumz.* 150. F. caroliniana *des Wörlitzer Gartens.*

Ausgebreitete E. — In Nordamerika. ♄ mit glatten grünen Ästchen und braunen Knospen, der eine ansehnliche Höhe erreicht. Bl., da unsre Stämme noch jung sind, noch nicht bey uns.

16. F. *quadrangulata*: die Blätter unpaar-gefiedert mit fünf oder sieben lanzettförmig-eyrunden, spitzigen, scharf-sägenartigen, oberhalb hell-grünen, unterhalb weichhaarigen Blättchen; die Ästchen vierseitig. *Michaux II.* 255. *W. IV.* 1102. *Bosc a. a. O.* 211.

Viereckige E. — In Nordamerika. ♄, der durch seine vierseitigen Ästchen und graubraunen Knospen sich auszeichnet. Bl 5; bey uns noch nicht. Fr. eine an beiden Enden stumpfe Flügelfrucht.

17. F. *sambucifolia*: die Blätter unpaar-gefiedert mit sieben oder neun, sitzenden, oval-lanzettförmigen, zugespitzten, stumpf-sägenartigen, oberhalb etwas runzlichen, leuchtenden, unterhalb an dem Mittelnerven und in den Astachseln der Rippen gelblichweifs-zottigen Blättchen; der Blattstiel stielrund, gerinnt, und, so wie die jüngern Ästchen, kahl; die Blumen nackt. *Lamarck Enc. II.* 543. *W. IV.* 1099. *Bosc a. a O.* 211.

Hollunderblättrige E. — In Nordamerika von Canada bis Virginien an den Ufern der Flüsse auf steinigem Boden. ♄ mit glatten, grünen, schwarzgefleckten Ästchen und braunen Knospen, von raschem und hohem Wuchse. Bl. 4—5. Fr. nicht beobachtet.

18. F. *platycarpa*: die Blätter unpaar-gefiedert mit fünf, höchstens sieben, fast sitzenden, lanzettförmig-eyrunden, spitzigen, aufserhalb sägenartigen, kahlen Blättchen; der Blattstiel stielrund, gerinnt, kahl; die Flügelfrüchte lanzettförmig-oval. *Michaux II.* 256. *W. IV.* 1103. *Enum. Suppl.* 69. *Bosc a. a. O.* 212

Breitfrüchtige E. — In Virginien und Carolina. ♄, der durch seine breiten Früchte sich sehr auszeichnet, und dessen Höhe selten mehr als 10—14' beträgt. Bl. 4—5; bey uns noch nicht.

19. F. *oxycarpa*: die Blätter unpaar-gefiedert mit fünf, sieben oder neun fast sitzenden, schmal-eyrund-lanzettförmigen, sichelförmig-zugespitzten, eingekrümmt-scharf-sägenartigen, unterhalb an der Basis, vorzüglich an dem Mittelnerven, weichhaarigen Blättchen; der Blattstiel gerinnt, an den Gelenken weichhaarig; die Blumen nackt. *Bieberst. W. IV.* 1100. F. oxyphylla. *Bieberst. Fl. Taur. Cauc. II.* 450. F. Ornus. *Pall. ind. Taur. Habl. Taur.* 96.

Spitzfrüchtige E. — Am Caucasus. ♄, mit bräunlich-grünen Ästchen und braunen Knospen, der grofs und von dem Ansehen unsrer gemeinen Esche ist, und nach *Marschall von Bieberstein* schwarze Knospen haben soll, da doch sein, an *Willdenow* geschicktes Exemplar braune Knospen

an

an sich trägt. Und eben so verhalten sich auch die im botanischen Garten von ihm hergenommenen Stämme. Bl. bey uns noch nicht. Fr. eine 1′ lange Flügelfrucht, deren Flügel schmal-lanzettförmig, an der Basis verschmälert, an der Spitze vor der völligen Reife gestachelt ist.

20. F. *parvifolia:* die Blätter unpaar-gefiedert mit neun, eilf oder dreyzehn sitzenden, eyrunden, zugespitzten, stachelspitzig-sägenartigen, kahlen, an der Basis keilförmigen Blättchen; der Blattstiel halbstielrund, gerinnt, kahl; die Blumen nackt. *W. IV.* 1101. *Baumz.* 155. *t.* 2. *f.* 2.

Kleinblättrige E. — Im Orient? ♄ von ungefähr 20′ mit schwarzgetüpfelten Ästen und braunen Knospen. Bl 4—5. Fr, nicht beobachtet. In harten Wintern gehen die Spitzen der Zweige verloren.

21. F. *lentiscifolia:* die Blätter unpaar-gefiedert mit neun, eilf oder dreyzehn gestielten, länglich-lanzettförmigen, spitzigen, stachelspitzig-sägenartigen, kahlen, an der Basis keilförmigen Blättchen; der Blattstiel stielrund, gerinnt, kahl. *Desfont. cat. hort. paris.* 52. *W. IV.* 1101. *Bosc a. a. O.* 202. F. parvifolia. *Lamarck Enc. II.* 546. F. tamariscifolia. *Vahl. Enum. I.* 52. F. halepensis. *Herm. Lugdb.* 261.

Mastixblättrige E. — Um Aleppo? ♄ mit glatten, rothbraunen Ästchen und hell-braunen Knospen, dessen Blättchen nur $\frac{3}{4}$—1″ lang sind, und die, dieser Gröfse nach, wohl grob-sägenartig genannt werden können, kommt hier von 4′ vor. Bl. noch nicht. ⌓, friert aber gewöhnlich ab.

*** *Mit schwarzen Knospen.*

22. F. *nana:* die Blätter unpaar-gefiedert mit neun, selten eilf, sitzenden, herablaufenden, länglich-eyrunden, zugespitzten, gleich-feinsägenartigen, kahlen Blättchen; der Blattstiel geflügelt. *Bosc. a. a. O.* 213. *Desfont hort. Paris. et Arb. I.* 104. *Pers.*

Syn. II 605. F. polemonifolia. *Poit. Enc. Suppl. II*, 671. *Röm.* et *Schult. Syst I.* 281.

Zwerg-E — Das Vaterland ist unbekannt. ♄ mit bräunlichschwarzen Knospen, der niedrig bleibt, und dessen Blätter, nur $2\frac{1}{2}$—$3\frac{1}{2}$'' lang, mit $\frac{1}{2}$—1'' langen Blättchen begabt sind. Bl bey uns noch nicht.

23. F *excelsior:* die Blätter unpaar-gefiedert mit neun bis funfzehn fast gestielten, lanzettförmigen, zugespitzten, sägenartigen, an der Basis keilförmigen, oberhalb kahlen, unterhalb über der Basis an der Mittelrippe weichhaarigen Blättchen; der Blattstiel halbstielrund, unterhalb kahl, oberhalb gerinnt, weichhaarig; die Blumen nackt. *L. W. IV.* 1099. *Bosc. a. a. O.* 199 *G W. H.* 285.

α. *communis:* mit aufwärtsgebogenen Ästen. *W. Baumz* 153. *G. W. H. t.* 214.

β. *pendula:* mit hangenden Ästen. *W. a. a. O.*

γ *aurea:* mit gelben, getüpftelten Ästen. *W. a. a. O.* F. aurea. *W. Enum.* 1059.

δ. *nana:* mit kleinern, an der Basis zugerundetkeilförmigen Blattchen. — F. nana. *W. Baumz.* 154.

ε. *crispa:* mit krausen, chloritgrünen Blättchen. *W. a. a. O.* F. crispa. *Bosc. a. a O.* 214.

ζ. *verrucosa:* mit warziger Rinde.

† *flavo-variegata:* mit gelb-bunten Blättern.

††. *albo-variegata:* mit weiſs-bunten Blättern.

Gemeine E. — In ganz Europa und im nördlichen Asien. ♄, der in 80 Jahren 80—100' hoch und im Stamme 2' im Querdurchmesser stark wird; ja er wird 150—200 Jahre alt, wo er, zwar im Stamme anbrüchig, 3—4' Querdurchmesser bekommt. Bl. 4—5. Fr 10, fällt aber erst 11, 12, ja zuweilen erst im künftigen Frühjahre.

24. F *pallida:* die Blätter unpaar-gefiedert mit sieben fast sitzenden, umgekehrt-eyrunden, spitzigen, am obern Rande sägenartigen, etwas dun-

kel-grünen Blättchen. *Bosc. a. a. O.* 201. *W. Enum. Suppl.* 69

Bleiche E. — In Nordamerika. ♄, der mit der gemeinen Esche in vielen Rücksichten übereinkommt, und zwar besonders mit der Varietät γ. wegen der Farbe der Ästchen und Blattstiele, sich aber durch weniger zahlreiche, weniger lange und an der Basis viel breitere Blättchen unterscheidet. Bl. bey uns noch nicht, wahrscheinlich aber sind die Blumen nackt.

25. F. *heterophylla*: die Blätter meist einfach, zuweilen dreyzählig, breit-eyrund, spitzig oder zugespitzt, doppelt-sägenartig, oberhalb kahl, unterhalb über der Basis an den Rippen etwas zottig; der Blattstiel fast stielrund, gerinnt, kahl; die Blumen nackt *Vahl Enum. I* 53. F. monophylla. *Desfont. Arb. I.* 102. F excelsior diversifolia. *Ait. III.* 445 F. simplicifolia. *W. IV.* 1098.

Verschiedenblättrige E. — In England und Nordamerika? ♄ von der Gröſse des vorhergehenden Bl. bey uns noch nicht.

Die Gattung *Fraxinus* ist noch sehr verworren und bedarf daher einer Monographie, die aber nicht so leicht gearbeitet seyn darf, wie die angeführte Abhandlung von *Bosc*. Die von demselben unterschiedenen Arten habe ich mit den von ihm gegebenen Diagnosen aufgenommen und denselben noch die Beschaffenheit des Blattstiels hinzugefügt, und zwar nach den Exemplaren, die von *Bosc* in dem *Willdenow'schen* Herbarium sich befinden. Auch habe ich unter den Citaten das *Willdenow'sche* Herbarium mit angeführt, woraus man ersieht, daſs *Willdenow* sie nicht alle für wahre Arten gehalten, sondern mehrere von ihnen andern, schon bekannten Arten zugezählt hat. Es scheint auch wohl, als ob unter dieser Gattung manche Varietät zur Art gemacht worden sey, was auch um so wahrscheinlicher wird, wenn man einen Blick auf unsere *Fraxinus excelsior* wirft, unter welchen abweichenden Formen diese in ihren Varietäten erscheint.

198. Diospyros. *Dattelpflaume.*

1. D. *virginiana*: die Äste kahl; die Blätter eyrund, etwas stumpf, kahl, leuchtend, netzförmig-aderig; die Blattstiele weichhaarig; die Knospen kahl. *L. W. IV.* 1107.

Virginische D. — In Nordamerika von Neu-York bis Louisiana in Wäldern und Feldern. ♄, der im Vaterlande eine Höhe von 30' erreicht; bey uns bleibt er niedriger. Bl. bräunlichgelb, 7. Fr. nicht erscheinend, da unsre Stämme nur männlich sind. ⌓.

2. D. *Lotus*: die Äste kahl; die Blätter länglich, zugespitzt, unterhalb weichhaarig; die Blattstiele weichhaarig; die Knospen innerhalb zottig. *L. W. IV.* 1170.

Italiänische D. — In Italien, im südlichen Frankreich und in der Barbarey. ♄ 20—30'. Bl. schmutzig-gelb, 6—7. Fr vom Geschmack der Mispel, hier noch nicht gesehen. ⌓.

3. D. *Kaki*: die Äste filzig; die Blätter eyrund-oval, zugespitzt, unterhalb weichhaarig; die Knospen innerhalb zottig. *L. Suppl. W. IV.* 1110.

Japanische D. — In Japan. ♄, der bey uns erst 4—5' hoch ist. Bl. noch nicht. ⌓.

199. Nyssa. *Tulpelobaum.*

1. N *villosa*: die Blätter gestielt, länglich, an beiden Enden spitig, ganzrandig, an dem Blattstiele, dem Mittelnerven und dem Rande zottig; die Blumenstiele der weiblichen Blumen dreyblumig. *Michaux II.* 258. *W IV.* 1113. N. multiflora. *Wangenh. Amer.* 46. *t.* 16. *f.* 39. *Walt. Carol.* 253.

Haariger T. — Von Neu-England bis Carolina in allen Wäldern. ♄, der im Vaterlande eine ansehnliche Höhe erreicht; bey uns sind es nur noch junge Stämme. Bl. grünlich, 5—6, bey uns noch nicht. Fr. länglich, violett, 9—10. ⌓.

2. N. *biflora:* die Blätter gestielt, eyrund-länglich, an beiden Enden spitzig, ganzrandig, kahl; die Blumenstiele der weiblichen Blumen zweyblumig. *Michaux II* 259. *W IV* 1113. N. aquatica. *L.* 1511. N. integrifolia. *Ait. III.* 446.

Zweyblumiger T. — In Virginien und Carolina in tiefen Sümpfen ♄ von langsamem Wuchse, der eine ziemliche Höhe erreicht. Bl. mit dem Ausbruche der Blätter, grünlich, 4—5, bey uns noch nicht. Fr. von der Gröſse einer Erbse, bläulichschwarz. ⌂.

3. N. *candicans:* die Blätter sehr kurz gestielt, länglich, fast ganzrandig, an der Basis keilförmig, unterhalb weiſslich; die Blumenstiele der weiblichen Blumen einblumig. *Michaux II.* 259. *W. IV.* 1113.

Weiſslicher T. — In Carolina, vorzüglich an dem Flusse Ogechee. ♄, dem vorhergehenden ähnlich, der mit sparsam gezähnten Blättern, so wie auch mit kopfförmig zusammengehäuſten männlichen Blumen abändert. Bl. 5, 6, bey uns noch nicht. Fr. groſs, pomeranzengelb, mit einer der Citrone ähnlichen Säure erfüllt. ⌂.

4. N. *denticulata:* die Blätter lang gestielt, länglich, zugespitzt, weitläufig - sägenartig; auf beiden Flächen kahl; die Blumenstiele der weiblichen Blumen einblumig. *Ait. III.* 446. *W IV.* 1114. N. angulisans. *Michaux II.* 259. N. uniflora. *Wangenh. Amer.* 83. *t.* 27. *f.* 57.

Gezähnter T. — In Virginien und Carolina in Sümpfen. ♄, der bey uns noch sehr jung ist. Bl. noch nicht. ⌂.

200. Ficus. *Feige.*

1. F. *Carica:* die Blätter herzförmig, drey- und fünflappig, mit stumpfen, ausgeschweift-gezahnten Lappen, oberhalb scharf, unterhalb weichhaarig; der Befruchtungsboden birnenförmig, kahl. *L. W. IV.* 1131.

Gemeine F. — Im südlichen Europa und in Asien. ♄, der eine ansehnliche Höhe erlangt, wenn er in seinem Vaterlande sich befindet; hier aber nicht. Bl. wenn im Frühjahre und im Herbste neue Befruchtungsboden hervortreten, in welchen die Blumen eingeschlossen sind. Fr. 8 — 11. ⌓.

Latei-

Lateinisches

Verzeichnifs der Gattungen.

Deutsches Verzeichniſs.

(Die mit liegender Schrift gedruckten Namen sind Synonyme.)

Verzeichniſs
der lateinischen Synonyme.

(Die mit * bezeichneten Namen kommen mehr als einmal auf derselben Seite vor.)

Berlin, gedruckt bei C. A. W. Schmidt.

A
B
C
D
1
2
3
4
5
6
7
8
F. Guimpel. ad. nat. pinx. et sc.

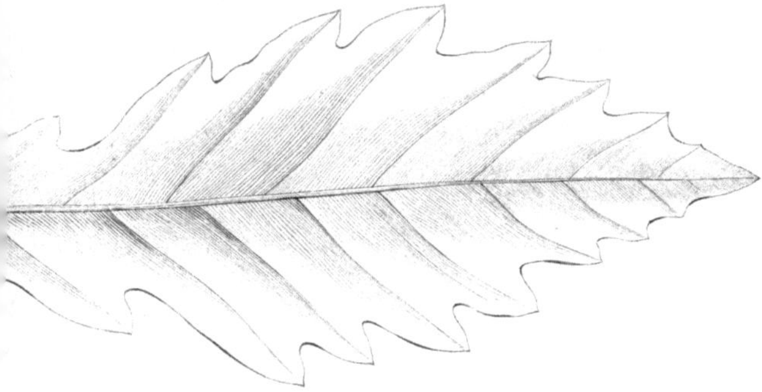

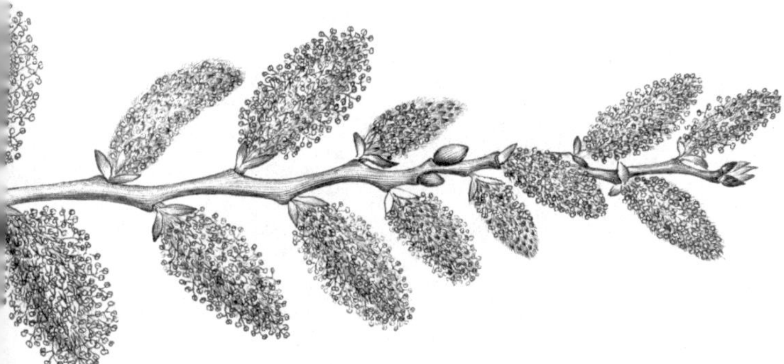

FSC
www.fsc.org
MIX
Papier | Fördert
gute Waldnutzung
FSC® C083411

Zeitfracht Medien GmbH
Ferdinand-Jühlke-Straße 7
99095 Erfurt, Deutschland
produktsicherheit@kolibri360.de